基礎理学

線形代数学

数学教科書編集委員会 編

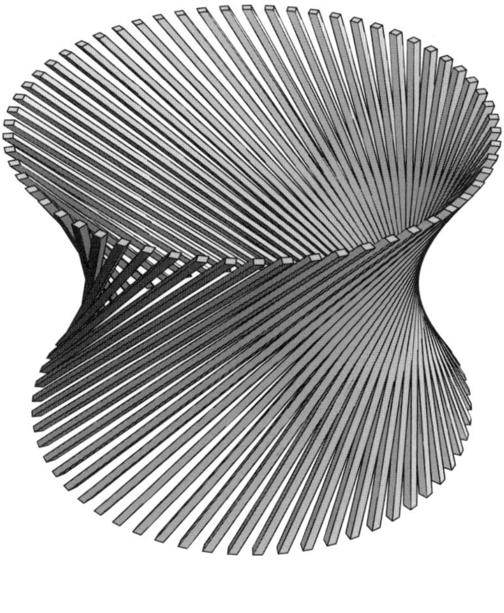

学術図書出版社

序文

線形代数学は,「ベクトル」と「行列」に代表されるように, 多次元の線形性に関わる内容を扱う数学の基礎となる分野で，大学初年次の理工系基礎科目に位置付けられている．また，多変量で記述される現象を扱う自然科学や技術の諸分野で広く応用される数学であり，統計学などを学ぶ上でも基礎知識となるものである.

このテキストは，信州大学の共通教育における基礎科学科目の１つである線形代数学の受講生が，授業担当教員や所属クラスの違いに左右されることなく，必要な内容とレベルにおいて共通の基準に基づく授業が受けられるように，共通教育の授業方法改善に取り組んできた理学部数学科および全学教育機構の教員が中心になって作成したものである．全体として７章で構成されるが，半年間（15 週）の授業の場合は第３章の行列式のところまでの使用を想定している.

大学で学ぶ線形代数学には高校までの数学とは違った印象があり，とまどいを感じることがあるかも知れないが，演習問題を自分で積極的に解くことにより，学部の専門教育で必要とされる数学の基礎をしっかり身に付けていただきたい．ここでは自習書としても使えるように理論的な内容も丁寧に記述しているが，実際の学習においては理論的な側面にこだわらず，計算方法に慣れ親しむことを優先し, たとえば，† 印を付した項についてはあまり気にせずに進み,あとで復習するとき読み直してもよいと思う.

このテキストは 2005 年 9 月に β 版として印刷し，授業において使用した結果に基づいて幾度かの修正を行ったものである．このテキストに関する訂正情報などは下の URL を参照されたい.

2009 年 10 月 1 日

信州大学 数学教科書編集委員会

https://www.gakujutsu.co.jp/text/isbn978-4-7806-0164-0/

目　次

1 幾何ベクトルと行列

この章で学ぶこと

線形代数学の基本概念である「ベクトル」および「行列」とは何であるかを理解するため，この章では以下のことを学ぶ．

(1) 幾何ベクトルの基本性質．

(2) 項ベクトルの基本性質と算法．

(3) 行列の定義と基本性質と算法．

1.1 幾何ベクトル

風の吹き方は「風速と風向き」の2つの量で表される．物体の運動を「速度と方向」によって表すことができる．このように「大きさ」と「向き」で決まる量を一般にベクトルと呼ぶ．矢印の向きでその方向を表し，矢印の長さでその大きさを表すと，視覚的に理解しやすい．

空間の点Aから点Bへ向かう有向線分の表す向きと大きさを，Aを始点，Bを終点とする**幾何ベクトル**，または単に**ベクトル**という．これを線分ABに矢印を付けて，$\overrightarrow{\mathrm{AB}}$と表す．線分の長さが幾何ベクトルの大きさで，矢印の向きが幾何ベクトルの向きである．幾何ベクトル$\overrightarrow{\mathrm{AB}}$を，向きを変えないで平行移

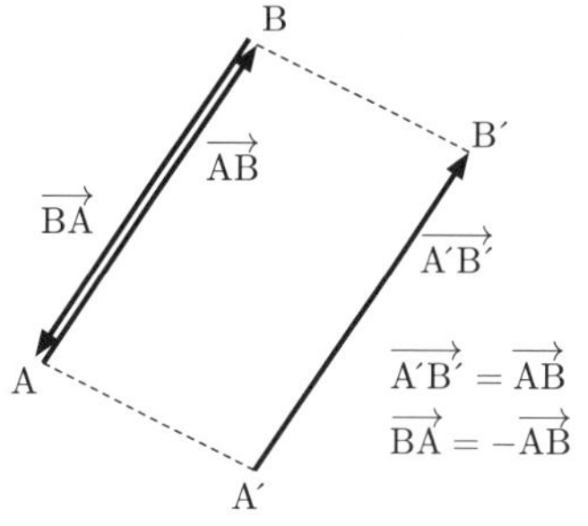

図 1.1　幾何ベクトル

動して幾何ベクトル $\overrightarrow{\mathrm{A'B'}}$ に重ね合わせることができるとき, この 2 つの幾何ベクトルは**等しい**といい, $\overrightarrow{\mathrm{AB}} = \overrightarrow{\mathrm{A'B'}}$ と表す. すなわち, 向きと大きさが同じとなることを意味する.

ベクトル $\overrightarrow{\mathrm{AB}}$ に対し, 大きさが等しく, 向きが反対であるベクトル $\overrightarrow{\mathrm{BA}}$ を $\overrightarrow{\mathrm{AB}}$ の**逆ベクトル**といい, $-\overrightarrow{\mathrm{AB}}$ と表す. 終点と始点が一致するとき, すなわち $\overrightarrow{\mathrm{AA}}$ を**零ベクトル**という.

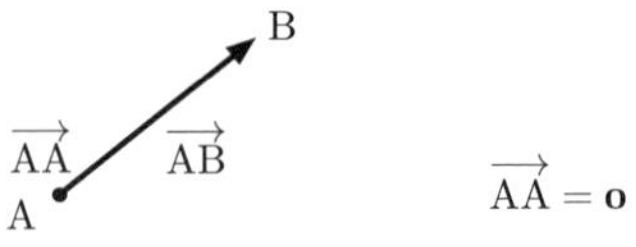

図 **1.2**　零ベクトル

有向線分は位置と, 向きおよび大きさで定まる. その位置を問題にしないで (どこにあるかを考慮しないで) 向きと大きさだけを表したものがベクトルである.

ベクトルを表すのに $\boldsymbol{a}, \boldsymbol{b}, \boldsymbol{c}, \cdots, \boldsymbol{x}, \boldsymbol{y}, \boldsymbol{z}$ などの太字の英小文字を用いることにする. 特に, 零ベクトルは $\mathbf{0}$ で表す.

空間内に原点 O と原点から互いに直交する 3 つの方向を決める. 原点から各々の方向に a_1, a_2, a_3 ずつ移動した点を (a_1, a_2, a_3) と表しこの点の座標という. このように原点と互いに直交する方向を決めた空間を座標空間という.

このとき, 点 $\mathrm{X}(x_1, x_2, x_3)$ をとれば, $\overrightarrow{\mathrm{AB}} = \overrightarrow{\mathrm{OX}}$ となる x_1, x_2, x_3 をベクトル $\boldsymbol{x} = \overrightarrow{\mathrm{AB}}$ の**成分**という. また

$$\boldsymbol{x} = \begin{pmatrix} x_1 \\ x_2 \\ x_3 \end{pmatrix}$$

と書きベクトル $\boldsymbol{x}$ の **成分表示**という.

座標空間上に点 $\mathrm{A}(a_1, a_2, a_3)$, $\mathrm{B}(b_1, b_2, b_3)$ および $\mathrm{A}'(a_1{}', a_2{}', a_3{}')$, $\mathrm{B}'(b_1{}', b_2{}', b_3{}')$ をとる. このとき $\overrightarrow{\mathrm{AB}} = \overrightarrow{\mathrm{A'B'}}$ であるためには,

$$\begin{cases} b_1 - a_1 = b_1{}' - a_1{}' \\ b_2 - a_2 = b_2{}' - a_2{}' \\ b_3 - a_3 = b_3{}' - a_3{}' \end{cases}$$

となることが必要十分条件である. $x_1 = b_1 - a_1$, $x_2 = b_2 - a_2$, $x_3 = b_3 - a_3$ とおけば, 3 つの実数の組 (x_1, x_2, x_3) はベクトル $\overrightarrow{\mathrm{AB}}$ を決める.

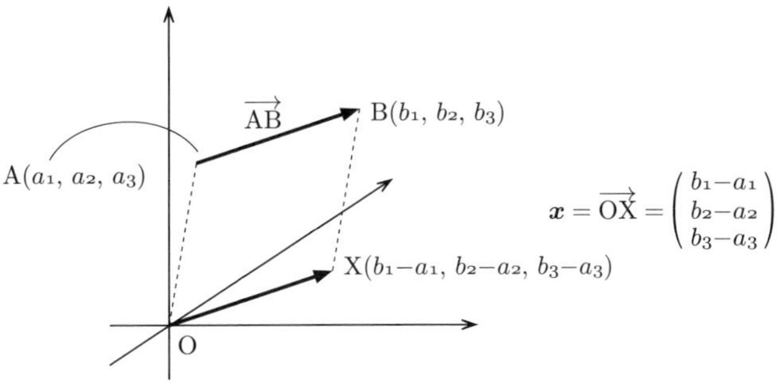

図 1.3　ベクトルの成分

このように空間のベクトルは3つの実数の組で表すことができる．空間の点 X$(x_1,\ x_2,\ x_3)$ に対してベクトル $\boldsymbol{x} = \overrightarrow{\mathrm{OX}}$ を点 X の**位置ベクトル**という．

ベクトルの算法　2つのベクトル $\boldsymbol{a}, \boldsymbol{b}$ に対して点 A, B, C を

$$\boldsymbol{a} = \overrightarrow{\mathrm{AB}}, \quad \boldsymbol{b} = \overrightarrow{\mathrm{BC}}$$

をみたすように定める．このとき，ベクトル $\overrightarrow{\mathrm{AC}}$ を $\boldsymbol{a}, \boldsymbol{b}$ の**和**といい，$\boldsymbol{a}+\boldsymbol{b}$ と表す．すなわち，$\overrightarrow{\mathrm{AB}} + \overrightarrow{\mathrm{BC}} = \overrightarrow{\mathrm{AC}}$ である．$\boldsymbol{b} = \overrightarrow{\mathrm{AD}}$ となる点 D をとれば，$\boldsymbol{a}+\boldsymbol{b}$ は AB と AD を隣辺とする平行四辺形の対角線で表されるベクトルである．

2つのベクトル $\boldsymbol{a}, \boldsymbol{b}$ の成分表示を $\boldsymbol{a} = \begin{pmatrix} a_1 \\ a_2 \\ a_3 \end{pmatrix}$，

$\boldsymbol{b} = \begin{pmatrix} b_1 \\ b_2 \\ b_3 \end{pmatrix}$ とすると，和 $\boldsymbol{a}+\boldsymbol{b}$ の 成分表示は

$$\boldsymbol{a}+\boldsymbol{b} = \begin{pmatrix} a_1+b_1 \\ a_2+b_2 \\ a_3+b_3 \end{pmatrix}$$

で与えられる．

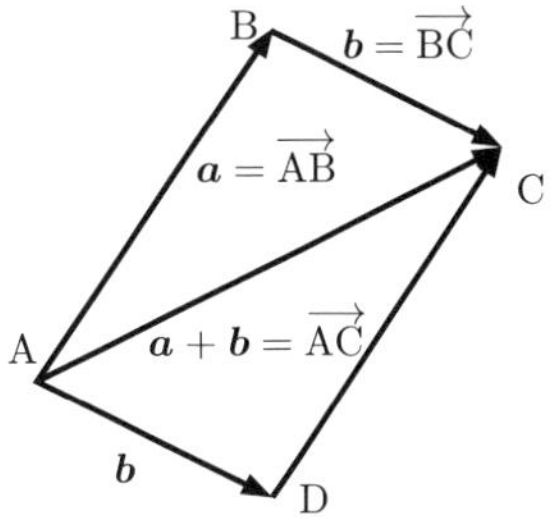

図 1.4　ベクトルの和

また正の実数 r に対して, 方向がベクトル $\boldsymbol{a}$ と同じで, 長さが $\boldsymbol{a}$ の長さの r 倍となるベクトル $r\boldsymbol{a}$ は

$$r\boldsymbol{a} = \begin{pmatrix} ra_1 \\ ra_2 \\ ra_3 \end{pmatrix}$$

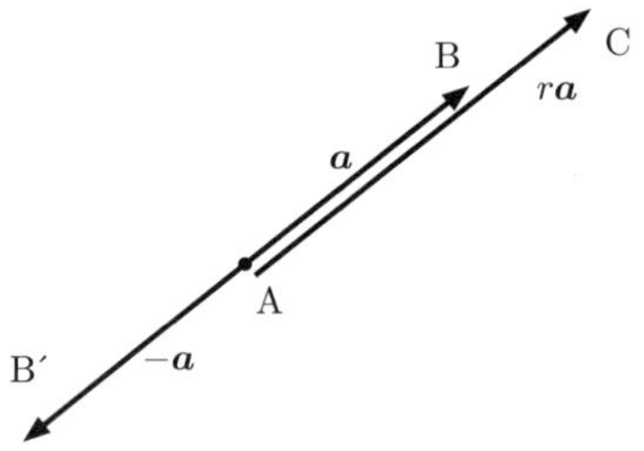

図 1.5　ベクトルの実数倍

で表される. 負の実数 r の場合にもこの式で $r\boldsymbol{a}$ を定義する. このとき $r < 0$ ならば $r\boldsymbol{a}$ の向きは $\boldsymbol{a}$ とは反対の向きとなる. 特に $r = -1$ のときは $(-1)\boldsymbol{a} = -\boldsymbol{a}$ は逆ベクトルとなる.

座標空間の場合と同様に, 平面上に原点と直交する 2 方向を決めると平面上の点は座標 (a_1, a_2) によって表すことができる.

実数全体を $\mathbf{R}$ で表し, t が実数であることを $t \in \mathbf{R}$ と表すことにする.

例 1.1.1　座標平面において直線 $y = 2 - \dfrac{1}{2}x$ 上の点 $\mathrm{X}(x, y)$ の位置ベクトルは $t = x$ とすると, ベクトルの式

$$\begin{pmatrix} x \\ y \end{pmatrix} = \begin{pmatrix} t \\ 2 - \dfrac{1}{2}t \end{pmatrix} = t\begin{pmatrix} 1 \\ -\dfrac{1}{2} \end{pmatrix} + \begin{pmatrix} 0 \\ 2 \end{pmatrix} \qquad (t \in \mathbf{R})$$

で表すことができる.

この直線は点 $(0, 2)$ を通り, 方向がベクトル $\boldsymbol{a} = \begin{pmatrix} 1 \\ -\dfrac{1}{2} \end{pmatrix}$ で与えられる直線であることを意味している. ベクトルの記号を用いて, $\boldsymbol{v} = \begin{pmatrix} x \\ y \end{pmatrix}$, $\boldsymbol{b} = \begin{pmatrix} 0 \\ 2 \end{pmatrix}$ とおけば

$$\boldsymbol{v} = t\boldsymbol{a} + \boldsymbol{b} \quad (t \in \mathbf{R})$$

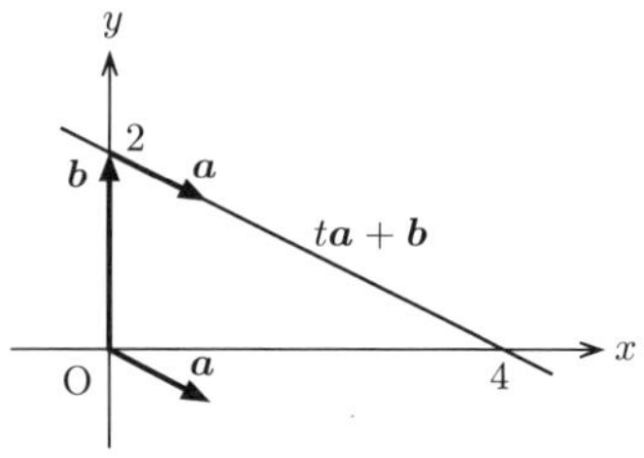

図 1.6　直線の方程式

と表すことができる. これは媒介変数 t を用いた直線の表示である.

一般に, 2 点 $\mathrm{A}(a_1, a_2)$, $\mathrm{B}(b_1, b_2)$ を通る直線上の点の位置ベクトルは, 位置ベクトル $\boldsymbol{a} = \begin{pmatrix} a_1 \\ a_2 \end{pmatrix}$, $\boldsymbol{b} = \begin{pmatrix} b_1 \\ b_2 \end{pmatrix}$ と媒介変数 t を用いて

$$\boldsymbol{v} = t(\boldsymbol{a} - \boldsymbol{b}) + \boldsymbol{b} \quad (t \in \mathbf{R})$$

と表すことができる. これが点 A, B を通る直線の媒介変数を用いた表示となる.

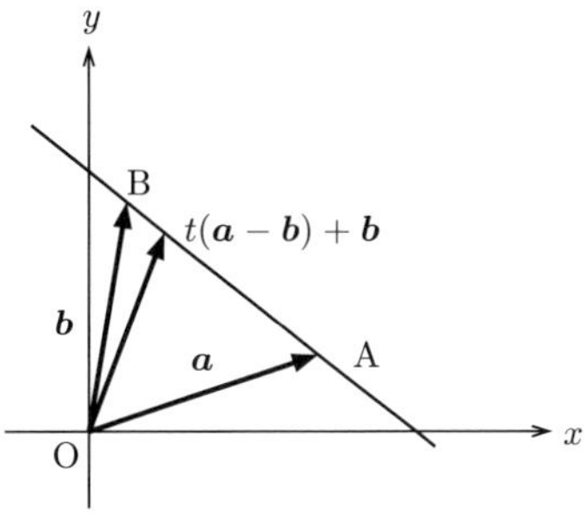

図 **1.7**　A,B を通る直線

座標空間においても, 点 $\mathrm{B}(b_1, b_2, b_3)$ を通り, 方向がベクトル $\boldsymbol{a} = \begin{pmatrix} a_1 \\ a_2 \\ a_3 \end{pmatrix}$ で与えられる直線は

$$\begin{pmatrix} x \\ y \\ z \end{pmatrix} = t \begin{pmatrix} a_1 \\ a_2 \\ a_3 \end{pmatrix} + \begin{pmatrix} b_1 \\ b_2 \\ b_3 \end{pmatrix} \qquad (t \in \mathbf{R})$$

と表すことができる. このとき a_1, a_2, a_3 が 0 でなければ, この式から媒介変数 t を消去して,

$$\frac{x - b_1}{a_1} = \frac{y - b_2}{a_2} = \frac{z - b_3}{a_3}$$

と表すこともできる.

また, 座標空間の 2 点 $\mathrm{A}(a_1, a_2, a_3)$, $\mathrm{B}(b_1, b_2, b_3)$ を通る直線も, ベクトル $\boldsymbol{a} = \begin{pmatrix} a_1 \\ a_2 \\ a_3 \end{pmatrix}, \boldsymbol{b} = \begin{pmatrix} b_1 \\ b_2 \\ b_3 \end{pmatrix}$ と媒介変数 t を用いて, 平面のときと同様に

$$\boldsymbol{v} = t(\boldsymbol{a} - \boldsymbol{b}) + \boldsymbol{b} \quad (t \in \mathbf{R})$$

と表すことができる.

これまで平面または空間のベクトルについて考えてきた. 平面のベクトルは 2 つの実数の組で, 空間のベクトルは 3 つの実数の組で表された. 同様に 4 つ以上の数の組で表されるものをベクトルを考えることができる. 算法は次に与

えるとおり, 2つまたは3つの成分で表されたベクトルの場合と同様の規則で定義する.

n 個の実数 $x_1, x_2, \cdots, x_n$ の順序付けられた組を **$\boldsymbol{n}$ 項ベクトル**という. これを縦に並べて, $\boldsymbol{x} = \begin{pmatrix} x_1 \\ x_2 \\ \vdots \\ x_n \end{pmatrix}$ と書くとき, **$\boldsymbol{n}$ 項列ベクトル**または **$\boldsymbol{n}$ 項縦ベクトル**という. ここで $x_1, x_2, \cdots, x_n$ を**ベクトル $\boldsymbol{x}$ の成分**という. 特に x_i を第 i 成分という. また横に並べたものを **$\boldsymbol{n}$ 項行ベクトル**または **$\boldsymbol{n}$ 項横ベクトル**といい, $(x_1,\ x_2,\ \cdots,\ x_n)$ と表す.

ベクトルのみを扱う場合には, それを列ベクトルで表しても行ベクトルで表しても本質的な違いはないが, ここでは列ベクトルを主に用いることにし, n 項ベクトルの全体のなす集合を $\mathbf{R}^n$ すなわち集合の記号を用いれば,

$$\mathbf{R}^n = \left\{ \begin{pmatrix} x_1 \\ x_2 \\ \vdots \\ x_n \end{pmatrix} \middle|\ x_i \in \mathbf{R},\ 1 \leqq i \leqq n \right\}$$

と表される.

2つの n 項列ベクトル $\boldsymbol{a} = \begin{pmatrix} a_1 \\ a_2 \\ \vdots \\ a_n \end{pmatrix}$, $\boldsymbol{b} = \begin{pmatrix} b_1 \\ b_2 \\ \vdots \\ b_n \end{pmatrix}$ に対し, 各成分について $a_i = b_i\ \ (1 \leqq i \leqq n)$ が成り立つとき, これらのベクトル $\boldsymbol{a}, \boldsymbol{b}$ は等しいといい,

$$\boldsymbol{a} = \boldsymbol{b}$$

と表す.

2つの列ベクトル $\boldsymbol{a}, \boldsymbol{b}$ の和 $\boldsymbol{a} + \boldsymbol{b}$ を

$$\boldsymbol{a}+\boldsymbol{b}=\begin{pmatrix} a_1+b_1 \\ a_2+b_2 \\ \vdots \\ a_n+b_n \end{pmatrix}$$

と定義する．また，実数 $r \in \mathbf{R}$ に対して，

$$r\boldsymbol{a}=\begin{pmatrix} ra_1 \\ ra_2 \\ \vdots \\ ra_n \end{pmatrix}$$

と定義する．このようにベクトルに実数を掛ける操作をベクトルを**スカラー倍する**という．特に，$(-1)\boldsymbol{a}$ を $-\boldsymbol{a}$ で表す．また，すべての成分が 0 となるベクトル $\begin{pmatrix} 0 \\ \vdots \\ 0 \end{pmatrix}$ を**零ベクトル**といい，$\mathbf{0}$ で表す．

行ベクトルの和，スカラー倍についても列ベクトルと同様に定義する．

次の命題はベクトルの算法に関する基本的な性質である．

命題 1.1　n 項列ベクトル $\boldsymbol{a}, \boldsymbol{b}, \boldsymbol{c}$，実数 r, s について次が成り立つ．

(1) $\boldsymbol{a}+\boldsymbol{b}=\boldsymbol{b}+\boldsymbol{a}$

(2) $(\boldsymbol{a}+\boldsymbol{b})+\boldsymbol{c}=\boldsymbol{a}+(\boldsymbol{b}+\boldsymbol{c})$

(3) $\boldsymbol{a}+\mathbf{0}=\boldsymbol{a}$

(4) $\boldsymbol{a}+(-\boldsymbol{a})=\mathbf{0}$

(5) $(r+s)\boldsymbol{a}=r\boldsymbol{a}+s\boldsymbol{a}$

(6) $r(\boldsymbol{a}+\boldsymbol{b})=r\boldsymbol{a}+r\boldsymbol{b}$

(7) $(rs)\boldsymbol{a}=r(s\boldsymbol{a})$

(8) $0\,\boldsymbol{a}=\mathbf{0}$, $1\,\boldsymbol{a}=\boldsymbol{a}$

1.2　n 項ベクトルの幾何学的性質

$\mathbf{R}^n$ のベクトルの幾何学的性質について述べる．$\mathbf{R}^n$ のベクトル

$$\boldsymbol{e}_1 = \begin{pmatrix} 1 \\ 0 \\ 0 \\ \vdots \\ 0 \end{pmatrix},\ \boldsymbol{e}_2 = \begin{pmatrix} 0 \\ 1 \\ 0 \\ \vdots \\ 0 \end{pmatrix},\ \cdots,\ \boldsymbol{e}_n = \begin{pmatrix} 0 \\ 0 \\ \vdots \\ 0 \\ 1 \end{pmatrix}$$

を**基本ベクトル (標準ベクトル)** という．ここに，$\boldsymbol{e}_i$ は第 i 成分が1で，他の成分は0の n 項列ベクトルである．

$\mathbf{R}^n$ の任意のベクトル $\boldsymbol{a} = \begin{pmatrix} a_1 \\ a_2 \\ \vdots \\ a_n \end{pmatrix}$ は実数 $a_1, a_2, \cdots, a_n$ と基本ベクトル $\boldsymbol{e}_1, \boldsymbol{e}_2, \cdots, \boldsymbol{e}_n$ を用いて

$$\boldsymbol{a} = a_1\boldsymbol{e}_1 + a_2\boldsymbol{e}_2 + \cdots + a_n\boldsymbol{e}_n$$

と表すことができる．ベクトル $\boldsymbol{a}$ の i 成分 a_i を $\boldsymbol{a}$ の $\boldsymbol{e}_i$ 方向成分ともいう．

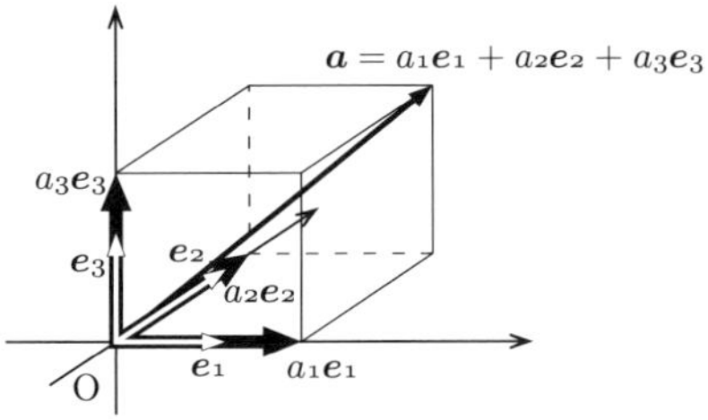

図 1.8　$\boldsymbol{a}$ を基本ベクトルで表す

ベクトルの長さと内積　座標平面において，原点から点 $\mathrm{A}(a_1, a_2)$ までの距離は $\sqrt{{a_1}^2 + {a_2}^2}$ で与えられる．これをベクトル $\boldsymbol{a} = \overrightarrow{\mathrm{OA}} = \begin{pmatrix} a_1 \\ a_2 \end{pmatrix}$ の**長さ**といい，

$$\|\boldsymbol{a}\| = \sqrt{{a_1}^2 + {a_2}^2}$$

で表す (絶対値と区別するためこの記号 $\|\boldsymbol{a}\|$ を使う)．座標空間においては，原点から点 $\mathrm{A}(a_1, a_2, a_3)$ までの距離は $\sqrt{{a_1}^2 + {a_2}^2 + {a_3}^2}$ で与えられる．これをベクトル $\boldsymbol{a} = \overrightarrow{\mathrm{OA}} = \begin{pmatrix} a_1 \\ a_2 \\ a_3 \end{pmatrix}$ の**長さ**といい，

$$\|\boldsymbol{a}\| = \sqrt{{a_1}^2 + {a_2}^2 + {a_3}^2}$$

で表す.

座標空間の 2 点 A と B との距離は $\overrightarrow{\mathrm{AB}}$ の長さ $\|\overrightarrow{\mathrm{AB}}\|$ で表される.

原点を O とする座標平面上に点 $\mathrm{A}(a_1, a_2)$, $\mathrm{B}(b_1, b_2)$ をとるとき, 角 $\theta = \angle\mathrm{AOB}$ $(0 \leqq \theta \leqq \pi)$ をベクトル $\boldsymbol{a} = \overrightarrow{\mathrm{OA}} = \begin{pmatrix} a_1 \\ a_2 \end{pmatrix}$ と $\boldsymbol{b} = \overrightarrow{\mathrm{OB}} = \begin{pmatrix} b_1 \\ b_2 \end{pmatrix}$ のなす角という. 三角形 △OAB において余弦定理を用いると

$$\cos\theta = \frac{\|\boldsymbol{a}\|^2 + \|\boldsymbol{b}\|^2 - \|\boldsymbol{a} - \boldsymbol{b}\|^2}{2\|\boldsymbol{a}\| \cdot \|\boldsymbol{b}\|} = \frac{a_1 b_1 + a_2 b_2}{\|\boldsymbol{a}\| \cdot \|\boldsymbol{b}\|}$$

である. $\|\boldsymbol{a}\| \cdot \|\boldsymbol{b}\| \cos\theta = \dfrac{1}{2}(\|\boldsymbol{a}\|^2 + \|\boldsymbol{b}\|^2 - \|\boldsymbol{a} - \boldsymbol{b}\|^2) = a_1 b_1 + a_2 b_2$ が成り立つ. ここで $a_1 b_1 + a_2 b_2$ を $\boldsymbol{a}$ と $\boldsymbol{b}$ の**内積**といい, $(\boldsymbol{a}, \boldsymbol{b})$ または $\boldsymbol{a} \cdot \boldsymbol{b}$ で表す.

これを一般化し, n 項列ベクトル (行ベクトル) の長さ (大きさ) および内積を次のように定義する. n 項列ベクトル $\boldsymbol{a} = \begin{pmatrix} a_1 \\ \vdots \\ a_n \end{pmatrix}$ に対して,

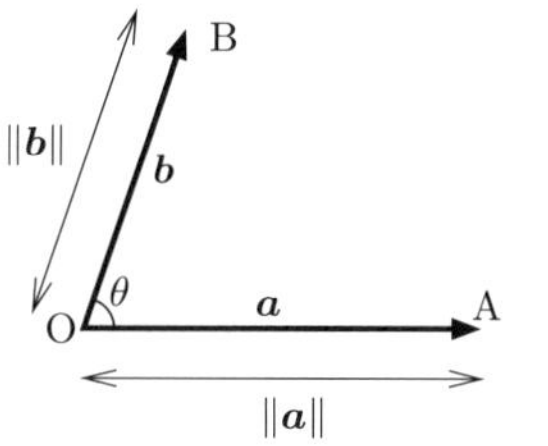

図 1.9　ベクトルの内積と長さ

$$\|\boldsymbol{a}\| = \sqrt{{a_1}^2 + {a_2}^2 + \cdots + {a_n}^2}$$

を $\boldsymbol{a}$ の**長さ**という. 特に, $\|\boldsymbol{a}\| = 1$ をみたすとき, $\boldsymbol{a}$ を**単位ベクトル**という. たとえば, $\mathbf{R}^n$ の基本ベクトルは単位ベクトルである. また $\mathbf{R}^n$ の $\mathbf{0}$ でないベクトル $\boldsymbol{a}$ に対して, ベクトル $\dfrac{1}{\|\boldsymbol{a}\|}\boldsymbol{a}$ は単位ベクトルとなる.

$\mathbf{R}^n$ のベクトル $\boldsymbol{a} = \begin{pmatrix} a_1 \\ \vdots \\ a_n \end{pmatrix}$, $\boldsymbol{b} = \begin{pmatrix} b_1 \\ \vdots \\ b_n \end{pmatrix}$ に対して定まる実数

$$(\boldsymbol{a}, \boldsymbol{b}) = a_1 b_1 + a_2 b_2 + \cdots + a_n b_n$$

を $\boldsymbol{a}$ と $\boldsymbol{b}$ の**内積**という.

ベクトル $\boldsymbol{a}$ の長さは内積を用いて次のように表すことができる.

$$\|\boldsymbol{a}\| = \sqrt{(\boldsymbol{a}, \boldsymbol{a})}$$

次の命題 1.2 は定義から容易に示される．

命題 1.2　$\mathbf{R}^n$ のベクトルの内積に関して次の基本性質が成り立つ．

(1) $(\boldsymbol{a}, \boldsymbol{a}) \geqq 0$,　　(等号は $\boldsymbol{a} = \boldsymbol{0}$ のときにのみ成立する)

(2) $(\boldsymbol{a}, \boldsymbol{b}) = (\boldsymbol{b}, \boldsymbol{a})$

(3) $(\boldsymbol{a}+\boldsymbol{b}, \boldsymbol{c}) = (\boldsymbol{a}, \boldsymbol{c}) + (\boldsymbol{b}, \boldsymbol{c})$

(4) $(\boldsymbol{a}, \boldsymbol{b}+\boldsymbol{c}) = (\boldsymbol{a}, \boldsymbol{b}) + (\boldsymbol{a}, \boldsymbol{c})$

(5) $(r\boldsymbol{a}, \boldsymbol{b}) = r(\boldsymbol{a}, \boldsymbol{b}) = (\boldsymbol{a}, r\boldsymbol{b})$　$(r \in \mathbf{R})$

命題 1.3　$\mathbf{R}^n$ のベクトルの長さに関して次が成り立つ．

(1) $\|\boldsymbol{a}\| \geqq 0$,　　(等号は $\boldsymbol{a} = \boldsymbol{0}$ のときにのみ成立する)

(2) $\|r\boldsymbol{a}\| = |r|\|\boldsymbol{a}\|$　$(r \in \mathbf{R})$

(3) $|(\boldsymbol{a}, \boldsymbol{b})| \leqq \|\boldsymbol{a}\| \cdot \|\boldsymbol{b}\|$　(Cauchy–Schwarz 不等式)

(4) $\|\boldsymbol{a}+\boldsymbol{b}\| \leqq \|\boldsymbol{a}\| + \|\boldsymbol{b}\|$　(三角不等式)

証明　(1), (2) は容易に示される．

(3) 任意の実数 t について, 次の不等式

$$0 \leqq \|t\boldsymbol{a}+\boldsymbol{b}\|^2 = (t\boldsymbol{a}+\boldsymbol{b}, t\boldsymbol{a}+\boldsymbol{b}) = t^2\|\boldsymbol{a}\|^2 + 2t(\boldsymbol{a}, \boldsymbol{b}) + \|\boldsymbol{b}\|^2$$

が成り立つことに注目する．$\|\boldsymbol{a}\| \neq 0$ のとき, この t に関する 2 次不等式がつねに成り立つための係数のみたす条件 (判別式) を考えれば,

$$(\boldsymbol{a}, \boldsymbol{b})^2 - \|\boldsymbol{a}\|^2 \cdot \|\boldsymbol{b}\|^2 \leqq 0$$

が成り立つことがわかる．したがって, $|(\boldsymbol{a}, \boldsymbol{b})| \leqq \|\boldsymbol{a}\| \cdot \|\boldsymbol{b}\|$ である．

$\|\boldsymbol{a}\| = 0$ のときは, (1) より $\boldsymbol{a} = \boldsymbol{0}$ であるから, $(\boldsymbol{a}, \boldsymbol{b}) = 0$ である．以上より, 求める不等式が得られた．

(4) $(\text{左辺})^2 = (\boldsymbol{a}+\boldsymbol{b},\ \boldsymbol{a}+\boldsymbol{b}) = (\boldsymbol{a},\ \boldsymbol{a}) + 2(\boldsymbol{a},\ \boldsymbol{b}) + (\boldsymbol{b}, \boldsymbol{b}) \leqq \|\boldsymbol{a}\|^2 + 2\|\boldsymbol{a}\|\|\boldsymbol{b}\| + \|\boldsymbol{b}\|^2 = (\|\boldsymbol{a}\| + \|\boldsymbol{b}\|)^2 = (\text{右辺})^2$

この式の不等号の部分は (3) から導かれる．　□

シュワルツの不等式により, $\mathbf{R}^n$ の $\mathbf{0}$ でない 2 つのベクトル $\boldsymbol{a}, \boldsymbol{b}$ に対して

$$-1 \leqq \frac{(\boldsymbol{a}, \boldsymbol{b})}{\|\boldsymbol{a}\| \cdot \|\boldsymbol{b}\|} \leqq 1$$

であるから,

$$\cos\theta = \frac{(\boldsymbol{a}, \boldsymbol{b})}{\|\boldsymbol{a}\| \cdot \|\boldsymbol{b}\|}$$

となる角度 θ $(0 \leqq \theta \leqq \pi)$ がただ 1 つ定まる. この θ を $\boldsymbol{a}$ と $\boldsymbol{b}$ の**なす角**という. 特に, $(\boldsymbol{a}, \boldsymbol{b}) = 0$ となるとき, ベクトル $\boldsymbol{a}, \boldsymbol{b}$ は**直交する**という.

問 1.2.1　$\mathbf{R}^n$ の $\mathbf{0}$ でないベクトル $\boldsymbol{a}, \boldsymbol{b}$ に対し, θ を $\boldsymbol{a}$ と $\boldsymbol{b}$ の なす角とする. 次の等式を示せ.

(1) $(\boldsymbol{a}, \boldsymbol{b}) = \dfrac{1}{2}(\|\boldsymbol{a}\|^2 + \|\boldsymbol{b}\|^2 - \|\boldsymbol{a} - \boldsymbol{b}\|^2)$

(2) $\cos\theta = \dfrac{\|\boldsymbol{a}\|^2 + \|\boldsymbol{b}\|^2 - \|\boldsymbol{a} - \boldsymbol{b}\|^2}{2\|\boldsymbol{a}\| \cdot \|\boldsymbol{b}\|}$　(余弦定理)

平面の方程式　$\boldsymbol{u} = \begin{pmatrix} a \\ b \\ c \end{pmatrix} \neq \mathbf{0}$ とする. 点 P の位置ベクトルを $\boldsymbol{v} = \begin{pmatrix} x \\ y \\ z \end{pmatrix}$ とおくとき, 方程式

$$ax + by + cz = 0$$

は内積 $(\boldsymbol{u}, \boldsymbol{v}) = 0$ と同じであり $\boldsymbol{u}$ と $\boldsymbol{v}$ は直交することを意味している. これは $\boldsymbol{u}$ に直交するベクトルを表す方程式であり, 原点を通り $\boldsymbol{u}$ に直交する**平面の方程式**となる.

点 $\mathrm{P}_0(x_0, y_0, z_0)$ の位置ベクトルを $\boldsymbol{v}_0$ とする. P_0 を通り $\boldsymbol{u} = \begin{pmatrix} a \\ b \\ c \end{pmatrix}$ に直交する平面の方程式は $(\boldsymbol{u}, \boldsymbol{v} - \boldsymbol{v}_0) = 0$ となるので,

$$a(x - x_0) + b(y - y_0) + c(z - z_0) = 0$$

となる. $d = ax_0 + by_0 + cz_0$ とおけば $ax + by + cz = d$ と表すことができる.

例 1.2.2　$2x+3y=5$ は 点 $P_0(1,\,1)$ を通り $\overrightarrow{\mathrm{OA}}=\begin{pmatrix}2\\3\end{pmatrix}$ に直交する直線を表す方程式である (図 1.10).

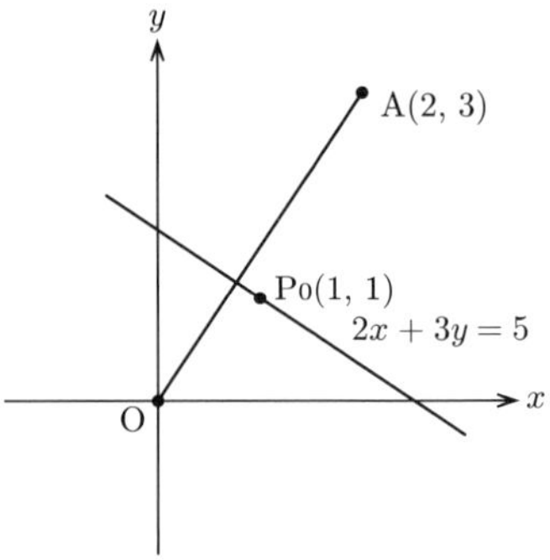

図 1.10　OA に直交する直線の方程式

例 1.2.3　方程式 $x+2y-z=12$ は点 $(12,\,0,\,0)$ を通り $\begin{pmatrix}1\\2\\-1\end{pmatrix}$ と直交する平面の方程式となる.

例 1.2.4　空間に点 $\mathrm{P}(u,\,v,\,w)$ と平面 $(\boldsymbol{a},\,\boldsymbol{x})=d$ があるとき, この平面上に点 Q を直線 PQ がこの平面と直交するようにとる (図 1.11). このとき線分 PQ の長さ D を点 P と平面 $(\boldsymbol{a},\,\boldsymbol{x})=d$ の距離という. $\boldsymbol{p},\,\boldsymbol{q}$ を P, Q の位置ベクトルとすると, 直交条件は $\overrightarrow{\mathrm{QP}}=\boldsymbol{p}-\boldsymbol{q}=k\boldsymbol{a}$ となる k がとれることであり, $\boldsymbol{a}$ との内積をとれば

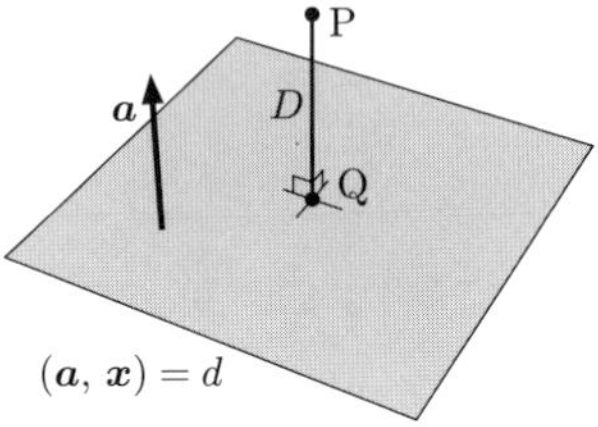

図 1.11　点と平面の距離

$$(\boldsymbol{a},\,\boldsymbol{p})-(\boldsymbol{a},\,\boldsymbol{q})=k(\boldsymbol{a},\,\boldsymbol{a})$$

となる. Q が平面上にあることから $(\boldsymbol{a},\,\boldsymbol{q})=d$ となるので

$$(\boldsymbol{a},\,\boldsymbol{p})-d=k\|\boldsymbol{a}\|^2$$

$$D=\|\boldsymbol{p}-\boldsymbol{q}\|=|k|\,\|\boldsymbol{a}\|=\frac{|(\boldsymbol{a},\,\boldsymbol{p})-d|}{\|\boldsymbol{a}\|}$$

となる. 平面を $ax+by+cz=d$ と表せば,

$$D=\frac{|au+bv+cw-d|}{\sqrt{a^2+b^2+c^2}}$$

となる.

例 1.2.5　2 点 $\mathrm{A}(a_1,\,a_2,\,a_3)$, $\mathrm{B}(b_1,\,b_2,\,b_3)$ を直径の両端とする球面上の点 $\mathrm{P}(x,\,y,\,z)$ は $\overrightarrow{\mathrm{AP}}\perp\overrightarrow{\mathrm{BP}}$ となる点であるので, この球面の方程式は

$$(x-a_1)(x-b_1)+(y-a_2)(y-b_2)+(z-a_3)(z-b_3)=0$$

と表される．

1.3　行列の算法

いくつかの項ベクトルをまとめて扱いたいとき，これを次のように表にして表すことにする．たとえば，3 つのベクトル $\begin{pmatrix} 1 \\ 2 \end{pmatrix}, \begin{pmatrix} 5 \\ 4 \end{pmatrix}, \begin{pmatrix} 8 \\ 3 \end{pmatrix}$ をまとめて $\begin{pmatrix} 1 & 5 & 8 \\ 2 & 4 & 3 \end{pmatrix}$ のように表すことにする．これを 2 行 3 列の行列と呼ぶ．

一般に $m \times n$ 個の数 a_{ij} $(1 \leqq i \leqq m, 1 \leqq j \leqq n)$ を，縦に m 個ずつ，横に n 個ずつ次のように並べた

$$A = \begin{pmatrix} a_{11} & a_{12} & \cdots & a_{1j} & \cdots & a_{1n} \\ a_{21} & a_{22} & \cdots & a_{2j} & \cdots & a_{2n} \\ \vdots & \vdots & \ddots & \vdots & \ddots & \vdots \\ a_{i1} & a_{i2} & \cdots & a_{ij} & \cdots & a_{in} \\ \vdots & \vdots & \ddots & \vdots & \ddots & \vdots \\ a_{m1} & a_{m2} & \cdots & a_{mj} & \cdots & a_{mn} \end{pmatrix}$$

を (m, n) **行列**，または m 行 n 列の行列という．(m, n) をこの行列の**型**という．

横の並びの n 個の数の組を**行**といい，上から 第 1 行，第 2 行，$\cdots$，第 m 行という．縦の並びの m 個の数の組を**列**といい，左から 第 1 列，第 2 列，$\cdots$，第 n 列という．上の行列 A の第 i 行の成分は $a_{i1}, a_{i2}, \cdots, a_{in}$ である．第 i 行を n 項行ベクトル $\boldsymbol{a}_i{}' = (a_{i1}\ a_{i2}\ \cdots\ a_{in})$ $(1 \leqq i \leqq m)$ とみなし，それらの m 個を縦に並べて

$$A = \begin{pmatrix} \boldsymbol{a}_1{}' \\ \boldsymbol{a}_2{}' \\ \vdots \\ \boldsymbol{a}_m{}' \end{pmatrix}$$

と表すことができる．これを行列 A の**行ベクトル表示**という．また，行列 A の

第 j 列の成分は $a_{1j}, a_{2j}, \cdots, a_{mj}$ である．第 j 列を m 項列ベクトル

$$\boldsymbol{a}_j = \begin{pmatrix} a_{1j} \\ a_{2j} \\ \vdots \\ a_{mj} \end{pmatrix} \quad (1 \leqq j \leqq n)$$

とみなし, それらの n 個を横に並べて

$$A = (\boldsymbol{a}_1,\ \boldsymbol{a}_2,\ \cdots,\ \boldsymbol{a}_n)$$

と表すことができる．これを行列 A の**列ベクトル表示**という．

行列をつくっている $m \times n$ 個の数を**成分**といい, 特に, 行列 A の第 i 行と第 j 列の交差しているところにある成分 a_{ij} を A の (i, j) **成分**という．

行列を表すのに, 行列 A の (i, j) 成分 a_{ij} を用いて簡単に

$$A = (a_{ij}) \quad (1 \leqq i \leqq m,\ 1 \leqq j \leqq n)$$

と表すことがある．

(m, n) 行列は m 項列ベクトルを n 個並べたものと, あるいは, n 項行ベクトルを m 個並べたものともみなすことができる．

すべての成分が 0 である行列を**零行列**といい, O で表す．たとえば,

$$O = \begin{pmatrix} 0 & 0 \\ 0 & 0 \\ 0 & 0 \end{pmatrix}, \quad O = \begin{pmatrix} 0 & 0 & 0 \\ 0 & 0 & 0 \end{pmatrix}$$

と表す．行列の型を明確にするときは, (m, n) 零行列を $O_{m,n}$ と表す．

$A = (a_{ij}), B = (b_{ij})$ を (m, n) 行列 とする．対応する A, B の各成分が等しいとき, すなわち $a_{ij} = b_{ij} \quad (1 \leqq i \leqq m,\ 1 \leqq j \leqq n)$ であるとき, A と B は**等しい**といい, $A = B$ で表す．

例 1.3.1　行列 $A = \begin{pmatrix} 1 & -1 & 2 & 3 \\ 0 & 2 & -1 & 2 \\ -1 & 3 & 1 & 5 \end{pmatrix}$ について,

(1) A は 3 行 4 列の行列であるから $(3, 4)$ 行列である．

(2) $(1,3)$ 成分は 2 であり, $(3,1)$ 成分は -1 である.

(3) A の列ベクトルは第 1 列から順に,

$$\boldsymbol{a}_1 = \begin{pmatrix} 1 \\ 0 \\ -1 \end{pmatrix},\ \boldsymbol{a}_2 = \begin{pmatrix} -1 \\ 2 \\ 3 \end{pmatrix},\ \boldsymbol{a}_3 = \begin{pmatrix} 2 \\ -1 \\ 1 \end{pmatrix},\ \boldsymbol{a}_4 = \begin{pmatrix} 3 \\ 2 \\ 5 \end{pmatrix}$$

である. 行ベクトルは

$$\boldsymbol{a}_1{}' = (1,\ -1,\ 2,\ 3),\ \boldsymbol{a}_2{}' = (0,\ 2,\ -1,\ 2),\ \boldsymbol{a}_3{}' = (-1,\ 3,\ 1,\ 5)$$

である.

(4) A のベクトル表示は

$$A = (\boldsymbol{a}_1,\ \boldsymbol{a}_2,\ \boldsymbol{a}_3,\ \boldsymbol{a}_4) = \begin{pmatrix} \boldsymbol{a}_1{}' \\ \boldsymbol{a}_2{}' \\ \boldsymbol{a}_3{}' \end{pmatrix}$$

である.

行列の和とスカラー倍 ベクトルに和とスカラー倍が定義されたように, (m, n) 行列を $m \times n$ 項ベクトルとみなして, 次のように和とスカラー倍が定義される.

定義 1.4 (行列の和) $A = (a_{ij})$, $B = (b_{ij})$ をともに (m,n) 行列とする. A と B の対応する成分の和 $a_{ij} + b_{ij}$ を (i,j) 成分とする行列を, A と B の和と定義し, $A+B$ で表す.

$$A+B = (a_{ij}+b_{ij}) = \begin{pmatrix} a_{11}+b_{11} & a_{12}+b_{12} & \cdots & a_{1n}+b_{1n} \\ a_{21}+b_{21} & a_{22}+b_{22} & \cdots & a_{2n}+b_{2n} \\ \vdots & \vdots & \ddots & \vdots \\ a_{m1}+b_{m1} & a_{m2}+b_{m2} & \cdots & a_{mn}+b_{mn} \end{pmatrix}$$

である. また, A, B の第 j 列ベクトルをそれぞれ $\boldsymbol{a}_j, \boldsymbol{b}_j$ $(j = 1, \cdots, n)$ とおくと,

$$A+B = (\boldsymbol{a}_1+\boldsymbol{b}_1, \boldsymbol{a}_2+\boldsymbol{b}_2, \cdots, \boldsymbol{a}_n+\boldsymbol{b}_n)$$

と表すことができる. 同様に, 行ベクトル表示を用いて行列の和を表すこともできる.

行列の和は同じ型の行列についてのみ定義し, 異なる型の行列に対する和は定義しない. A, B が (m,n) 行列ならばその和 $A+B$ も (m,n) 行列となる.

定義 1.5　(行列のスカラー倍) (m,n) 行列 $A=(a_{ij})$ と実数 r に対して, A の各成分を r 倍することにより得られる行列を rA で表す. このような操作のことを行列を**スカラー倍する**という.

$$rA = (ra_{ij}) = \begin{pmatrix} ra_{11} & ra_{12} & \cdots & ra_{1n} \\ ra_{21} & ra_{22} & \cdots & ra_{2n} \\ \vdots & \vdots & \ddots & \vdots \\ ra_{m1} & ra_{m2} & \cdots & ra_{mn} \end{pmatrix}$$

である. A の第 j 列ベクトルを $\boldsymbol{a}_j$ で表せば,

$$rA = (r\boldsymbol{a}_1, r\boldsymbol{a}_2, \cdots, r\boldsymbol{a}_n)$$

となる. 同様に行ベクトル表示を用いて行列のスカラー倍を表すこともでき, rA は (m,n) 行列である.

実数 -1 と A の積 $(-1)A$ を $-A$ で表し, $A+(-B)$ を $A-B$ で表す.

例題 1.3.2　行列 $A=\begin{pmatrix} 1 & 2 \\ -1 & 1 \\ 3 & 4 \end{pmatrix}$, $B=\begin{pmatrix} 0 & 1 \\ 1 & 2 \\ 2 & -3 \end{pmatrix}$ について $A+B$ と $3A$ を求めよ.

解答

$$A+B=\begin{pmatrix} 1 & 3 \\ 0 & 3 \\ 5 & 1 \end{pmatrix}, \quad 3A=\begin{pmatrix} 3 & 6 \\ -3 & 3 \\ 9 & 12 \end{pmatrix}$$

行列の算法についてもベクトルの場合と同様に次の基本性質が成り立つ.

命題 1.6 A, B, C を (m, n) 行列, r, s は実数とする. このとき, 次が成り立つ.

(1) $A + B = B + A$

(2) $(A + B) + C = A + (B + C)$

(3) $O + A = A = A + O$

(4) $A + (-A) = O$

(5) $(r + s)A = rA + sA$

(6) $r(A + B) = rA + rB$

(7) $(rs)A = r(sA)$

(8) $0A = O,\ 1A = A$

問 1.3.3 $A = \begin{pmatrix} 1 & 2 & 3 \\ -1 & 0 & 2 \end{pmatrix}$, $B = \begin{pmatrix} -1 & 5 & -2 \\ 2 & 1 & 2 \end{pmatrix}$ とおくとき, 次の行列を求めよ.

(1) $A + B$ (2) $3A$ (3) $2A + B$ (4) $A - B$ (5) $A - 2B$ (6) $B - A$

行列の積 2つの行列の積を次のように定義する.

定義 1.7 (**行列の積**) A を (ℓ, m) 行列, B を (m, n) 行列とし,

$$A = \begin{pmatrix} a_{11} & a_{12} & \cdots & a_{1m} \\ a_{21} & a_{22} & \cdots & a_{2m} \\ \vdots & \vdots & \ddots & \vdots \\ a_{\ell 1} & a_{\ell 2} & \cdots & a_{\ell m} \end{pmatrix}, \quad B = \begin{pmatrix} b_{11} & b_{12} & \cdots & b_{1n} \\ b_{21} & b_{22} & \cdots & b_{2n} \\ \vdots & \vdots & \ddots & \vdots \\ b_{m1} & b_{m2} & \cdots & b_{mn} \end{pmatrix}$$

とする. A の第 i 行 (第 i 行ベクトル) と B の第 j 列 (第 j 列ベクトル) の対応する成分の積をつくり, それらの総和を c_{ij} とする. すなわち, i, j $(1 \leqq i \leqq \ell,\ 1 \leqq j \leqq n)$ に対して

$$c_{ij} = \sum_{k=1}^{m} a_{ik} b_{kj} = a_{i1} b_{1j} + a_{i2} b_{2j} + \cdots + a_{im} b_{mj}$$

とおく．c_{ij} を (i,j) 成分とする行列を A と B の**積**といい，AB で表す．

$$AB=(c_{ij})=\begin{pmatrix} \sum_{k=1}^{m} a_{1k}b_{k1} & \sum_{k=1}^{m} a_{1k}b_{k2} & \cdots & \sum_{k=1}^{m} a_{1k}b_{kn} \\ \sum_{k=1}^{m} a_{2k}b_{k1} & \sum_{k=1}^{m} a_{2k}b_{k2} & \cdots & \sum_{k=1}^{m} a_{2k}b_{kn} \\ \vdots & \vdots & \ddots & \vdots \\ \sum_{k=1}^{m} a_{\ell k}b_{k1} & \sum_{k=1}^{m} a_{\ell k}b_{k2} & \cdots & \sum_{k=1}^{m} a_{\ell k}b_{kn} \end{pmatrix}$$

A と B との積 AB は (ℓ,n) 行列である．A の第 i 行ベクトルを $\boldsymbol{a}_i{}'$ とし，B の第 j 列ベクトルを $\boldsymbol{b}_j$ で表す.この 2 つのベクトルを行列とみなすとき，AB の (i,j) 成分は $c_{ij}=\boldsymbol{a}_i{}'\boldsymbol{b}_j$ となる．したがって，

$$A=\begin{pmatrix} \boldsymbol{a}_1{}' \\ \boldsymbol{a}_2{}' \\ \vdots \\ \boldsymbol{a}_\ell{}' \end{pmatrix},\ B=(\boldsymbol{b}_1,\boldsymbol{b}_2,\cdots,\boldsymbol{b}_n)$$

と表したとき，積 AB は次のようにも表される．

$$AB=(\boldsymbol{a}_i{}'\boldsymbol{b}_j)=\begin{pmatrix} \boldsymbol{a}_1{}'B \\ \boldsymbol{a}_2{}'B \\ \vdots \\ \boldsymbol{a}_\ell{}'B \end{pmatrix}=(A\boldsymbol{b}_1,A\boldsymbol{b}_2,\cdots,A\boldsymbol{b}_n)$$

ここで，$\boldsymbol{a}_i{}'\boldsymbol{b}_j$ は数であり，$\boldsymbol{a}_i{}'B$ は行ベクトルであり，$A\boldsymbol{b}_j$ は列ベクトルである．

例 1.3.4　行列 $A=(\boldsymbol{a}_1,\cdots,\boldsymbol{a}_n)$，列ベクトル $\boldsymbol{b}=\begin{pmatrix} b_1 \\ \vdots \\ b_n \end{pmatrix}$ について積は次の列ベクトルである．

$$A\boldsymbol{b}=b_1\boldsymbol{a}_1+\cdots+b_n\boldsymbol{a}_n$$

例 1.3.5　A を (m,n) 行列, B を (m,ℓ) 行列とする. A,B を横に並べて得られる $(m,n+\ell)$ 行列を $(A \mid B)$ と表す. たとえば, $A=\begin{pmatrix}1&2\\3&4\end{pmatrix}$, $E=\begin{pmatrix}1&0\\0&1\end{pmatrix}$ に対しては,

$$(A \mid E)=\left(\begin{array}{cc|cc}1&2&1&0\\3&4&0&1\end{array}\right)$$

となる. 行列のなかの縦線は区切りを表しているだけで, 行列としては省いても同じものである.

また, C を (k,m) 行列とすると,

$$C(A \mid B)=(CA \mid CB)$$

が成り立つ.

例題 1.3.6　$A=\begin{pmatrix}1&2\\2&3\\1&0\end{pmatrix}$, $B=\begin{pmatrix}2&3\\1&0\end{pmatrix}$ とするとき, AB を計算せよ.

解答　A は $(3,2)$ 行列, B は $(2,2)$ 行列で, A の列の個数と B の行の個数が同じであるから, 積 AB が定義でき AB は $(3,2)$ 行列となる. AB の (i,j) 成分を c_{ij} とする. AB の $(1,1)$ 成分 c_{11} は A の 1 行 $(1\ 2)$ と B の 1 列 $\begin{pmatrix}2\\1\end{pmatrix}$ によって,

$$c_{11}=1\times 2+2\times 1=4$$

となる. 同様に c_{21} は A の 2 行 $(2\ 3)$ と B の 1 列 $\begin{pmatrix}2\\1\end{pmatrix}$ によって,

$$c_{21}=2\times 2+3\times 1=7$$

となる. このようにして,

$$AB=\begin{pmatrix}4&3\\7&6\\2&3\end{pmatrix}$$

が求められる. □

例 1.3.7　積 AB について, $A=O$ または $B=O$ ならば $AB=O$ であるが, 次の例のように, $A \neq O$, $B \neq O$ であるが, $AB=O$ となることがある.

$$\begin{pmatrix} 1 & 1 \\ 1 & 1 \end{pmatrix}\begin{pmatrix} 1 & 1 \\ -1 & -1 \end{pmatrix}=\begin{pmatrix} 0 & 0 \\ 0 & 0 \end{pmatrix}$$

また行列 A が (ℓ, m) 行列で, B が (m, n) 行列, すなわち行列 A の列の個数と B の行の個数が等しくないときは A と B の積 AB は定義されない. 次の行列では AB は定義されるが BA は定義されないことになる.

$$A=\begin{pmatrix} 0 & 1 \\ 0 & 0 \end{pmatrix},\ B=\begin{pmatrix} 0 & 0 & 1 \\ 1 & 0 & 0 \end{pmatrix}$$

のとき,

$$AB=\begin{pmatrix} 1 & 0 & 0 \\ 0 & 0 & 0 \end{pmatrix}$$

となり AB は $(2,3)$ 行列となる. 一方, 積 BA は定義されない.

また A と B が (n, n) 行列のときには AB と BA がともに定義され, ともに (n, n) 行列となるが, 次の例で見られるように AB と BA は必ずしも一致しない. $A=\begin{pmatrix} 0 & 1 \\ 0 & 0 \end{pmatrix}$, $B=\begin{pmatrix} 0 & 0 \\ 1 & 0 \end{pmatrix}$ について, $AB=\begin{pmatrix} 1 & 0 \\ 0 & 0 \end{pmatrix}$, $BA=\begin{pmatrix} 0 & 0 \\ 0 & 1 \end{pmatrix}$ となり, $AB \neq BA$ である.

命題 1.8　以下で行列の和, 積が定義されれば, 次の等式が成り立つ (O は零行列とする).

(1) $AO=O$, $OA=O$

(2) $(AB)C=A(BC)$

(3) $(A+B)C=AC+BC$

(4) $A(B+C)=AB+AC$

問 1.3.8　上の命題を確かめよ.

問 1.3.9　$A = \begin{pmatrix} 3 & 1 & -1 \\ 3 & 1 & 2 \end{pmatrix}$, $B = \begin{pmatrix} 1 & 1 \\ 2 & 0 \\ 3 & -1 \end{pmatrix}$, $C = \begin{pmatrix} 1 \\ 3 \end{pmatrix}$ について, $(AB)C$ と $A(BC)$ を計算し, 等しいことを確かめよ.

問 1.3.10　$A = \begin{pmatrix} 1 & 2 \\ 3 & -1 \end{pmatrix}$, $B = \begin{pmatrix} 2 & 0 \\ 1 & 1 \end{pmatrix}$ について, 積 AB, BA を求めよ.

問 1.3.11　$A = \begin{pmatrix} 0 & 1 & a \\ 0 & 0 & 1 \\ 0 & 0 & 0 \end{pmatrix}$, $B = \begin{pmatrix} 0 & 1 & 0 \\ 0 & 0 & 1 \\ 1 & 0 & 0 \end{pmatrix}$ のそれぞれについて, n 個の積 A^n, B^n を求めよ.

1.4　正方行列

行の数と列の数が等しい行列を**正方行列**という. n 行 n 列の正方行列を $\boldsymbol{n}$ **次正方行列** という.

n 次正方行列

$$A = \begin{pmatrix} a_{11} & a_{12} & \cdots & a_{1n} \\ a_{21} & a_{22} & \cdots & a_{2n} \\ \vdots & \vdots & \ddots & \vdots \\ a_{n1} & a_{n2} & \cdots & a_{nn} \end{pmatrix}$$

の対角線上の成分 $a_{11}, a_{22}, \cdots, a_{nn}$ を行列 A の **対角成分**という. 対角成分より下の成分がすべて 0 である正方行列と, 対角成分より上の成分がすべて 0 である正方行列

$$\begin{pmatrix} a_{11} & a_{12} & \cdots & a_{1n} \\ 0 & a_{22} & \cdots & a_{2n} \\ \vdots & \ddots & \ddots & \vdots \\ 0 & \cdots & 0 & a_{nn} \end{pmatrix}, \quad \begin{pmatrix} a_{11} & 0 & \cdots & 0 \\ a_{21} & a_{22} & \ddots & \vdots \\ \vdots & \vdots & \ddots & 0 \\ a_{n1} & a_{n2} & \cdots & a_{nn} \end{pmatrix}$$

を, それぞれ**上三角行列**, **下三角行列**という. 対角成分以外の成分がすべて 0 である正方行列を**対角行列**という. 特に, 対角成分がすべて 1 である対角行列

$$E_n = \begin{pmatrix} 1 & 0 & \cdots & 0 \\ 0 & \ddots & \ddots & \vdots \\ \vdots & \ddots & \ddots & 0 \\ 0 & \cdots & 0 & 1 \end{pmatrix} = (\boldsymbol{e}_1, \boldsymbol{e}_2, \cdots, \boldsymbol{e}_n)$$

を $\boldsymbol{n}$ **次単位行列**という．すなわち，E_n は n 個の n 項基本ベクトル $\boldsymbol{e}_1, \cdots, \boldsymbol{e}_n$ を並べた行列である．(m,n) 行列 A に対して

$$E_m A = A, \quad AE_n = A$$

が成り立つ．積の定義などから次数 n が明確なときは E_n を簡単に E と表すことにする．

(m,n) 行列 $A = (a_{ij})$ の第 i 行ベクトル $(1 \leqq i \leqq m)$ を第 i 列ベクトルに置き換えて得られる行列を A の**転置行列**といい，${}^tA$ で表す．

$${}^tA = (b_{ij}), \quad b_{ij} = a_{ji}.$$

すなわち，A の第 j 列ベクトル $(1 \leqq j \leqq n)$ は転置行列 ${}^tA$ の第 j 行ベクトルとなる．また転置行列 ${}^tA$ は (n,m) 行列である．

例 1.4.1　$A = \begin{pmatrix} 3 & 1 & -1 \\ 3 & -1 & 2 \end{pmatrix}$ の転置行列は ${}^tA = \begin{pmatrix} 3 & 3 \\ 1 & -1 \\ -1 & 2 \end{pmatrix}$ である．

$B = \begin{pmatrix} 1 \\ 2 \\ 3 \end{pmatrix}$ の転置行列は ${}^tB = (1\ \ 2\ \ 3)$ である．

n 項列ベクトル $\boldsymbol{a} = \begin{pmatrix} a_1 \\ a_2 \\ \vdots \\ a_n \end{pmatrix}$，$\boldsymbol{b} = \begin{pmatrix} b_1 \\ b_2 \\ \vdots \\ b_n \end{pmatrix}$ を $(n,1)$ 行列とみなし，${}^t\boldsymbol{a}$ を $(1,n)$ 行列とみなせば，${}^t\boldsymbol{a} = (a_1\ a_2\ \cdots\ a_n)$ となり，${}^t\boldsymbol{a}$ と $\boldsymbol{b}$ の積は

$${}^t\boldsymbol{a}\boldsymbol{b} = a_1 b_1 + a_2 b_2 + \cdots + a_n b_n$$

であるから, $\boldsymbol{a}$ と $\boldsymbol{b}$ の内積は行列の積 ${}^t\boldsymbol{a}\boldsymbol{b}$ で表される. すなわち, 内積を行列の積を用いて $(\boldsymbol{a}, \boldsymbol{b}) = {}^t\boldsymbol{a}\boldsymbol{b}$ と表すこともできる.

命題 1.9 左辺の和, 積が定義できるとき, 転置行列について次が成り立つ.

(1) ${}^t({}^tA) = A$

(2) ${}^t(A+B) = {}^tA + {}^tB$

(3) ${}^t(rA) = r\,{}^tA \quad (r \in \mathbf{R})$

(4) ${}^t(AB) = {}^tB\,{}^tA$

問 1.4.2 $A = (a_{ij})$ を n 次正方行列とし, $\mathbf{R}^n$ の第 i 基本ベクトル $\boldsymbol{e}_i$ に対して, $A\boldsymbol{e}_i$, ${}^t\boldsymbol{e}_iA$ を A の成分を用いて行ベクトル, 列ベクトルで表せ.

正方行列 A が ${}^tA = A$ をみたすとき**対称行列**といい, ${}^tA = -A$ をみたすとき**交代行列**という. すなわち対称行列は, 任意の i, j について $a_{ij} = a_{ji}$ をみたす行列であり, 交代行列は任意の i, j について, $a_{ij} = -a_{ji}$ をみたす行列である. 交代行列の対角成分はすべて 0 である.

例 1.4.3 行列 $\begin{pmatrix} 1 & -2 & -1 \\ -2 & 1 & 0 \\ -1 & 0 & 2 \end{pmatrix}$ は対称行列であり, 行列 $\begin{pmatrix} 0 & -2 & 3 \\ 2 & 0 & -1 \\ -3 & 1 & 0 \end{pmatrix}$ は交代行列である.

問 1.4.4

(1) 対称行列でありかつ交代行列である行列は, 零行列に限ることを示せ.

(2) 任意の正方行列は, 適当な対称行列と交代行列の和で表せることを示せ.

正則行列 行列の積に関して, 零行列 O, 単位行列 E は実数の積における 0, 1 と同じような役割をしている. 実数の積では 0 以外の実数 a には積に関する逆数 $b = \dfrac{1}{a}$ がとれて, $ab = 1$ となる. 同じように n 次正方行列 A に対して,

$$AB = E, \quad BA = E$$

をみたす n 次正方行列 B が存在するとき, 行列 A は **正則行列**であるという. このとき, 行列 B を A の **逆行列** といい, A^{-1} で表す.

問 1.4.5
(1) $AB = E,\ B'A = E$ が成り立つとき $B' = B$ となることを示せ.
(2) 逆行列が存在すれば, それはただ1つであることを示せ.

例 1.4.6　$ad - bc \neq 0$ となる2次正方行列

$$A = \begin{pmatrix} a & b \\ c & d \end{pmatrix}$$

は正則行列である. このときの逆行列は次の式で与えられる.

$$A^{-1} = \frac{1}{ad-bc}\begin{pmatrix} d & -b \\ -c & a \end{pmatrix}$$

問 1.4.7　上の例で $AA^{-1} = E = A^{-1}A$ であることを確かめよ.
問 1.4.8　次の行列について, 逆行列を求めよ.
(1) $\begin{pmatrix} 1 & 3 \\ 2 & 1 \end{pmatrix}$ (2) $\begin{pmatrix} 2 & -5 \\ -3 & 1 \end{pmatrix}$ (3) $\begin{pmatrix} 1 & a \\ -a & 1 \end{pmatrix}$

命題 1.10　正則行列 A, B について次が成り立つ.
(1) A の逆行列 A^{-1} も正則行列であり, $(A^{-1})^{-1} = A$ となる.
(2) A の転置行列も正則行列であり, $({}^t\!A)^{-1} = {}^t(A^{-1})$ となる.
(3) $r \neq 0$ とするとき $(rA)^{-1} = \dfrac{1}{r}A^{-1}$ である.
(4) 積 AB も正則行列であり, $(AB)^{-1} = B^{-1}A^{-1}$ となる.

例題 1.4.9　行列 A の1つの行ベクトル, または1つの列ベクトルが $\mathbf{0}$ ならば, A は正則行列でないことを示せ.

解答　A の i 行ベクトルが0となれば, 任意の B について AB の i 行ベクトルはつねに零ベクトルであり, $AB = E$ となることはない.

また, A の j 列ベクトルが0となれば, 任意の B について BA の j 列ベクトルはつねに零ベクトルであり, $BA = E$ となることはない.

問 1.4.10　A, B を n 次正方行列とし, A が正則行列とする. このとき $AB = E$ ならば B は正則行列であることを示せ.

第 1 章　章末問題

A

1.1　$\boldsymbol{a} = \begin{pmatrix} 2 \\ 3 \end{pmatrix}, \boldsymbol{b} = \begin{pmatrix} 2 \\ -1 \end{pmatrix}, \boldsymbol{c} = \begin{pmatrix} 4 \\ 5 \end{pmatrix}$ のとき, $\boldsymbol{c} = s\boldsymbol{a} + t\boldsymbol{b}$ をみたす s, t を求めよ.

1.2　$\boldsymbol{a} = \begin{pmatrix} 3 \\ -2 \end{pmatrix}, \boldsymbol{b} = \begin{pmatrix} 1 \\ -4 \end{pmatrix}, \boldsymbol{c} = \begin{pmatrix} -1 \\ 2 \end{pmatrix}$ のとき, 直線 $\boldsymbol{v} = \boldsymbol{a} + t\boldsymbol{b}$ $(t \in \mathbf{R})$ と直線 $s\boldsymbol{c}$ $(s \in \mathbf{R})$ との交点を求めよ.

1.3　$\boldsymbol{a} = \begin{pmatrix} 8 \\ -2 \end{pmatrix}, \boldsymbol{b} = \begin{pmatrix} 0 \\ 2 \end{pmatrix}, \boldsymbol{p} = \boldsymbol{a} + t\boldsymbol{b}$ とする. $\|\boldsymbol{p}\| = 10$ をみたすような実数 t の値を求めよ.

1.4　(1) 点 $\mathrm{A}(-1, 1, 2)$, $\mathrm{B}(2, -3, 1)$ をとるとき, 点 A を通り直線 OB に直交する平面の方程式を求めよ.

(2) 点 $(2, 3, 1)$ を通り平面 $2x + 4y + 3z = 0$ に平行な平面の方程式を求めよ.

1.5　$\boldsymbol{a} = \begin{pmatrix} 1 \\ 2 \\ 3 \end{pmatrix}, \boldsymbol{b} = \begin{pmatrix} -2 \\ 0 \\ 1 \end{pmatrix}$ とおくとき次の問いに答えよ.

(1) $\boldsymbol{a}, \boldsymbol{b}$ の内積 $(\boldsymbol{a}, \boldsymbol{b})$ を求めよ.

(2) $\boldsymbol{a}, \boldsymbol{b}$ のなす角を θ とする. $\cos\theta = \dfrac{(\boldsymbol{a}, \boldsymbol{b})}{\|\boldsymbol{a}\| \cdot \|\boldsymbol{b}\|}$ を求めよ.

1.6　次を計算せよ.

$$3\begin{pmatrix} 2 & 0 & -1 \\ 1 & -1 & 5 \end{pmatrix} - 2\begin{pmatrix} 1 & 2 & 5 \\ -2 & 3 & 1 \end{pmatrix}$$

1.7　次の 4 つの行列から 2 つを選ぶ 6 通りの組み合わせのうち, 和が定義できるものはいく通りあるか. それらについて和を求めよ.

$$A = \begin{pmatrix} 1 & 2 & 3 \\ 4 & 5 & 6 \end{pmatrix}, B = \begin{pmatrix} 2 & -1 & 2 \\ 3 & 1 & -1 \end{pmatrix}, C = \begin{pmatrix} 2 & 1 \\ 1 & -1 \\ 3 & 1 \end{pmatrix}, D = \begin{pmatrix} 1 & 2 \\ 3 & 4 \\ 5 & 6 \end{pmatrix}$$

1.8　次の 3 つの行列から 2 つを選んで並べる 6 通りの方法のうち, 積が定義できるのはいく通りあるか. それらの積をすべて計算せよ.

$$A = \begin{pmatrix} 2 & -1 \\ 5 & 3 \\ -1 & 0 \end{pmatrix}, B = \begin{pmatrix} 2 & 1 \\ 1 & 3 \end{pmatrix}, C = \begin{pmatrix} 2 & 0 & -1 \\ 3 & -2 & 2 \end{pmatrix}$$

B

1.9　ベクトル $\boldsymbol{a}, \boldsymbol{b}, \boldsymbol{c} \in \mathbf{R}^n$ について, 次の等式を証明せよ.

(1) $(\boldsymbol{a}, \boldsymbol{b}-\boldsymbol{c}) + (\boldsymbol{b}, \boldsymbol{c}-\boldsymbol{a}) + (\boldsymbol{c}, \boldsymbol{a}-\boldsymbol{b}) = 0$

(2) $(\boldsymbol{a}, \boldsymbol{b}) = \dfrac{1}{4}(\|\boldsymbol{a}+\boldsymbol{b}\|^2 - \|\boldsymbol{a}-\boldsymbol{b}\|^2)$

(3) $\|\boldsymbol{a}+\boldsymbol{b}\|^2 + \|\boldsymbol{a}-\boldsymbol{b}\|^2 = 2(\|\boldsymbol{a}\|^2 + \|\boldsymbol{b}\|^2)$

(4) $\|\boldsymbol{a}\|^2 + \|\boldsymbol{b}\|^2 + \|\boldsymbol{c}\|^2 + \|\boldsymbol{a}+\boldsymbol{b}+\boldsymbol{c}\|^2 = \|\boldsymbol{b}+\boldsymbol{c}\|^2 + \|\boldsymbol{c}+\boldsymbol{a}\|^2 + \|\boldsymbol{a}+\boldsymbol{b}\|^2$

(5) $\|\boldsymbol{a}+\boldsymbol{b}-\boldsymbol{c}\|^2 + \|\boldsymbol{c}+\boldsymbol{a}-\boldsymbol{b}\|^2 + \|\boldsymbol{b}+\boldsymbol{c}-\boldsymbol{a}\|^2 + \|\boldsymbol{a}+\boldsymbol{b}+\boldsymbol{c}\|^2 = 4(\|\boldsymbol{a}\|^2 + \|\boldsymbol{b}\|^2 + \|\boldsymbol{c}\|^2)$

1.10　複素数 $z = x + y\boldsymbol{i}$ $(x, y \in \mathbf{R})$ に対して2次行列 $A(z) = \begin{pmatrix} x & -y \\ y & x \end{pmatrix}$ を対応させるとき,

(1) $A(z_1 + z_2) = A(z_1) + A(z_2)$

(2) $A(z_1 z_2) = A(z_1)A(z_2)$

(3) $A(z^{-1}) = A(z)^{-1}$　$(z \neq 0)$

(4) $A(\overline{z}) = {}^t A(z)$

が成り立つことを示せ.

また, 実数 θ に対して $e^{\boldsymbol{i}\theta} = \cos\theta + \boldsymbol{i}\sin\theta$ と定義する. 次の問いに答えよ.

(5) $A(e^{\boldsymbol{i}\theta}) = \begin{pmatrix} \cos\theta & -\sin\theta \\ \sin\theta & \cos\theta \end{pmatrix}$ の逆行列を求めよ.

(6) $A(e^{\boldsymbol{i}\theta})^n = \begin{pmatrix} \cos n\theta & -\sin n\theta \\ \sin n\theta & \cos n\theta \end{pmatrix}$ となることを示せ.

(7) $\begin{pmatrix} 0 & -1 \\ 1 & 0 \end{pmatrix}^n$ を求めよ.

1.11　行列 $A = \begin{pmatrix} a & b \\ c & d \end{pmatrix}$ がすべての2次正方行列 X について

$$AX = XA$$

をみたすための必要十分条件を求めよ.

1.12　n 次正方行列 A, B がともに上 (下) 三角行列ならば, 積 AB も上 (下) 三角行列となることを示せ.

1.13　n 次対称行列 A, B に対して, AB が対称行列であるための必要十分条件は $AB = BA$ となることを示せ.

1.14　次の行列の逆行列を求めよ.

(1) $\begin{pmatrix} 1 & 0 & 1 \\ 0 & 1 & 3 \\ 2 & 0 & 3 \end{pmatrix}$　　(2) $\begin{pmatrix} 1 & 2 & 1 \\ 1 & -1 & 0 \\ 0 & 1 & 1 \end{pmatrix}$

2 連立1次方程式と行列

この章で学ぶこと

この章では次のことを学ぶ.

(1) 連立 1 次方程式を行列を用いて表す.

(2) 行列を階段行列に変形する方法.

(3) 行列の階数.

(4) 行列 (正則行列) の逆行列を求める.

(5) 連立 1 次方程式の解と (拡大) 係数行列の階数の関係.

2.1 連立 1 次方程式と掃き出し法

未知数 x, y, z に関する次の連立 1 次方程式を考える.

$$\begin{cases} 2x + \ \ y + z = 1 \cdots ① \\ \ \ x - \ \ y - z = 2 \cdots ② \\ 3x + 2y + z = 3 \cdots ③ \end{cases} \tag{2.1}$$

連立 1 次方程式 (2.1) は, 行列を用いて次のように表すことができる.

$$\begin{pmatrix} 2 & 1 & 1 \\ 1 & -1 & -1 \\ 3 & 2 & 1 \end{pmatrix} \begin{pmatrix} x \\ y \\ z \end{pmatrix} = \begin{pmatrix} 1 \\ 2 \\ 3 \end{pmatrix}$$

連立1次方程式 (2.1) の係数からつくられた行列

$$\begin{pmatrix} 2 & 1 & 1 \\ 1 & -1 & -1 \\ 3 & 2 & 1 \end{pmatrix}$$

を, 連立1次方程式 (2.1) の**係数行列**といい, これに定数項からつくられるベクトルを付け加えてつくられた行列

$$\left(\begin{array}{ccc|c} 2 & 1 & 1 & 1 \\ 1 & -1 & -1 & 2 \\ 3 & 2 & 1 & 3 \end{array}\right)$$

を**拡大係数行列**という.

一般に, 連立1次方程式 は次の操作を何回か繰り返して解くことができる.

(1) 1つの式を何倍かする. (ただし, 0倍してはいけない)

(2) 2つの式を入れ替える.

(3) 1つの式を何倍かしたものを他の式に加える.

この3つの操作で連立1次方程式の解を求める方法を **掃き出し法** という. 掃き出し法における一連の方程式の変形はすべて**同値変形**となっているので, (1), (2), (3) の変形を何回行っても解は変わらない.

上の操作は, 拡大係数行列において, 次の操作を行うことに対応している.

(1) 1つの行を何倍かする. (ただし, 0倍してはいけない)

(2) 2つの行を入れ替える.

(3) 1つの行を何倍かしたものを他の行に加える.

これらの操作を行列の**行に関する基本変形**という. この方法で連立1次方程式 (2.1) をその拡大係数行列と比較しながら解いてみる. 左側に連立1次方程式の変形を右側にはその変形に対応する拡大係数行列を表す.

連立 1 次方程式

$$\begin{cases} 2x + y + z = 1 \cdots ① \\ x - y - z = 2 \cdots ② \\ 3x + 2y + z = 3 \cdots ③ \end{cases}$$

拡大係数行列

$$\left(\begin{array}{ccc|c} 2 & 1 & 1 & 1 \\ 1 & -1 & -1 & 2 \\ 3 & 2 & 1 & 3 \end{array}\right)$$

①と②を入れ換える

$$\begin{cases} x - y - z = 2 \cdots ① \\ 2x + y + z = 1 \cdots ② \\ 3x + 2y + z = 3 \cdots ③ \end{cases}$$

第 1 行と第 2 行を入れ替える

$$\left(\begin{array}{ccc|c} 1 & -1 & -1 & 2 \\ 2 & 1 & 1 & 1 \\ 3 & 2 & 1 & 3 \end{array}\right)$$

②に ① × (−2) を加える

$$\begin{cases} x - y - z = 2 \cdots ① \\ 3y + 3z = -3 \cdots ② \\ 3x + 2y + z = 3 \cdots ③ \end{cases}$$

第 2 行に第 1 行の −2 倍を加える

$$\left(\begin{array}{ccc|c} 1 & -1 & -1 & 2 \\ 0 & 3 & 3 & -3 \\ 3 & 2 & 1 & 3 \end{array}\right)$$

③に ① × (−3) を加える

$$\begin{cases} x - y - z = 2 \cdots ① \\ 3y + 3z = -3 \cdots ② \\ 5y + 4z = -3 \cdots ③ \end{cases}$$

第 3 行に第 1 行の −3 倍を加える

$$\left(\begin{array}{ccc|c} 1 & -1 & -1 & 2 \\ 0 & 3 & 3 & -3 \\ 0 & 5 & 4 & -3 \end{array}\right)$$

②を 3 で割る

$$\begin{cases} x - y - z = 2 \cdots ① \\ y + z = -1 \cdots ② \\ 5y + 4z = -3 \cdots ③ \end{cases}$$

第 2 行を 3 で割る

$$\left(\begin{array}{ccc|c} 1 & -1 & -1 & 2 \\ 0 & 1 & 1 & -1 \\ 0 & 5 & 4 & -3 \end{array}\right)$$

③に ② × (−5) を加える

$$\begin{cases} x - y - z = 2 \cdots ① \\ y + z = -1 \cdots ② \\ -z = 2 \cdots ③ \end{cases}$$

第 3 行に第 2 行 ×(−5) を加える

$$\left(\begin{array}{ccc|c} 1 & -1 & -1 & 2 \\ 0 & 1 & 1 & -1 \\ 0 & 0 & -1 & 2 \end{array}\right)$$

連立 1 次方程式はかなり単純化されたがこの拡大係数行列をさらに変形する．

① に ② を加える

$$\begin{cases} x \qquad\qquad = \ \ 1 \cdots ① \\ \quad y + \ \ z = -1 \cdots ② \\ \qquad\quad -z = \ \ 2 \cdots ③ \end{cases}$$

第 1 行に第 2 行を加える

$$\left(\begin{array}{ccc|c} 1 & 0 & 0 & 1 \\ 0 & 1 & 1 & -1 \\ 0 & 0 & -1 & 2 \end{array}\right)$$

②に③を加える

$$\begin{cases} x \qquad\quad = \ \ 1 \cdots ① \\ \quad y \qquad = \ \ 1 \cdots ② \\ \qquad -z = \ \ 2 \cdots ③ \end{cases}$$

第 2 行に第 3 行を加える

$$\left(\begin{array}{ccc|c} 1 & 0 & 0 & 1 \\ 0 & 1 & 0 & 1 \\ 0 & 0 & -1 & 2 \end{array}\right)$$

③を -1 倍する

$$\begin{cases} x \qquad\quad = \ \ 1 \cdots ① \\ \quad y \qquad = \ \ 1 \cdots ② \\ \qquad\ \ z = -2 \cdots ③ \end{cases}$$

第 3 行に -1 を掛ける

$$\left(\begin{array}{ccc|c} 1 & 0 & 0 & 1 \\ 0 & 1 & 0 & 1 \\ 0 & 0 & 1 & -2 \end{array}\right)$$

以上のことより, はじめの拡大係数行列の左側の $(3,3)$ 行列を基本変形を用いて単位行列に変形できたときには, 第 4 列が求める解となっていることがわかる.

例題 2.1.1　x, y, z を未知数とする次の連立 1 次方程式をその拡大係数行列を変形することにより解け.

$$\begin{cases} \ \ x + \ \ y + \ \ z = 1 \\ 2x + 3y + 4z = 2 \\ 3x + 4y + 5z = 3 \end{cases}$$

解答　拡大係数行列は

$$\left(\begin{array}{ccc|c} 1 & 1 & 1 & 1 \\ 2 & 3 & 4 & 2 \\ 3 & 4 & 5 & 3 \end{array}\right)$$

である. これを次のように基本変形する.

$$\left(\begin{array}{ccc|c} 1 & 1 & 1 & 1 \\ 2 & 3 & 4 & 2 \\ 3 & 4 & 5 & 3 \end{array}\right) \xrightarrow[\text{第 3 行から第 1 行の 3 倍を引く}]{\text{第 2 行から第 1 行の 2 倍を引き}}$$

$$\left(\begin{array}{ccc|c} 1 & 1 & 1 & 1 \\ 0 & 1 & 2 & 0 \\ 0 & 1 & 2 & 0 \end{array}\right) \xrightarrow{\text{第 3 行から第 2 行を引く}}$$

$$\left(\begin{array}{ccc|c} 1 & 1 & 1 & 1 \\ 0 & 1 & 2 & 0 \\ 0 & 0 & 0 & 0 \end{array}\right) \xrightarrow{\text{第 1 行から第 2 行を引く}} \left(\begin{array}{ccc|c} 1 & 0 & -1 & 1 \\ 0 & 1 & 2 & 0 \\ 0 & 0 & 0 & 0 \end{array}\right)$$

最後の行列を拡大係数行列とする連立 1 次方程式は

$$\begin{cases} x \quad -z = 1 \\ \quad y + 2z = 0 \end{cases}$$

である. これは $(x, y, z) = (1, 0, 0),\ (2, -2, 1)$ などの解をもつ. 一般に, t を任意定数とし, $z = t$ とおけば, 上の連立 1 次方程式から, $x = t + 1,\ y = -2t$ が得られる. よって与えられた連立 1 次方程式の解は

$$\begin{pmatrix} x \\ y \\ z \end{pmatrix} = \begin{pmatrix} t+1 \\ -2t \\ t \end{pmatrix} = \begin{pmatrix} 1 \\ 0 \\ 0 \end{pmatrix} + t \begin{pmatrix} 1 \\ -2 \\ 1 \end{pmatrix}$$

である. □

連立 1 次方程式を解くには, その拡大係数行列を基本変形を行って, できるだけ多くの基本ベクトルを含む行列に変形し, その行列を拡大係数行列とする連立 1 次方程式を考えればよいことになる.

連立 1 次方程式 (2.1) と例題 2.1.1 においては, 連立 1 次方程式の拡大係数行

列は基本変形を用いて

$$\left(\begin{array}{ccc|c} 1 & 0 & 0 & a \\ 0 & 1 & 0 & b \\ 0 & 0 & 1 & c \end{array}\right), \quad \left(\begin{array}{ccc|c} 1 & 0 & * & a \\ 0 & 1 & * & b \\ 0 & 0 & 0 & 0 \end{array}\right)$$

の形の行列に変形された. それぞれの場合においては,「解はただ1つである」,「解は無数にある」となることがわかった. 2.3節では, 連立1次方程式の係数行列と拡大係数行列に関する条件によって, 解の状態を分類する.

例題 2.1.2　次の連立1次方程式に対応する拡大係数行列を, 基本変形により変形して, 解が存在しないことを示せ.

$$\begin{cases} x + y - z = 2 \\ 2x - y + 2z = -1 \\ 3x \quad\quad + z = 3 \end{cases}$$

解答　拡大係数行列 $(A\,|\,\boldsymbol{b})$ に対して行に関する基本変形を行うと

$$(A\,|\,\boldsymbol{b}) = \left(\begin{array}{ccc|c} 1 & 1 & -1 & 2 \\ 2 & -1 & 2 & -1 \\ 3 & 0 & 1 & 3 \end{array}\right) \to \left(\begin{array}{ccc|c} 1 & 1 & -1 & 2 \\ 0 & -3 & 4 & -5 \\ 0 & -3 & 4 & -3 \end{array}\right)$$

$$\to \left(\begin{array}{ccc|c} 1 & 1 & -1 & 2 \\ 0 & -3 & 4 & -5 \\ 0 & 0 & 0 & 2 \end{array}\right)$$

これに対応する連立1次方程式を考えると, 第3行はつねに成り立たない式 $0 = 2$ となるので, 連立1次方程式の解はない.

例題 2.1.3　連立1次方程式

$$\begin{cases} x + ay = 2 \\ ax + y = -2 \end{cases}$$

を解け. 係数 a によって解の状態が変わることに注意せよ.

解答　拡大係数行列に対して行に関する基本変形を行うと

$$\left(\begin{array}{cc|c} 1 & a & 2 \\ a & 1 & -2 \end{array}\right) \to \left(\begin{array}{cc|c} 1 & a & 2 \\ 0 & 1-a^2 & -2-2a \end{array}\right)$$

$$= \left(\begin{array}{cc|c} 1 & a & 2 \\ 0 & -(a+1)(a-1) & -2(a+1) \end{array}\right)$$

となる.

$a=-1$ のとき, $x-y=2$ より $y=t$ とおくと, $x=2+t$ となるから

$$\begin{pmatrix} x \\ y \end{pmatrix} = \begin{pmatrix} 2 \\ 0 \end{pmatrix} + t \begin{pmatrix} 1 \\ 1 \end{pmatrix} \qquad (t \text{ は任意定数})$$

である.

$a=1$ のとき, 上の拡大係数行列は

$$\left(\begin{array}{cc|c} 1 & 1 & 2 \\ 0 & 0 & -4 \end{array}\right)$$

となり, 第 2 行はつねに成り立たない式 $0=-4$ となるので, 連立 1 次方程式の解はない.

$a \neq \pm 1$ のとき, 上の拡大係数行列をさらに行に関して基本変形すると

$$\to \left(\begin{array}{cc|c} 1 & a & 2 \\ 0 & 1-a^2 & -2-2a \end{array}\right) \to \left(\begin{array}{cc|c} 1 & a & 2 \\ 0 & 1 & \dfrac{2}{a-1} \end{array}\right) \to \left(\begin{array}{cc|c} 1 & 0 & -\dfrac{2}{a-1} \\ 0 & 1 & \dfrac{2}{a-1} \end{array}\right)$$

だから

$$\begin{pmatrix} x \\ y \end{pmatrix} = \frac{2}{a-1} \begin{pmatrix} -1 \\ 1 \end{pmatrix}$$

である.

2.2　行列の基本変形と基本行列

前の節で述べたように行列に対する次の 3 つの操作を行に関する**基本変形**という.

(1) 1 つの行を定数倍する (ただし, 0 倍してはいけない).

(2) 2つの行を入れ替える.

(3) 1つの行に他の行の定数倍したものを加える.

(m, n) 行列 A の行に関する基本変形 (1), (2), (3) は, それぞれ以下の3つの形 (I), (II), (III) の m 次正方行列を左から掛けることにより得られる.

下の行列表示では, 特に表示してない部分の成分は単位行列 E と同じものとする. また大きく0を記入した部分はすべて成分が0であることを表すものとする.

(I)　第 i 行 $(1 \leqq i \leqq m)$ を λ 倍 $(\lambda \neq 0)$ する操作に対応する行列
(E の $(i,\, i)$ 成分を λ に置き換えたもの)

$$E(i;\,\lambda) = \begin{array}{c} \begin{array}{ccccc} & & i & & \end{array} \\ \left(\begin{array}{ccccc} 1 & & & & \mathbf{0} \\ & \ddots & \vdots & & \\ & & \lambda & \cdots & \\ & \mathbf{0} & & \ddots & \\ & & & & 1 \end{array}\right) \end{array} \begin{array}{c} \\ \\ \\ i \\ \\ \\ \end{array}$$

(II)　第 i 行と第 j 行 $(1 \leqq i, j \leqq m, i \neq j)$ を入れ替える操作に対応する行列
(E の $(i,\, i)$, $(j,\, j)$ 成分を0に,$(i,\, j)$, $(j,\, i)$ 成分を1に置き換えたもの)

$$E(i, j) = \begin{array}{c} \begin{array}{ccccccc} & & i & & j & & \end{array} \\ \left(\begin{array}{ccccccc} 1 & & & & & & \mathbf{0} \\ & \ddots & \vdots & & \vdots & & \\ & & 0 & \cdots & 1 & \cdots & \\ & & \vdots & \ddots & \vdots & & \\ & & 1 & \cdots & 0 & \cdots & \\ & \mathbf{0} & & & & \ddots & \\ & & & & & & 1 \end{array}\right) \end{array} \begin{array}{c} \\ \\ \\ i \\ \\ j \\ \\ \\ \end{array}$$

(III)　第 i 行に第 j 行の λ 倍を加える操作に対応する行列
(E の $(i,\, j)$ 成分を λ に置き換えたもの)

$$E(i,\, j;\, \lambda) = \begin{pmatrix} 1 & & & & & & \\ & \ddots & & \vdots & & \text{\Large 0} & \\ & & 1 & \cdots & \lambda & \cdots & \\ & & & \ddots & \vdots & & \\ & & & & 1 & & \\ & \text{\Large 0} & & & & \ddots & \\ & & & & & & 1 \end{pmatrix} i$$

（上の λ は第 j 列にある．）

(I), (II), (III) で定義されている行列を **(m 次) 基本行列** という．

これについて, 次の命題が成り立つ．

命題 2.1　A を (m,n) 行列とすると

(1) $E(i;\lambda)A$ は A の 第 i 行を λ 倍した行列である．

(2) $E(i,j)A$ は A の 第 i 行と第 j 行を入れ替えた行列である．

(3) $E(i,j;\lambda)A$ は A の 第 i 行に第 j 行の λ 倍を加えた行列である．

証明　行列の積の定義から容易に示される．□

問 2.2.1　次の等式を示せ．

(1) $E(i;\lambda)E\left(i;\dfrac{1}{\lambda}\right) = E = E\left(i;\dfrac{1}{\lambda}\right)E(i;\lambda)\quad (\lambda \neq 0)$.

(2) $E(i,j)^2 = E$.

(3) $E(i,j;\lambda)E(i,j;-\lambda) = E = E(i,j;-\lambda)E(i,j;\lambda)$.

これより, 基本行列は正則行列で, その逆行列は

(1) $E(i;\lambda)^{-1} = E\left(i;\dfrac{1}{\lambda}\right)$

(2) $E(i,j)^{-1} = E(i,j)$

(3) $E(i,j;\lambda)^{-1} = E(i,j;-\lambda)$

となり, 同じ型の基本行列であることがわかる．

階段行列　連立 1 次方程式の解法においては, 係数行列が基本列ベクトルを多く含む行列に変形することが求められた．以下で, 与えられた一般の (m,n)

行列を行に関する基本変形により, そのような行列に変形する基本的な手順を述べる.

零行列でない (m, n) 行列 A を次のように列ベクトル表示する.

$$A = (\boldsymbol{a}_1, \boldsymbol{a}_2, \cdots, \boldsymbol{a}_n)$$

(1) $\boldsymbol{a}_j \neq \boldsymbol{0}$ である j のうち最小の番号を n_1 とする.

(2) $\boldsymbol{a}_{n_1}$ には 0 でない成分がある. それを $c_1 = a_{in_1}$ とする. A の第1行と第 i 行を入れ替えることによって $a_{1n_1} = c_1 \neq 0$ の形の行列に変形する.

(3) 各 $i = 2, \cdots, m$ について第1行の $-\dfrac{a_{in_1}}{c_1}$ 倍をそれぞれ第 i 行に加えることによって次の形の行列に変形される.

$$A_1 = \begin{pmatrix} 0 & \cdots & 0 & \overset{n_1}{c_1} & * \cdots * \\ 0 & \cdots & \cdots & 0 & \\ \vdots & & & \vdots & \\ \vdots & & & \vdots & B \\ 0 & \cdots & \cdots & 0 & \end{pmatrix}$$

ここで, 行列 B は $(m-1, n-n_1)$ 行列である.

この (1) から (3) の手順を行列 A の成分 a_{in_1} を「かなめとして掃き出す」という. 行列 B が零行列でなければ, B について同様な変形を行うと, 行列 A は

$$A_2 = \begin{pmatrix} 0 \cdots 0 & \overset{n_1}{c_1} & * \cdots * & \overset{n_2}{*} & * \cdots * \\ \vdots & 0 & 0 \cdots 0 & c_2 & * \cdots * \\ \vdots & \vdots & \vdots & 0 & \\ \vdots & \vdots & \vdots & \vdots & C \\ 0 \cdots 0 & 0 & 0 \cdots 0 & 0 & \end{pmatrix}$$

に変形される. ここで, C は $(m-2, n-n_2)$ 行列で, $c_2 \neq 0$ である. 以下同様な変形を繰り返すことにより, 行列 A は

$$
A_k = \begin{array}{c} \\ \left(\begin{array}{cccccc}
 & n_1 & n_2 & n_3 & & n_k \\
0\cdots0 & c_1 * \cdots & *\cdots* & *\cdots* & *\cdots* & *\cdots* \\
\vdots & 0\cdots0 & c_2 * \cdots & *\cdots* & *\cdots* & *\cdots* \\
 & \vdots & 0\cdots0 & c_3 * \cdots & *\cdots* & *\cdots* \\
 & & \vdots & 0\cdots0 & \cdots & \cdots \\
 & & & \vdots & \ddots & \vdots \\
 & & & & & c_k \cdots * \\
\text{\Large 0} & & & & & 0\cdots0 \\
 & & & & & \vdots
\end{array} \right) \end{array}
$$

のような形に変形される．ここで, $c_1 \neq 0,\ c_2 \neq 0,\ \cdots, c_k \neq 0$ であり, 左下の空白の部分の成分はすべて 0 である．A_k のような形の行列を**階段行列**という．ただし, 零行列も階段行列とみなすことにする．A_k の零ベクトルでない行の数 k を行列 A の**階数**といい, $\mathrm{rank}\, A$ で表す．零行列の階数は 0 とする．階段行列への変形の方法はいろいろあるが, 階数は変形の方法によらず一定である．(証明は命題 2.7 で行う)

階数の定義から, A を $(m,\, n)$ 行列とするとき, $\mathrm{rank}\, A \leqq m$, $\mathrm{rank}\, A \leqq n$ となる．

この階段行列 A_k は行列 A に何回かの基本変形を行って得られた．基本変形は, 対応する基本行列を左から掛けることでもある．基本行列は正則行列であり, その積もまた正則行列 (命題 1.10 により) となることから, 次の定理が成り立つ．

定理 2.2　A を (m, n) 行列とするとき, 適当な m 次正則行列 P により, PA は階段行列になる．

階段行列 A_k に, さらに基本変形を行う．以下では $A_k = (c_{ij})$ と表す．$c_i = c_{in_i}$ である．

(1) 各第 i 行 $(i = 1, 2, \cdots, k)$ に $\dfrac{1}{c_i}$ を掛けることにより, (i, n_i) 成分をすべて 1 にする．

(2) 各 $i = 1, \cdots, k-1$ について, 第 k 行を $-c_{in_k}$ 倍し, それぞれ第 i 行に加える．

(3) 各 $i = 1, \cdots, k-2$ について, 第 $k-1$ 行を $-c_{in_{k-1}}$ 倍し, それぞれ第 i 行

に加える.

(4) 同様にこの手順を繰り返し, 第2行を $-c_{1n_1}$ 倍し, それぞれ第 i 行に加える.

これらの手順によって A_k は次の形の行列に変形することができる.

$$
A_R = \begin{array}{c}
\begin{array}{ccccccccc}
 & n_1 & & n_2 & & n_3 & & n_k & \\
\end{array} \\
\left(\begin{array}{ccccccccc}
0\cdots0 & 1 & *\cdots* & 0 & *\cdots* & 0 & *\cdots* & 0 & *\cdots* \\
0\cdots0 & 0 & 0\cdots0 & 1 & *\cdots* & 0 & *\cdots* & 0 & *\cdots* \\
0\cdots0 & 0 & 0\cdots0 & 0 & 0\cdots0 & 1 & *\cdots* & 0 & *\cdots* \\
\vdots & \vdots & \vdots & \vdots & \vdots & & \ddots & \vdots & \vdots \\
 & & & & & & & 1 & *\cdots* \\
 & & & & & & & 0 & 0\cdots0 \\
 & \text{\Large 0} & & & & & & & \vdots
\end{array}\right)
\end{array}
\begin{array}{l} \\ \\ \\ \\ \\ k \\ \\ \\ \end{array}
$$

この形の行列を A の**被約階段行列**という. 被約階段行列は唯一つに定まり, 次の性質をみたす行列である.

(1) n 個の列ベクトルのうちのいくつか $\boldsymbol{a}_{n_1}, \cdots, \boldsymbol{a}_{n_k}$ は順に基本ベクトル $\boldsymbol{e}_1, \cdots, \boldsymbol{e}_k$ となっている.

(2) (1) の k 個のベクトル以外の列ベクトル $\boldsymbol{a}_j$ について, $j < n_s$ ならば $\boldsymbol{a}_j$ の第 s 成分から第 m 成分まではすべて 0 である. さらに第 $k+1$ 行から第 m 行まではすべて零ベクトルである.

以上より次の定理が得られる.

定理 2.3　A を (m, n) 行列とするとき, 適当な m 次正則行列 P により, PA は被約階段行列になる.

行列が基本行列を用いて被約階段行列に変形できることより, 次が成り立つ.

定理 2.4　A を n 次正方行列とする. 次は同値である.

(1) A は正則行列である.

(2) $\operatorname{rank} A = n$ である.

(3) $PA = E$ をみたす正則行列 P が存在する.

証明 (1) ⇒ (2) を示す．$\mathrm{rank}\, A = k < n$ と仮定する．A を被約階段行列に変形する n 次正則行列を P とする．A, P は正則行列であるから，PA は正則行列である．一方，$\mathrm{rank}\, A = k < n$ であるから PA の第 $k+1$ 行から第 n 行までの成分がすべて 0 である．例題 1.4.9 より PA は正則行列でない．これは矛盾であるから，$\mathrm{rank}\, A = n$ でなければならない．

(2)⇒ (3) は階数の定義より明らかである．

(3)⇒ (1) を示す．P を $PA = E$ をみたす正則行列とすると，P^{-1} も命題 1.10 より正則行列である．また $A = P^{-1}$ であるから，A も正則行列である． □

この定理により，行列の階数を調べることによって，正方行列が正則行列であるかどうかが判定できる．

命題 2.5 A を (m, n) 行列，B を (n, p) 行列とすると次が成り立つ．

$$\mathrm{rank}\,(AB) \leqq \mathrm{rank}\, A$$

証明 $\mathrm{rank}\, A = k$ とする．正則行列 P を PA が $k+1$ 行以下の成分が 0 となる階段行列となるものとする．このとき行列の積の定義から $(PA)B$ の $k+1$ 行以下の成分は 0 となる．ある正則行列 Q が存在して $Q((PA)B)$ は階段行列になる．$Q((PA)B) = (QP)(AB)$ であり，QP は正則行列より，下の命題 2.7 から $\mathrm{rank}\,(AB) \leqq k$ である． □

系 2.6 n 次正方行列 A, B が $AB = E$ であれば A, B は正則行列であり $BA = E$ が成り立つ．すなわち $B = A^{-1}$ となる．

証明 $\mathrm{rank}\, AB = \mathrm{rank}\, E_n = n$ なので，命題 2.5 より $\mathrm{rank}\, A \geqq n$ である．また A は n 行の行列なので $\mathrm{rank}\, A \leqq n$ であり $\mathrm{rank}\, A = n$ がわかる．定理 2.4 から A は正則行列となり $B = A^{-1}$ である． □

命題 2.7[†] A を正則行列 P で階段行列に変形したとき，階数は一定である．

証明 正則行列 P_1, P_2 によって異なる階数 $k < \ell$ の被約階段行列に変形され

たと仮定する．このとき $Q = P_1 P_2{}^{-1}$ は階数 ℓ の被約階段行列を階数 k の被約階段行列に変形する正則行列である．階数 ℓ の被約階段行列の $n_1 \cdots, n_\ell$ 列は基本ベクトル $\boldsymbol{e}_1, \cdots, \boldsymbol{e}_\ell$ となっているとする．$Q\boldsymbol{e}_1, \cdots, Q\boldsymbol{e}_\ell$ は階数 k の階段行列の列ベクトルであるので Q の第 l 列までの列ベクトルは第 $k+1$ 成分より下は 0 となる．すなわち $i > k$，$j \leqq \ell$ のとき Q の (i, j) 成分は 0 となる．

$$Q = \left(\begin{array}{c|c} (*)_{k,\ell} & (*) \\ \hline O & (*) \end{array}\right)_{m,m} \qquad (k < \ell)$$

Q の $k+1$ 行以下の成分は右側の $m-\ell$ 列を除いてはすべて 0 であるので，$k+1$ 行以下の成分を階数 $m-\ell$ 以下の階段行列に変形できる．$k+(m-\ell) < m$ であるから，Q は最下行を零ベクトルとする行列に変形されることになる．例題 1.4.9 より，Q は正則行列でないこととなり，$Q = P_1 P_2{}^{-1}$ が正則行列であることと矛盾する． □

例題 2.2.2　次の行列を階段行列に変形し，階数を求め，さらに被約階段行列も求めよ．

$$A = \begin{pmatrix} 1 & 2 & 1 & 1 & 1 \\ 1 & 2 & 0 & -1 & 0 \\ 0 & 1 & 2 & 2 & 1 \end{pmatrix}$$

解答

$$\begin{pmatrix} 1 & 2 & 1 & 1 & 1 \\ 1 & 2 & 0 & -1 & 0 \\ 0 & 1 & 2 & 2 & 1 \end{pmatrix} \xrightarrow{\text{第2行から第1行を引く}}$$

$$\begin{pmatrix} 1 & 2 & 1 & 1 & 1 \\ 0 & 0 & -1 & -2 & -1 \\ 0 & 1 & 2 & 2 & 1 \end{pmatrix} \xrightarrow{\text{第2行と第3行を交換}}$$

$$\begin{pmatrix} 1 & 2 & 1 & 1 & 1 \\ 0 & 1 & 2 & 2 & 1 \\ 0 & 0 & -1 & -2 & -1 \end{pmatrix}$$

これで階段行列となったので，$\operatorname{rank} A = 3$ がわかった．

$$\begin{pmatrix} 1 & 2 & 1 & 1 & 1 \\ 0 & 1 & 2 & 2 & 1 \\ 0 & 0 & -1 & -2 & -1 \end{pmatrix} \xrightarrow{\text{第 3 行を } (-1) \text{ 倍する}}$$

$$\begin{pmatrix} 1 & 2 & 1 & 1 & 1 \\ 0 & 1 & 2 & 2 & 1 \\ 0 & 0 & 1 & 2 & 1 \end{pmatrix} \xrightarrow[\text{1 倍, 2 倍をそれぞれ引く}]{\text{第 1 行, 第 2 行から第 3 行の}}$$

$$\begin{pmatrix} 1 & 2 & 0 & -1 & 0 \\ 0 & 1 & 0 & -2 & -1 \\ 0 & 0 & 1 & 2 & 1 \end{pmatrix} \xrightarrow[\text{第 2 行の 2 倍を引く}]{\text{第 1 行から}}$$

$$\begin{pmatrix} 1 & 0 & 0 & 3 & 2 \\ 0 & 1 & 0 & -2 & -1 \\ 0 & 0 & 1 & 2 & 1 \end{pmatrix}$$

以上により, 被約階段行列が得られた. □

変形する正則行列を求める 被約階段行列に変形する正則行列 P は, 次のように, 行に関する基本変形の積を記録しておくことによって得られる. すなわち, PA が被約階段行列となるようにする, 行に関する基本変形の繰り返しを $(A\,|\,E)$ に行えば $P(A\,|\,E) = (PA\,|\,P)$ となり, 右に付け加えた部分が行に関する基本変形の繰り返しを表す行列 P となる.

例題 2.2.3 次の行列を被約階段行列に変形し, 階数を求めよ. また変形するための正則行列を求めよ.

$$A = \begin{pmatrix} 0 & 0 & 1 & 3 & 1 \\ 1 & 2 & 0 & -1 & 0 \\ 1 & 2 & 1 & 2 & 2 \\ 2 & 4 & 1 & 1 & 1 \end{pmatrix}$$

解答　$(A\,|\,E) =$

$$\left(\begin{array}{ccccc|cccc} 0 & 0 & 1 & 3 & 1 & 1 & 0 & 0 & 0 \\ 1 & 2 & 0 & -1 & 0 & 0 & 1 & 0 & 0 \\ 1 & 2 & 1 & 2 & 2 & 0 & 0 & 1 & 0 \\ 2 & 4 & 1 & 1 & 1 & 0 & 0 & 0 & 1 \end{array}\right) \xrightarrow{\text{第1行と第2行の交換をする}}$$

$$\left(\begin{array}{ccccc|cccc} 1 & 2 & 0 & -1 & 0 & 0 & 1 & 0 & 0 \\ 0 & 0 & 1 & 3 & 1 & 1 & 0 & 0 & 0 \\ 1 & 2 & 1 & 2 & 2 & 0 & 0 & 1 & 0 \\ 2 & 4 & 1 & 1 & 1 & 0 & 0 & 0 & 1 \end{array}\right) \xrightarrow{\text{第3行から第1行を引く}}$$

$$\left(\begin{array}{ccccc|cccc} 1 & 2 & 0 & -1 & 0 & 0 & 1 & 0 & 0 \\ 0 & 0 & 1 & 3 & 1 & 1 & 0 & 0 & 0 \\ 0 & 0 & 1 & 3 & 2 & 0 & -1 & 1 & 0 \\ 2 & 4 & 1 & 1 & 1 & 0 & 0 & 0 & 1 \end{array}\right) \xrightarrow{\text{第4行から第1行の2倍を引く}}$$

$$\left(\begin{array}{ccccc|cccc} 1 & 2 & 0 & -1 & 0 & 0 & 1 & 0 & 0 \\ 0 & 0 & 1 & 3 & 1 & 1 & 0 & 0 & 0 \\ 0 & 0 & 1 & 3 & 2 & 0 & -1 & 1 & 0 \\ 0 & 0 & 1 & 3 & 1 & 0 & -2 & 0 & 1 \end{array}\right) \xrightarrow{\substack{\text{第3行および第4行から} \\ \text{第2行を引く}}}$$

$$\left(\begin{array}{ccccc|cccc} 1 & 2 & 0 & -1 & 0 & 0 & 1 & 0 & 0 \\ 0 & 0 & 1 & 3 & 1 & 1 & 0 & 0 & 0 \\ 0 & 0 & 0 & 0 & 1 & -1 & -1 & 1 & 0 \\ 0 & 0 & 0 & 0 & 0 & -1 & -2 & 0 & 1 \end{array}\right) \xrightarrow{\text{第2行から第3行を引く}}$$

$$\left(\begin{array}{ccccc|cccc} 1 & 2 & 0 & -1 & 0 & 0 & 1 & 0 & 0 \\ 0 & 0 & 1 & 3 & 0 & 2 & 1 & -1 & 0 \\ 0 & 0 & 0 & 0 & 1 & -1 & -1 & 1 & 0 \\ 0 & 0 & 0 & 0 & 0 & -1 & -2 & 0 & 1 \end{array}\right)$$

この行列の左側は階数3の被約階段行列であり，被約階段行列に変形するための行列 P は，右側の正方行列部分

$$P = \begin{pmatrix} 0 & 1 & 0 & 0 \\ 2 & 1 & -1 & 0 \\ -1 & -1 & 1 & 0 \\ -1 & -2 & 0 & 1 \end{pmatrix}$$

である. □

問 2.2.4 次の行列の被約階段行列と階数を求めよ.また被約階段行列に変形するための正則行列を求めよ.

(1) $\begin{pmatrix} 1 & 2 & 2 & 0 \\ 1 & -1 & -1 & 2 \\ 3 & 0 & 1 & 4 \end{pmatrix}$ (2) $\begin{pmatrix} -1 & 2 & 1 & 5 & 1 \\ 1 & 1 & -1 & 4 & 3 \\ 2 & -3 & -1 & 6 & 2 \end{pmatrix}$

(3) $\begin{pmatrix} 2 & -2 & 2 & -2 & 2 \\ 1 & 1 & 4 & 3 & -1 \\ 3 & 1 & 6 & 1 & 1 \\ 2 & 0 & 2 & -2 & 2 \end{pmatrix}$

正則行列の逆行列を求める 次に行に関する基本変形を用いて, 正則行列の逆行列を求める. A を n 次正則行列とすると, 定理 2.4 により,

$$PA = E$$

のように, 被約階段行列に変形するための正則行列 P が存在する. P は前の例題 2.2.3 と同じ方法で求めることができる. すなわち, A を E に変形する基本変形を $(A \mid E)$ に対して繰り返せば

$$P(A \mid E) = (PA \mid PE) = (E \mid A^{-1})$$

のように右側に逆行列が表れることとなる.

例題 2.2.5 $A = \begin{pmatrix} -1 & 3 & 2 \\ 0 & 1 & 1 \\ 1 & 2 & 2 \end{pmatrix}$ の逆行列 A^{-1} を求めよ.

解答

$$\left(\begin{array}{ccc|ccc} -1 & 3 & 2 & 1 & 0 & 0 \\ 0 & 1 & 1 & 0 & 1 & 0 \\ 1 & 2 & 2 & 0 & 0 & 1 \end{array}\right) \xrightarrow{\text{第1行を}(-1)\text{倍する}}$$

$$\left(\begin{array}{ccc|ccc} 1 & -3 & -2 & -1 & 0 & 0 \\ 0 & 1 & 1 & 0 & 1 & 0 \\ 1 & 2 & 2 & 0 & 0 & 1 \end{array}\right) \xrightarrow{\text{第3行から第1行を引く}}$$

$$\left(\begin{array}{ccc|ccc} 1 & -3 & -2 & -1 & 0 & 0 \\ 0 & 1 & 1 & 0 & 1 & 0 \\ 0 & 5 & 4 & 1 & 0 & 1 \end{array}\right) \xrightarrow{\text{第3行から第2行の5倍を引く}}$$

$$\left(\begin{array}{ccc|ccc} 1 & -3 & -2 & -1 & 0 & 0 \\ 0 & 1 & 1 & 0 & 1 & 0 \\ 0 & 0 & -1 & 1 & -5 & 1 \end{array}\right) \xrightarrow{\text{第3行を}(-1)\text{倍する}}$$

$$\left(\begin{array}{ccc|ccc} 1 & -3 & -2 & -1 & 0 & 0 \\ 0 & 1 & 1 & 0 & 1 & 0 \\ 0 & 0 & 1 & -1 & 5 & -1 \end{array}\right) \xrightarrow[\text{第2行から第3行を引く}]{\text{第1行に第3行の2倍を加え,}}$$

$$\left(\begin{array}{ccc|ccc} 1 & -3 & 0 & -3 & 10 & -2 \\ 0 & 1 & 0 & 1 & -4 & 1 \\ 0 & 0 & 1 & -1 & 5 & -1 \end{array}\right) \xrightarrow{\text{第1行に第2行の3倍を加える}}$$

$$\left(\begin{array}{ccc|ccc} 1 & 0 & 0 & 0 & -2 & 1 \\ 0 & 1 & 0 & 1 & -4 & 1 \\ 0 & 0 & 1 & -1 & 5 & -1 \end{array}\right)$$

となるので, $A^{-1} = \begin{pmatrix} 0 & -2 & 1 \\ 1 & -4 & 1 \\ -1 & 5 & -1 \end{pmatrix}$ である. □

以上の計算方法は, 例題 2.2.3 (被約階段行列に変形するための正則行列を求める方法) とまったく同じである.

問 2.2.6　基本変形を用いて次の行列の逆行列を求めよ．

(1) $\begin{pmatrix} 2 & 1 \\ 3 & -1 \end{pmatrix}$　(2) $\begin{pmatrix} 3 & 1 & -1 \\ 1 & 1 & 1 \\ 0 & 1 & -1 \end{pmatrix}$　(3) $\begin{pmatrix} 1 & 0 & 1 \\ 0 & 1 & 0 \\ 0 & 1 & 1 \end{pmatrix}$

(4) $\begin{pmatrix} 1 & a & b \\ 0 & 1 & c \\ 0 & 0 & 1 \end{pmatrix}$　(5) $\begin{pmatrix} 1 & -2 & -1 & -2 \\ 0 & 1 & 0 & -3 \\ 0 & 0 & 1 & 2 \\ 0 & 0 & 0 & 1 \end{pmatrix}$

2.3　連立 1 次方程式と階数

ここでは, 与えられた連立 1 次方程式の係数行列と拡大係数行列を被約階段行列に変形することにより, 連立 1 次方程式の解を求める掃き出し法について述べる．

n 個の未知数 $x_1, x_2, \cdots, x_n$ と m 個の式からなる連立 1 次方程式

$$\begin{cases} a_{11}x_1 + a_{12}x_2 + \cdots + a_{1n}x_n &= b_1 \\ a_{21}x_1 + a_{22}x_2 + \cdots + a_{2n}x_n &= b_2 \\ \qquad\cdots & \\ a_{m1}x_1 + a_{m2}x_2 + \cdots + a_{mn}x_n &= b_m \end{cases} \tag{2.2}$$

の解を求めたい．

連立 1 次方程式 (2.2) の係数行列 A と次のベクトル $\boldsymbol{b}, \boldsymbol{x}$ を考える．

$$A = \begin{pmatrix} a_{11} & a_{12} & \cdots & a_{1n} \\ a_{21} & a_{22} & \cdots & a_{2n} \\ \vdots & \vdots & \ddots & \vdots \\ a_{m1} & a_{m2} & \cdots & a_{mn} \end{pmatrix}, \quad \boldsymbol{b} = \begin{pmatrix} b_1 \\ b_2 \\ \vdots \\ b_m \end{pmatrix}, \quad \boldsymbol{x} = \begin{pmatrix} x_1 \\ x_2 \\ \vdots \\ x_n \end{pmatrix}$$

連立 1 次方程式 (2.2) は

$$A\boldsymbol{x} = \boldsymbol{b}$$

のように表すことができる．ここで A の第 1 列ベクトルは $\mathbf{0}$ でないとしておく．また $\operatorname{rank} A = k$ とおく．このとき拡大係数行列 $(A\,|\,\boldsymbol{b})$ を被約階段行列に

変形する行列を P とすれば，

$$
P(A\,|\,\boldsymbol{b}) = \begin{array}{c}
\begin{array}{cccccccc} n_1 & & n_2 & & n_3 & & n_k & \end{array} \\
\left(\begin{array}{cccccccc|c}
1 & *\cdots* & 0 & *\cdots* & 0 & *\cdots* & 0 & *\cdots* & 0 \\
0 & 0\cdots0 & 1 & *\cdots* & 0 & *\cdots* & 0 & *\cdots* & 0 \\
0 & 0\cdots0 & 0 & 0\cdots0 & 1 & *\cdots* & 0 & *\cdots* & 0 \\
\vdots & \vdots & \vdots & \vdots & & \ddots & \vdots & \vdots & \vdots \\
 & & & & & & 1 & *\cdots* & 0 \\
 & & & & & & 0 & 0\cdots0 & 1 \\
 & \text{\Large 0} & & & & & & \vdots & 0 \\
 & & & & & & & &
\end{array}\right)
\begin{array}{l} \\ \\ \\ \\ k \\ k+1 \\ \\ \\ \end{array}
\end{array}
\tag{2.3}
$$

または

$$
P(A\,|\,\boldsymbol{b}) = \begin{array}{c}
\begin{array}{cccccccc} n_1 & & n_2 & & n_3 & & n_k & \end{array} \\
\left(\begin{array}{cccccccc|c}
1 & *\cdots* & 0 & *\cdots* & 0 & *\cdots* & 0 & *\cdots* & * \\
0 & 0\cdots0 & 1 & *\cdots* & 0 & *\cdots* & 0 & *\cdots* & * \\
0 & 0\cdots0 & 0 & 0\cdots0 & 1 & *\cdots* & 0 & *\cdots* & * \\
\vdots & \vdots & \vdots & \vdots & & \ddots & \vdots & \vdots & \vdots \\
 & & & & & & 1 & *\cdots* & * \\
 & & & & & & 0 & 0\cdots0 & 0 \\
 & \text{\Large 0} & & & & & & \vdots & \\
 & & & & & & & &
\end{array}\right)
\begin{array}{l} \\ \\ \\ \\ k \\ \\ \\ \\ \end{array}
\end{array}
\tag{2.4}
$$

と表される．ここで $\mathrm{rank}\,(A\,|\,\boldsymbol{b}) = \mathrm{rank}\,A + 1 = k + 1$ のとき (2.3) の形になり，$\mathrm{rank}\,(A\,|\,\boldsymbol{b}) = \mathrm{rank}\,A = k$ ならば (2.4) の形となる．

$\mathrm{rank}\,(A\,|\,\boldsymbol{b}) = \mathrm{rank}\,A + 1$ のとき，これを連立1次方程式に直せば，

$$
\begin{cases}
x_1 + * \cdots * + \ 0 \ + * \cdots * + \cdots & = 0 \\
\qquad\qquad x_{n_2} + * \cdots * + \cdots & = 0 \\
\qquad\qquad\qquad \cdots & \\
\qquad\qquad\qquad\qquad x_{n_k} + * \cdots * & = 0 \\
0 & = 1 \\
0 & = 0 \\
\cdots & \\
0 & = 0
\end{cases}
$$

となり, つねに成立しない式 $0 = 1$ を含むので $Ax = \boldsymbol{b}$ の解はないことになる.

一方, $\mathrm{rank}\,(A \,|\, \boldsymbol{b}) = \mathrm{rank}\,A$ のときは

$$
\begin{cases}
x_1 + * \cdots * + \ 0 \ + * \cdots * + \cdots & = c_1 \\
\qquad\qquad x_{n_2} + * \cdots * + \cdots & = c_2 \\
\qquad\qquad\qquad \cdots & \\
\qquad\qquad\qquad\qquad x_{n_k} + * \cdots * & = c_k \\
0 & = 0 \\
\cdots & \\
0 & = 0
\end{cases}
$$

となる. このとき $n - k$ 個の $(x_1, x_{n_2}, \cdots, x_{n_k}$ 以外の) 未知数 x_i を任意定数で置き換えれば, x_{n_j} $(1 \leqq j \leqq k)$ はこれらの定数を媒介変数として表すことができる.

$n - k$ 個の任意定数を含む解を $A\boldsymbol{x} = \boldsymbol{b}$ の**一般解**といい, 任意定数に特別な値 (たとえば, すべて 0 の値) を代入して得られる解を**特殊解**という. また, 任意定数の個数 $n - k$ を解の**自由度**という.

以上をまとめて, 次の定理が得られる

定理 2.8　n 個の未知数をもつ連立 1 次方程式 $A\boldsymbol{x} = \boldsymbol{b}$ が解をもつための必要十分条件は

$$\mathrm{rank}\,A = \mathrm{rank}\,(A \,|\, \boldsymbol{b})$$

である. さらにこのとき, $A\boldsymbol{x} = \boldsymbol{b}$ の解の自由度は $n - \mathrm{rank}\,A$ である. とくに, $\mathrm{rank}\,A = \mathrm{rank}\,(A \,|\, \boldsymbol{b}) = n$ ならば, $A\boldsymbol{x} = \boldsymbol{b}$ はただ 1 つの解をもつ.

注意　具体的な問題についてこのことを確かめるためには $\mathrm{rank}\, A$, $\mathrm{rank}\,(A\,|\,\boldsymbol{b})$ の情報がわかればよいので, $(A\,|\,\boldsymbol{b})$ を階段行列まで変形すれば十分である. さらに被約階段行列まで変形すれば一般解が求められる.

例題 2.3.1　次の連立1次方程式の解を求めよ.

$$\begin{cases} x - 2y + z + 2w = 3 \\ 2x - 3y - z - w = 7 \\ x - y - 2z - 3w = 4 \end{cases}$$

解答　連立1次方程式の拡大係数行列を被約階段行列に変形することにより解を求める.

$$\left(\begin{array}{cccc|c} 1 & -2 & 1 & 2 & 3 \\ 2 & -3 & -1 & -1 & 7 \\ 1 & -1 & -2 & -3 & 4 \end{array}\right) \xrightarrow{\text{第2行から第1行の2倍を引く}}$$

$$\left(\begin{array}{cccc|c} 1 & -2 & 1 & 2 & 3 \\ 0 & 1 & -3 & -5 & 1 \\ 1 & -1 & -2 & -3 & 4 \end{array}\right) \xrightarrow{\text{第3行から第1行を引く}}$$

$$\left(\begin{array}{cccc|c} 1 & -2 & 1 & 2 & 3 \\ 0 & 1 & -3 & -5 & 1 \\ 0 & 1 & -3 & -5 & 1 \end{array}\right) \xrightarrow{\text{第3行から第2行を引く}}$$

$$\left(\begin{array}{cccc|c} 1 & -2 & 1 & 2 & 3 \\ 0 & 1 & -3 & -5 & 1 \\ 0 & 0 & 0 & 0 & 0 \end{array}\right)$$

ここで $\mathrm{rank}\,(A\,|\,\boldsymbol{b}) = \mathrm{rank}\, A = 2$ が得られ, 自由度 2 $(= 4 - 2)$ の解をもつことがわかる.

$$\left(\begin{array}{cccc|c} 1 & -2 & 1 & 2 & 3 \\ 0 & 1 & -3 & -5 & 1 \\ 0 & 0 & 0 & 0 & 0 \end{array}\right) \xrightarrow{\text{第1行に第2行の2倍を加える}}$$

$$\left(\begin{array}{cccc|c} 1 & 0 & -5 & -8 & 5 \\ 0 & 1 & -3 & -5 & 1 \\ 0 & 0 & 0 & 0 & 0 \end{array}\right)$$

この行列に対応する連立1次方程式は

$$\begin{cases} x \quad - 5z - 8w = 5 \\ \quad y - 3z - 5w = 1 \end{cases}$$

となる．ここで $z = t,\ w = s$ を任意定数とすれば

$$\begin{pmatrix} x \\ y \\ z \\ w \end{pmatrix} = \begin{pmatrix} 5t + 8s + 5 \\ 3t + 5s + 1 \\ t \\ s \end{pmatrix} = t\begin{pmatrix} 5 \\ 3 \\ 1 \\ 0 \end{pmatrix} + s\begin{pmatrix} 8 \\ 5 \\ 0 \\ 1 \end{pmatrix} + \begin{pmatrix} 5 \\ 1 \\ 0 \\ 0 \end{pmatrix}$$

の形に解が求められる． □

例題 2.3.2 次の連立1次方程式の解を求めよ．

$$\begin{cases} x - 2y + z = -4 \\ 2x + y - z = 5 \\ x + y + 2z = 1 \end{cases}$$

解答 この連立1次方程式の拡大係数行列を基本変形により，次のように変形する．

$$\left(\begin{array}{ccc|c} 1 & -2 & 1 & -4 \\ 2 & 1 & -1 & 5 \\ 1 & 1 & 2 & 1 \end{array}\right) \xrightarrow{\text{第2行から第1行の2倍を引く}}$$

$$\left(\begin{array}{ccc|c} 1 & -2 & 1 & -4 \\ 0 & 5 & -3 & 13 \\ 1 & 1 & 2 & 1 \end{array}\right) \xrightarrow{\text{第3行から第1行を引く}}$$

$$\left(\begin{array}{ccc|c} 1 & -2 & 1 & -4 \\ 0 & 5 & -3 & 13 \\ 0 & 3 & 1 & 5 \end{array}\right) \xrightarrow{\text{第3行から第2行の}\frac{3}{5}\text{倍を引く}}$$

$$\left(\begin{array}{ccc|c} 1 & -2 & 1 & -4 \\ 0 & 5 & -3 & 13 \\ 0 & 0 & \frac{14}{5} & \frac{-14}{5} \end{array}\right)$$

ここで $\operatorname{rank}(A\,|\,\boldsymbol{b}) = \operatorname{rank} A = 3$ から，ただ1つの解をもつことがわかる．

$$\left(\begin{array}{ccc|c} 1 & -2 & 1 & -4 \\ 0 & 5 & -3 & 13 \\ 0 & 0 & \frac{14}{5} & \frac{-14}{5} \end{array}\right) \xrightarrow{\text{第3行を}\frac{5}{14}\text{倍する}}$$

$$\left(\begin{array}{ccc|c} 1 & -2 & 1 & -4 \\ 0 & 5 & -3 & 13 \\ 0 & 0 & 1 & -1 \end{array}\right) \xrightarrow{\text{第2行に第3行の3倍を加える}}$$

$$\left(\begin{array}{ccc|c} 1 & -2 & 1 & -4 \\ 0 & 5 & 0 & 10 \\ 0 & 0 & 1 & -1 \end{array}\right) \xrightarrow{\text{第2行を5で割る}}$$

$$\left(\begin{array}{ccc|c} 1 & -2 & 1 & -4 \\ 0 & 1 & 0 & 2 \\ 0 & 0 & 1 & -1 \end{array}\right) \xrightarrow{\text{第1行に第2行の2倍を加える}}$$

$$\left(\begin{array}{ccc|c} 1 & 0 & 1 & 0 \\ 0 & 1 & 0 & 2 \\ 0 & 0 & 1 & -1 \end{array}\right) \xrightarrow{\text{第1行から第3行を引く}}$$

$$\left(\begin{array}{ccc|c} 1 & 0 & 0 & 1 \\ 0 & 1 & 0 & 2 \\ 0 & 0 & 1 & -1 \end{array}\right)$$

よって, 与えられた連立 1 次方程式はただ 1 つの解

$$\begin{pmatrix} x \\ y \\ z \end{pmatrix} = \begin{pmatrix} 1 \\ 2 \\ -1 \end{pmatrix}$$

をもつ. □

問 2.3.3　次の連立 1 次方程式を掃き出し法を用いて解け.

(1) $\begin{cases} 3x - y + 5z = 22 \\ -x + 2y + z = -1 \\ -2x + 4y + 3z = 3 \end{cases}$　(2) $\begin{cases} 4x + y + z + w = 3 \\ x - y + 2z - 3w = 12 \\ 2x + y + 3z + 5w = -3 \\ x + y - z - w = 0 \end{cases}$

(3) $\begin{cases} x + 2y - 3z - w = -1 \\ 2x - 2y + z + 2w = 5 \\ 3x - 2y + w = 4 \\ x - 4y + 4z + 3w = 6 \end{cases}$

斉次連立 1 次方程式　連立 1 次方程式 (2.2) において, $\boldsymbol{b} = \boldsymbol{0}$ とするとき,

$$\begin{cases} a_{11}x_1 + a_{12}x_2 + \cdots + a_{1n}x_n = 0 \\ a_{21}x_1 + a_{22}x_2 + \cdots + a_{2n}x_n = 0 \\ \cdots \\ a_{m1}x_1 + a_{m2}x_2 + \cdots + a_{mn}x_n = 0 \end{cases} \tag{2.5}$$

を**斉次連立 1 次方程式**という. このとき, $x_1 = 0, x_2 = 0, \cdots, x_n = 0$ は連立 1 次方程式 (2.5) の解である. これを**自明な解**という. 自明でない解は $x_1, x_2, \cdots, x_n$ のうち少なくとも 1 つが 0 でない解となる.

斉次連立 1 次方程式 (2.5) の係数行列 A について, 定理 2.8 より, 次の系が成り立つ.

命題 2.9　斉次連立 1 次方程式 (2.5) において,
(1) $\mathrm{rank}\, A < n$ ならば方程式 (2.5) は自明でない解をもつ.
(2) $\mathrm{rank}\, A = n$ ならば方程式 (2.5) は自明な解のみをもつ.

系 2.10　$m < n$ ならば斉次連立1次方程式 (2.5) は自明でない解をもつ.

証明　$\operatorname{rank} A \leqq m < n$ により示される. □

例題 2.3.4　次の斉次連立1次方程式が自明でない解をもつかどうかを調べ, これを解け.

$$\begin{cases} x \phantom{{}+y} + 2z - w = 0 \\ x + y + z + w = 0 \\ \phantom{x+{}} y - z + 2w = 0 \\ 2x + y + 3z \phantom{{}+w} = 0 \end{cases}$$

解答　この斉次連立1次方程式の係数行列 A を基本変形により, 次のように変形する.

$$A = \begin{pmatrix} 1 & 0 & 2 & -1 \\ 1 & 1 & 1 & 1 \\ 0 & 1 & -1 & 2 \\ 2 & 1 & 3 & 0 \end{pmatrix} \xrightarrow{\text{第2行から第1行を引く}}$$

$$\begin{pmatrix} 1 & 0 & 2 & -1 \\ 0 & 1 & -1 & 2 \\ 0 & 1 & -1 & 2 \\ 2 & 1 & 3 & 0 \end{pmatrix} \xrightarrow{\text{第4行から第1行の2倍を引く}}$$

$$\begin{pmatrix} 1 & 0 & 2 & -1 \\ 0 & 1 & -1 & 2 \\ 0 & 1 & -1 & 2 \\ 0 & 1 & -1 & 2 \end{pmatrix} \xrightarrow{\text{第3行, 第4行から第2行を引く}}$$

$$\begin{pmatrix} 1 & 0 & 2 & -1 \\ 0 & 1 & -1 & 2 \\ 0 & 0 & 0 & 0 \\ 0 & 0 & 0 & 0 \end{pmatrix}$$

よって, $\operatorname{rank} A = 2 < 4$ であるから, 自明でない解をもち, 解の自由度は 2

である．これを連立1次方程式の形に直すと

$$\begin{cases} x \quad + 2z - \quad w = 0 \\ \quad y - \quad z + 2w = 0 \end{cases}$$

である．$z = t$, $w = s$ とおけば,

$$\begin{cases} x = -2t + \quad s \\ y = \quad t - 2s \end{cases}$$

したがって,

$$\begin{pmatrix} x \\ y \\ z \\ w \end{pmatrix} = \begin{pmatrix} -2t + s \\ t - 2s \\ t \\ s \end{pmatrix} = t \begin{pmatrix} -2 \\ 1 \\ 1 \\ 0 \end{pmatrix} + s \begin{pmatrix} 1 \\ -2 \\ 0 \\ 1 \end{pmatrix}$$

が求める一般解である．ただし, t と s は任意定数である．　□

問 2.3.5　次の連立1次方程式を掃き出し法を使って解け．

(1) $\begin{cases} x + 2y + 2z \qquad = 0 \\ x - \quad y - \quad z + 2w = 0 \\ 3x \qquad + \quad z + 4w = 0 \end{cases}$　(2) $\begin{cases} 2x + y - \quad z = 0 \\ x + y + \quad z = 0 \\ -x \qquad + 2z = 0 \end{cases}$

第2章　章末問題

A

2.1　次の行列の階数を求めよ．

(1) $\begin{pmatrix} 1 & -2 & 3 & 6 \\ -1 & 2 & 1 & 5 \end{pmatrix}$　(2) $\begin{pmatrix} 1 & 2 & 1 & -3 \\ 2 & 5 & 0 & -5 \\ -1 & 1 & -7 & 6 \\ -3 & -7 & -1 & 8 \end{pmatrix}$　(3) $\begin{pmatrix} 0 & 1 & 0 & 0 \\ 0 & 2 & 3 & 1 \\ 1 & 2 & -1 & 0 \\ 2 & 0 & 1 & 1 \end{pmatrix}$

2.2　次の連立1次方程式を掃き出し法を用いて解け．

(1) $\begin{cases} 2x - 3y - \quad z = -2 \\ x + \quad y + \quad z = \quad 3 \\ 4x - \quad y - 5z = \quad 0 \end{cases}$　(2) $\begin{cases} x - 3y + \quad z = \quad 3 \\ 2x + \quad y - \quad z = \quad 1 \\ 3x - 4y - 2z = -11 \end{cases}$

(3) $\begin{cases} -3x + 2y + 5z = 2 \\ x + y - 2z = 3 \\ y + 3z = -1 \end{cases}$

2.3　次の連立1次方程式を解け.

(1) $\begin{cases} x + 2y + 2z = 5 \\ 2x + y + z = 4 \\ x + y + z = 3 \end{cases}$　(2) $\begin{cases} 2x - 3y + 4z = -1 \\ x + 2y - 3z = 2 \\ x + 3y - 5z = 5 \end{cases}$

(3) $\begin{cases} x + 2y + 3z = 0 \\ x - y - z + 2w = 0 \\ 3x + z + 4w = 0 \end{cases}$　(4) $\begin{cases} 2x - y + z + w = 2 \\ x - 2y + 2w = 1 \\ x + y + z + w = -1 \end{cases}$

2.4　次の行列の逆行列を求めよ.

(1) $\begin{pmatrix} 1 & 0 & -1 \\ 2 & 1 & 3 \\ 1 & -1 & 1 \end{pmatrix}$　(2) $\begin{pmatrix} 0 & 1 & 1 \\ 1 & 0 & 0 \\ 1 & 1 & 2 \end{pmatrix}$　(3) $\begin{pmatrix} 2 & 0 & 1 \\ 0 & 1 & 0 \\ 1 & -1 & 1 \end{pmatrix}$

B

2.5　列ベクトル表示された行列 $A = (\boldsymbol{a}_1, \boldsymbol{a}_2, \cdots, \boldsymbol{a}_n)$ について, 基本行列

$$E(i;\lambda),\ E(i, j),\ E(i, j;\lambda)$$

を右から掛けた行列

$$AE(i;\lambda),\ AE(i, j),\ AE(i, j;\lambda)$$

はそれぞれどのように表されるか. この操作を行列の**列に関する基本変形**という.

2.6　(m, n) 行列 A を被約階段行列とし, $\mathrm{rank}\, A = k$ とする. このとき A に列に関する基本変形を繰り返すことによって次の形の行列に変形できることを示せ.

$$R_k = \begin{pmatrix} E_k & O \\ O & O \end{pmatrix}_{m,\,n} = (\boldsymbol{e}_1, \cdots, \boldsymbol{e}_k, \boldsymbol{0}, \cdots, \boldsymbol{0})_{m,\,n}$$

この行列 R_k は左上部分に k 次単位行列を含みあとの成分は0となる (m, n) 行列である.

このことから次のことがわかる.

任意の (m, n) 行列 X はある正則行列 P, Q によって $PXQ = R_k$ に変形される. また, $\mathrm{rank}\,({}^tA) = \mathrm{rank}\, A$ である.

2.7　実数 k のとり方により, 次の行列の階数はどのように変わるかを基本変形によって調べよ.

(1) $\begin{pmatrix} 1 & -1 & 2 \\ k & 2 & -3 \\ 1 & 1 & k \end{pmatrix}$　(2) $\begin{pmatrix} 1 & 1 & k \\ 1 & k & k \\ k & k & k \end{pmatrix}$　(3) $\begin{pmatrix} 1 & 1 & k \\ 1 & k & 1 \\ k & 1 & 1 \end{pmatrix}$

3 行列式

この章で学ぶこと

行列式は正方行列に対して，その成分を用いて定義される値 (数) であり，線形代数学のいろいろな場面で使われる重要な概念である．この章では以下のことを学ぶ．

(1) 行列式をどのように定義するか．

(2) 行列式の性質 (線形性，交代性，その他) を学び，それを用いて行列式の値を計算する．

(3) 行列式の展開を学び，行列式の値を求める．

(4) 余因子行列により逆行列を求める．

(5) 行列式を用いて連立 1 次方程式を解く．

(6) 行列式と行列の階数の関係．

3.1 2 次行列式

ここでは 2 次正方行列の行列式の定義を述べる．

2 次正方行列の行列式 2 次正方行列

$$A = \begin{pmatrix} a & b \\ c & d \end{pmatrix}$$

を考える．$ad - bc \neq 0$ とする．このとき第 1 章例 1.4.6 で述べたように，A は

正則行列でその逆行列 A^{-1} は

$$A^{-1} = \frac{1}{ad-bc}\begin{pmatrix} d & -b \\ -c & a \end{pmatrix}$$

である．この分母に表れる $ad-bc$ を行列 $A = \begin{pmatrix} a & b \\ c & d \end{pmatrix}$ の**行列式**といい，

$$|A|,\ \det A \quad \text{または} \quad \begin{vmatrix} a & b \\ c & d \end{vmatrix}$$

と表す．

2 次正方行列 $\begin{pmatrix} a & b \\ c & d \end{pmatrix}$ の行列式 $\begin{vmatrix} a & b \\ c & d \end{vmatrix}$ の計算法は次の図のように覚えておこう．

すなわち，左上から右下へ向う斜線上の成分 a, d の積 ad に符合 $+$ を付け，右上から左下へ向う斜線上の成分 b, c の積 bc に符合 $-$ を付け，これらを加えたものである．

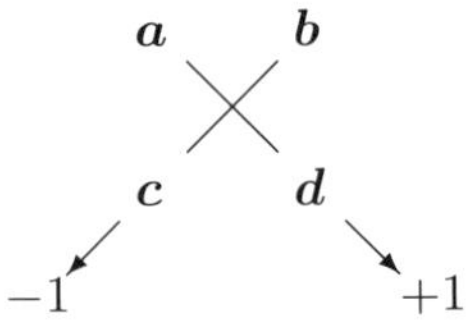

図 3.1　2 次行列式の覚え方

問 3.1.1　座標平面の原点を O とし，3 点 $\mathrm{A}(a_1, a_2)$, $\mathrm{B}(b_1, b_2)$, $\mathrm{C}(a_1+b_1, a_2+b_2)$ をとる．このとき平行四辺形 OACB の面積 S は $A = \begin{pmatrix} a_1 & b_1 \\ a_2 & b_2 \end{pmatrix}$ とおくと，$S = |\det A| = |a_1b_2 - a_2b_1|$ で与えられることを示せ．

3.2　置換

n 次正方行列の行列式を定義するために必要となる置換の概念を導入する．

5 個の文字 $1, 2, 3, 4, 5$ のそれぞれを順に $3, 5, 1, 2, 4$ に置き換える操作を

$$\begin{pmatrix} 1 & 2 & 3 & 4 & 5 \\ 3 & 5 & 1 & 2 & 4 \end{pmatrix}$$

のように表すことにする．すなわち，この表は上段の 1 を 3 に，2 を 5 に，$\cdots$，5 を 4 に と置き換えることを表している．これを上段の 1 に 3 を対応させ，2

に 5 を対応させ, $\cdots$, 5 に 4 を対応させる「対応」と考えることもできる.

一般に, n 個の文字からなる集合 $\{1, 2, \cdots, n\}$ から $\{1, 2, \cdots, n\}$ への重複することのない対応を n 文字の**置換**といい, 置換を $\sigma, \tau, \cdots$ などで表す.

置換 σ によって, $1, 2, \cdots, n$ が対応する数を, それぞれ

$$\sigma(1), \sigma(2), \cdots, \sigma(n)$$

と関数記号と同じ表し方をする. 置換は次のように表にして表される.

$$\sigma = \begin{pmatrix} 1 & 2 & \cdots & n \\ \sigma(1) & \sigma(2) & \cdots & \sigma(n) \end{pmatrix}$$

n 文字の置換は $n!$ 個あり, この置換全体のなす集合を S_n で表す.

例 3.2.1 2 文字の置換は次の 2 つである.

$$\sigma_1 = \begin{pmatrix} 1 & 2 \\ 1 & 2 \end{pmatrix}, \quad \sigma_2 = \begin{pmatrix} 1 & 2 \\ 2 & 1 \end{pmatrix}$$

3 文字の置換は次の 6 個である.

$$\sigma_1 = \begin{pmatrix} 1 & 2 & 3 \\ 1 & 2 & 3 \end{pmatrix}, \ \sigma_2 = \begin{pmatrix} 1 & 2 & 3 \\ 3 & 1 & 2 \end{pmatrix}, \ \sigma_3 = \begin{pmatrix} 1 & 2 & 3 \\ 2 & 3 & 1 \end{pmatrix}$$

$$\sigma_4 = \begin{pmatrix} 1 & 2 & 3 \\ 2 & 1 & 3 \end{pmatrix}, \ \sigma_5 = \begin{pmatrix} 1 & 2 & 3 \\ 1 & 3 & 2 \end{pmatrix}, \ \sigma_6 = \begin{pmatrix} 1 & 2 & 3 \\ 3 & 2 & 1 \end{pmatrix}$$

どの文字も動かさない置換

$$\boldsymbol{e}(i) = i \quad (i = 1, \cdots, n)$$

を**恒等置換**といい, $\boldsymbol{e}$ と表すことにする.

また $1 \leqq i < j \leqq n$ について

$$\begin{cases} \tau_{ij}(i) = j \\ \tau_{ij}(j) = i \\ \tau_{ij}(k) = k \quad (k \text{ が } i, j \text{ 以外のとき}) \end{cases}$$

で定義される置換 τ_{ij} を**互換**という. これは i と j を入れ替える操作である.

n 文字 の置換 σ, τ に対して, σ と τ の**合成** (積ともいう) $\tau\sigma$ を

$$(\tau\sigma)(t) = \tau(\sigma(t)),\ (t = 1, 2, \cdots, n)$$

で定義する. これは置き換える操作を続けて行うことを意味する.

たとえば, $\sigma = \begin{pmatrix} 1 & 2 & 3 \\ 2 & 1 & 3 \end{pmatrix}$ と $\tau = \begin{pmatrix} 1 & 2 & 3 \\ 3 & 1 & 2 \end{pmatrix}$ の合成 $\tau\sigma$ は

$$\tau\sigma = \begin{pmatrix} 1 & 2 & 3 \\ \tau(\sigma(1)) & \tau(\sigma(2)) & \tau(\sigma(3)) \end{pmatrix} = \begin{pmatrix} 1 & 2 & 3 \\ \tau(2) & \tau(1) & \tau(3) \end{pmatrix}$$
$$= \begin{pmatrix} 1 & 2 & 3 \\ 1 & 3 & 2 \end{pmatrix}$$

である.

定理 3.1

(1) n 文字の置換 σ は $\boldsymbol{e}$ にいくつかの互換を繰り返し合成することによって得られる.

(2) n 文字の置換 σ の合成に使われる互換の総数を s とするとき, s が偶数であるか奇数であるかは, 合成のとり方にはよらず一定である.

定理3.1によって

$$\operatorname{sgn}(\sigma) = (-1)^s = \begin{cases} -1 & (s \text{ が奇数のとき}) \\ +1 & (s \text{ が偶数のとき}) \end{cases}$$

は σ によって定まり, これを置換 σ の**符号**という.

証明 ここでは前半 (1) のみを帰納法によって証明する. $n = 2$ のときは置換は $\boldsymbol{e}$ と τ_{12} のみであることからわかる.

$n-1$ 文字の置換は $\boldsymbol{e}$ に $n-2$ 個以下の互換を合成して得られると仮定する. σ を n 文字の置換とするとき, $\sigma(n) = n$ ならば σ は $1, 2, \cdots, n-1$ の $n-1$ 文字の置換とみなされる. $\sigma(n) \neq n$ ならば, $\sigma(n)$ と n を入れ替える互換 $\tau_{\sigma(n)n}\sigma$ によって, $\tau_{\sigma(n)n}(\sigma(n)) = n$ となり, これは $1, 2, \cdots, n-1$ の $n-1$ 文字の置換となっている. 帰納法の仮定から $\tau_{\sigma(n)n}\sigma$ を $n-2$ 個以下の互換の

合成で表せるので $\sigma = \tau_{\sigma(n)n}\tau_{\sigma(n)n}\sigma$ は $n-1$ 個以下の互換の合成で表されることになる．(2) の証明はあとの「あみだくじ」の話の命題 3.2 による． □

例 3.2.2 証明に示した方法で次の置換を互換の合成で表してみよう．

$$\sigma = \begin{pmatrix} 1 & 2 & 3 & 4 & 5 \\ 3 & 5 & 1 & 2 & 4 \end{pmatrix}$$

の最後の文字 4 を 5 にもどす互換 τ_{45} を σ に合成する操作を

	3	5	1	2	4
τ_{45}	3	4	1	2	5

と表す．以下 4, 3, 2 の順に戻す操作を行う．これを次のように表せば，

	3	5	1	2	4
τ_{45}	3	4	1	2	5
τ_{24}	3	2	1	4	5
τ_{13}	1	2	3	4	5

と小さい順に並べなおすことができる．これを逆にたどって

$$\sigma = \tau_{45}\tau_{24}\tau_{13}$$

であることがわかる．σ は 3 個の互換の合成で表されたので，$\mathrm{sgn}\,(\sigma) = (-1)^3 = -1$ が求められる．この計算法で符号のみを求めたいときは，回数 s のみがわればよいので，互換を記述しておく必要はない．

これらの互換の合成を逆順に $\tau_{13}\tau_{24}\tau_{45}$ とすればこの置換は σ を戻す置換となっている．

一般に置換 σ について，もとに戻す置換すなわち

$$\tau\sigma = \boldsymbol{e}$$

となる置換 τ を σ の**逆置換**といい σ^{-1} と書く．σ をある互換の合成で表したとき，これを逆順序で合成すれば逆置換ができるので

$$\mathrm{sgn}\,(\sigma^{-1}) = \mathrm{sgn}\,\sigma$$

となる．また 2 つの置換 $\sigma,\ \tau$ の合成に関して

$$\operatorname{sgn}(\sigma\tau) = \operatorname{sgn}\sigma \operatorname{sgn}\tau$$

となることも, それぞれ互換の合成に置き換えてみればわかる.

あみだくじと定理 3.1(2) の証明 † (定理 3.1(2) を認めれば, この部分は省略してもよい.)

次のように縦に何本か平行線を引き, さらに平行線のあいだに横線 (橋という) を何本か書き込んだもの (あみだくじという) を用意する. ただし, 橋同志は交点 (横一線に並ぶ場合) をもたないとする. 上端の左から i 番目から下にたどり, 橋に出会ったら必ずわたりまた縦線を下にたどる. 橋に出会うたびに必ずわたることを繰り返し左から j 番目の下端にたどりつけたとする. j は i によって決まるので $j=\sigma(i)$ とおくと σ はあみだくじによって定まる置換となる. 1つの橋が隣り合う縦線を通る道筋を交換する互換になっていることに気づけば, 置換 σ は上から順に配置されている橋に対応する互換の合成になることがわかる.

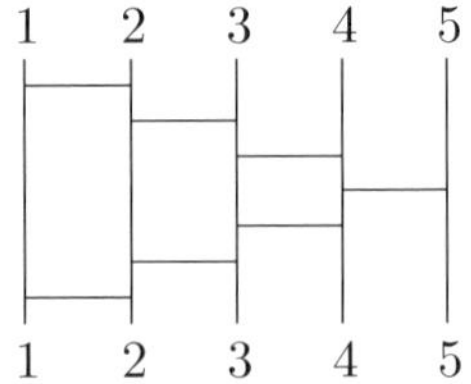

図 3.2　互換 τ_{15} を定めるあみだくじ

命題 3.2

(1) 互換 τ_{ij} はある奇数本の橋をもったあみだくじの定める置換となっている.

(2) ある置換 σ を偶数個の互換の合成, および奇数個の互換の合成で書けたと仮定する. これを用いて奇数本の橋をもつあみだくじで, これの定める置換が恒等置換 $\boldsymbol{e}$ となるものができる.

(3) 恒等置換を定めるあみだくじが橋を1つ以上もっていれば適当な2本の橋を取り除いて恒等置換を定めるあみだくじができる.

(4) (3) によって (2) の仮定の部分の主張はありえない. すなわち定理 3.1(2) が証明される.

証明　(1) 橋は1つ違いの数との置換であるので, たとえば, 次のように $2(j-i)-1$ 本の橋に対応する互換の合成をつくればよい. (図 3.2)

$$\tau_{ij} = \tau_{i,i+1}\tau_{i+1,i+2}\cdots\tau_{j-2,j-1}\tau_{j-1,j}\tau_{j-2,j-1}\cdots\tau_{i+1,i+2}\tau_{i,i+1}$$

(2) σ を合成する奇数個の互換を逆順序に合成し偶数個の互換と合成すれば $\sigma^{-1}\sigma = \boldsymbol{e}$ 奇数個の互換の合成が恒等置換となる．1 つの互換はあみだくじの奇数本の橋に対応しているので, 互換をすべて奇数本の橋に置き換えたあみだくじをつくる．奇数の奇数個の和は奇数であることから, 奇数本の橋をもつあみだくじで恒等置換を定めることものができたことになる．

(3) 一番上にある橋を $\tau_{i,i+1}$ を定めるものとする．仮定から上端の i および $i+1$ からたどる道ははじめの橋で左右の位置が逆になるが, 最終的に i および $i+1$ に戻らなくてはならないのでもう一度左右が入れ替わる橋があるはずである．この橋とはじめの橋とを同時に取り除いても, i および $i+1$ のたどる道がこの間で入れ替わるだけで, 定める置換は変わらない．これで同じ恒等置換を定めるあみだくじで橋の数が 2 本少ないものができたことになる．(図 3.3)

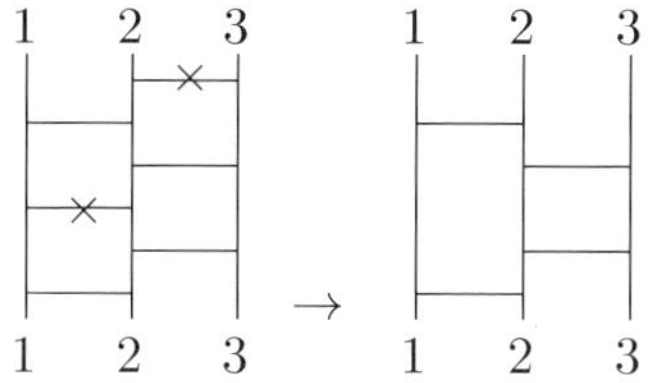

図 **3.3** 置換 $\boldsymbol{e}$ を変えずに 2 つの橋を除く．

(4) 奇数本の橋をもつあみだくじが恒等置換を定めていれば, 2 本ずつ取り除くことを繰り返せば, 1 本の橋をもつあみだくじが恒等置換を定めることになるが, これからは 2 本の橋を取り除けない． □

問 3.2.3 置換 $\sigma = \begin{pmatrix} 1 & 2 & 3 & 4 & 5 \\ 2 & 4 & 1 & 5 & 3 \end{pmatrix}, \tau = \begin{pmatrix} 1 & 2 & 3 & 4 & 5 \\ 3 & 1 & 2 & 5 & 4 \end{pmatrix}$ とする．

(1) 置換の合成 $\sigma\tau$, $\tau\sigma$ を求めよ．

(2) 逆置換 σ^{-1} を求めよ．

(3) σ を互換の合成で表せ．

問 3.2.4 次の置換について, その符号を求めよ．

(1) $\begin{pmatrix} 1 & 2 & 3 \\ 3 & 1 & 2 \end{pmatrix}$ (2) $\begin{pmatrix} 1 & 2 & 3 & 4 & 5 \\ 4 & 5 & 3 & 1 & 2 \end{pmatrix}$ (3) $\begin{pmatrix} 1 & 2 & 3 & \cdots & n \\ n & 1 & 2 & \cdots & n-1 \end{pmatrix}$

3.3　行列式の定義

$A = (a_{ij})$ を n 次の正方行列とするとき, その成分によって定まる値

$$\det A = \sum_{\sigma \in S_n} \mathrm{sgn}\,(\sigma) a_{1\sigma(1)} a_{2\sigma(2)} \cdots a_{n\sigma(n)}$$

を行列 A の**行列式**という. ここで, $\displaystyle\sum_{\sigma \in S_n}$ は n 文字 $1, 2, \cdots, n$ の置換すべてに関する総和を表す. したがって, $n!$ 個の和である.

ここで

$$\mathrm{sgn}\,(\sigma) a_{1\sigma(1)} a_{2\sigma(2)} \cdots a_{n\sigma(n)}$$

は, 置換 σ について, 行列 A の第1行の $\sigma(1)$ 番目の要素 $a_{1\sigma(1)}$, 第2行の $\sigma(2)$ 番目の要素 $a_{2\sigma(2)}$ の順に第 n 行の $\sigma(n)$ 番目の要素 $a_{n\sigma(n)}$ を取り出し, それらをすべて掛け合わせ, さらに置換 σ の符号 $\mathrm{sgn}\,(\sigma)$ を掛けたものである. これを n 文字の置換すべてについて求め, それらの総和をとったものが行列式 $\det A$ である.

行列 $A = (a_{ij})$ の行列式 $\det A$ を

$$|A|, \quad \begin{vmatrix} a_{11} & \cdots & a_{1n} \\ \vdots & \ddots & \vdots \\ a_{n1} & \cdots & a_{nn} \end{vmatrix}, \quad \det(a_{ij})$$

などで表すこともある. また, 行列の列ベクトル表示を用いて

$$\det(\boldsymbol{a}_1, \boldsymbol{a}_2, \cdots, \boldsymbol{a}_n)$$

と表したり, 行ベクトル表示を用いて,

$$\det \begin{pmatrix} \boldsymbol{a}_1{}' \\ \boldsymbol{a}_2{}' \\ \vdots \\ \boldsymbol{a}_n{}' \end{pmatrix}$$

と表すこともある.

行列式の定義にしたがって, 2次, 3次の正方行列の行列式を求める.

2 次正方行列 $A = \begin{pmatrix} a_{11} & a_{12} \\ a_{21} & a_{22} \end{pmatrix}$ の行列式を求める．2 文字の置換は

$$\sigma_1 = \begin{pmatrix} 1 & 2 \\ 1 & 2 \end{pmatrix}, \ \sigma_2 = \begin{pmatrix} 1 & 2 \\ 2 & 1 \end{pmatrix}$$

で, $\mathrm{sgn}\,(\sigma_1) = +1$, $\mathrm{sgn}\,(\sigma_2) = -1$ である．したがって, 行列式の定義により

$$\begin{aligned} |A| &= \mathrm{sgn}\,(\sigma_1) a_{1\sigma_1(1)} a_{2\sigma_1(2)} + \mathrm{sgn}\,(\sigma_2) a_{1\sigma_2(1)} a_{2\sigma_2(2)} \\ &= a_{11}a_{22} - a_{12}a_{21} \end{aligned}$$

である．これはこの章のはじめに導入した行列式 $\begin{vmatrix} a & b \\ c & d \end{vmatrix} = ad - bc$ と同じである．

3 次正方行列 $A = \begin{pmatrix} a_{11} & a_{12} & a_{13} \\ a_{21} & a_{22} & a_{23} \\ a_{31} & a_{32} & a_{33} \end{pmatrix}$ の行列式を求める．3 文字の置換は

$$\sigma_1 = \begin{pmatrix} 1 & 2 & 3 \\ 1 & 2 & 3 \end{pmatrix}, \ \sigma_2 = \begin{pmatrix} 1 & 2 & 3 \\ 3 & 1 & 2 \end{pmatrix}, \ \sigma_3 = \begin{pmatrix} 1 & 2 & 3 \\ 2 & 3 & 1 \end{pmatrix},$$

$$\sigma_4 = \begin{pmatrix} 1 & 2 & 3 \\ 2 & 1 & 3 \end{pmatrix}, \ \sigma_5 = \begin{pmatrix} 1 & 2 & 3 \\ 1 & 3 & 2 \end{pmatrix}, \ \sigma_6 = \begin{pmatrix} 1 & 2 & 3 \\ 3 & 2 & 1 \end{pmatrix}$$

で, $\sigma_1, \sigma_2, \sigma_3$ の符号は $+1$ であり, $\sigma_4, \sigma_5, \sigma_6$ の符号は -1 である．したがって, 行列式の定義により

$$|A| = \sum_{i=1}^{6} \mathrm{sgn}\,(\sigma_i) a_{1\sigma_i(1)} a_{2\sigma_i(2)} a_{3\sigma_i(3)}$$

$$= a_{11}a_{22}a_{33} + a_{13}a_{21}a_{32} + a_{12}a_{23}a_{31} - a_{12}a_{21}a_{33} - a_{11}a_{23}a_{32} - a_{13}a_{22}a_{31}$$

である．この行列式は図 3.4 のような規則となっている．すなわち, 左上から右下へ向う斜線上の成分の積に符合 $+$ を付け, 右上から左下へ向う斜線上の成分の積に符合 $-$ を付け, これらをすべて加えたものが 3 次行列式である．これを**サラスの方法**という．サラスの方法は 3 次の行列式のみに使える．

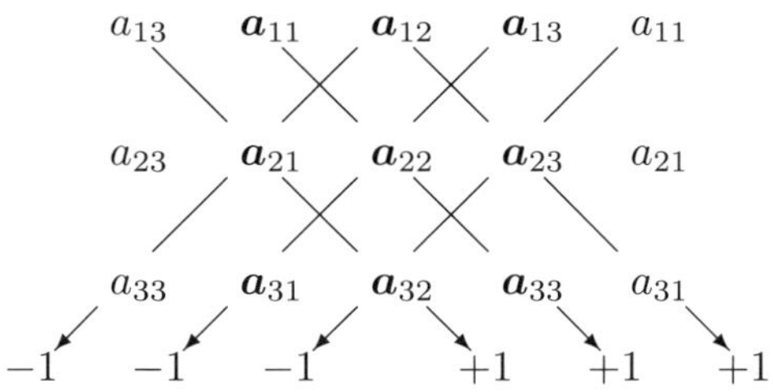

図 3.4 サラスの方法

行列式の定義にしたがうと, 4 次の行列式については, 4 文字の置換は $4! = 24$ 通りあるので, その行列式は 4 個の文字の積に符号を付けてできる値の 24 個の和になる. 4 次以上の行列式については, サラスの方法のような簡単な計算規則にはなっていない.

例題 3.3.1 サラスの方法により, 行列式の値を求めよ.

$$\begin{vmatrix} 1 & 2 & 3 \\ 3 & 2 & 1 \\ 1 & -1 & 1 \end{vmatrix} = 1 \times 2 \times 1 + 2 \times 1 \times 1 + 3 \times 3 \times (-1) \\ -\{3 \times 2 \times 1 + 1 \times 1 \times (-1) + 2 \times 3 \times 1\}$$

$$= -16$$

問 3.3.2 次の行列式の値を求めよ.

(1) $\begin{vmatrix} 1 & 0 & 0 \\ 2 & 3 & 4 \\ 1 & 2 & 3 \end{vmatrix}$ (2) $\begin{vmatrix} 1 & 4 & 7 \\ 2 & 5 & 8 \\ 3 & 6 & 9 \end{vmatrix}$ (3) $\begin{vmatrix} -1 & 2 & 1 \\ 3 & 1 & -2 \\ 1 & 5 & 2 \end{vmatrix}$

(4) $\begin{vmatrix} 5 & 2 & 5 \\ 1 & 3 & 1 \\ 4 & 1 & 4 \end{vmatrix}$ (5) $\begin{vmatrix} 1 & a & -1 \\ 2 & a & 0 \\ 3 & a & 1 \end{vmatrix}$

次の公式は行列式の計算の基本となるものである.

命題 3.3 行列式に関して, 次のことが成り立つ.

(1) $$\begin{vmatrix} a_{11} & 0 & \cdots & 0 \\ a_{21} & a_{22} & \cdots & a_{2n} \\ \vdots & \vdots & \ddots & \vdots \\ a_{n1} & a_{n2} & \cdots & a_{nn} \end{vmatrix} = a_{11} \begin{vmatrix} a_{22} & \cdots & a_{2n} \\ \vdots & \ddots & \vdots \\ a_{n2} & \cdots & a_{nn} \end{vmatrix}$$

(2) $$\begin{vmatrix} a_{11} & 0 & \cdots & 0 \\ a_{21} & a_{22} & \ddots & \vdots \\ \vdots & \vdots & \ddots & 0 \\ a_{n1} & a_{n2} & \cdots & a_{nn} \end{vmatrix} = a_{11}a_{22}\cdots a_{nn}$$

特に単位行列 E_n について, $|E_n| = 1$ である.

(3) 正方行列 A の 1 つの行の成分がすべて 0 ならば, $|A| = 0$ である.

証明 (1) 左辺の行列式を $|A|$ とおくと, 行列式の定義により,

$$|A| = \sum_{\sigma \in S_n} \mathrm{sgn}\,(\sigma) a_{1\sigma(1)} a_{2\sigma(2)} \cdots a_{n\sigma(n)}$$

である. ここで, $\sigma(1) \neq 1$ ならば $a_{1\sigma(1)} = 0$ であるから,

$$|A| = \sum_{\substack{\sigma \in S_n \\ \sigma(1)=1}} \mathrm{sgn}\,(\sigma) a_{1\sigma(1)} a_{2\sigma(2)} \cdots a_{n\sigma(n)}$$

${S_{n-1}}'$ を $n-1$ 文字 $\{2, 3, \cdots, n\}$ の置換全体の集合とする. $\sigma(1) = 1$ をみたす n 文字の置換 σ に対して

$$\tau = \begin{pmatrix} 2 & 3 & \cdots & n \\ \sigma(2) & \sigma(3) & \cdots & \sigma(n) \end{pmatrix}$$

とおくと, $\tau \in {S_{n-1}}'$ であり, $\mathrm{sgn}\,(\tau) = \mathrm{sgn}\,(\sigma)$ であるから,

$$|A| = a_{11} \sum_{\tau \in {S_{n-1}}'} \mathrm{sgn}\,(\tau) a_{2\tau(2)} \cdots a_{n\tau(n)} = a_{11} \begin{vmatrix} a_{22} & \cdots & a_{2n} \\ \vdots & & \vdots \\ a_{n2} & \cdots & a_{nn} \end{vmatrix}$$

(2) (1) の操作を繰り返し適用することにより得られる．

(3) $A = (a_{ij})$ の第 k 行のすべての成分 $a_{kj} = 0$ $(1 \leqq j \leqq n)$ とする．このとき，すべての置換 σ に対して $a_{k\sigma(k)} = 0$ であるから，

$$\mathrm{sgn}\,(\sigma) a_{1\sigma(1)} \cdots a_{k\sigma(k)} \cdots a_{n\sigma(n)} = 0$$

である．$|A|$ の各項が 0 であるから，$|A| = 0$ である． □

3.4 行列式の性質

行列式の値を定義にしたがって求めることは多くの計算を必要とし，手間がかかる．しかし，行列式の基本的な性質を使うことにより計算を簡略化することができる．以下，行列は n 次の正方行列とし，行列式の基本的な性質について調べる．

定理 3.4　転置行列の行列式はもとの行列の行列式に等しい．すなわち，正方行列 A に対して

$$|{}^tA| = |A|$$

が成り立つ．

証明　$A = (a_{ij})$ を n 次正方行列とすれば，${}^tA = (a_{ji})$ である．

$$|{}^tA| = \sum_{\sigma \in S_n} \mathrm{sgn}\,(\sigma) a_{\sigma(1)1} a_{\sigma(2)2} \cdots a_{\sigma(n)n}$$

ここで，$\sigma(i) = j$ とすると，$i = \sigma^{-1}(j)$ であるから，$a_{\sigma(i)i} = a_{j\sigma^{-1}(j)}$ である．

積の順序を入れ替えると

$$a_{\sigma(1)1} \cdots a_{\sigma(n)n} = a_{1\sigma^{-1}(1)} \cdots a_{n\sigma^{-1}(n)}$$

となる．$\mathrm{sgn}\,(\sigma^{-1}) = \mathrm{sgn}\,(\sigma)$ であり，σ がすべての置換を動くとき，σ^{-1} もすべての置換を動くので次の結果が得られる．

$$\begin{aligned}
|{}^tA| &= \sum_{\sigma \in S_n} \mathrm{sgn}\,(\sigma^{-1}) a_{1\sigma^{-1}(1)} a_{2\sigma^{-1}(2)} \cdots a_{n\sigma^{-1}(n)} \\
&= \sum_{\sigma \in S_n} \mathrm{sgn}\,(\sigma) a_{1\sigma(1)} a_{2\sigma(2)} \cdots a_{n\sigma(n)} \\
&= |A|
\end{aligned}$$

□

命題 3.3 と定理 3.4 により, 次が得られる.

系 3.5

(1) $$\begin{vmatrix} a_{11} & a_{12} & \cdots & a_{1n} \\ 0 & a_{22} & \cdots & a_{2n} \\ \vdots & \vdots & \ddots & \vdots \\ 0 & a_{n2} & \cdots & a_{nn} \end{vmatrix} = a_{11} \begin{vmatrix} a_{22} & \cdots & a_{2n} \\ \vdots & \ddots & \vdots \\ a_{n2} & \cdots & a_{nn} \end{vmatrix}$$

(2) $$\begin{vmatrix} a_{11} & a_{12} & \cdots & a_{1n} \\ 0 & \ddots & \ddots & \vdots \\ \vdots & \ddots & \ddots & a_{n-1,n} \\ 0 & \cdots & 0 & a_{nn} \end{vmatrix} = a_{11} \cdots a_{nn}$$

(3) n 次正方行列 A の 1 つの列ベクトルが 0 ならば, $|A| = 0$ である.

証明 (1) 左辺の行列式を $|A|$ とおくと, 定理 3.4 と命題 3.3 によって

$$|A| = |{}^tA| = \begin{vmatrix} a_{11} & 0 & \cdots & 0 \\ a_{12} & a_{22} & \cdots & a_{n2} \\ \vdots & \vdots & \ddots & \vdots \\ a_{1n} & a_{2n} & \cdots & a_{nn} \end{vmatrix} = a_{11} \begin{vmatrix} a_{22} & \cdots & a_{n2} \\ \vdots & \ddots & \vdots \\ a_{2n} & \cdots & a_{nn} \end{vmatrix}$$

$$= a_{11} \begin{vmatrix} a_{22} & \cdots & a_{2n} \\ \vdots & \ddots & \vdots \\ a_{n2} & \cdots & a_{nn} \end{vmatrix}$$

となる.

(2) 左辺の行列式を $|A|$ とおく. 命題 3.3(2) から,

$$|A| = |{}^tA| = \begin{vmatrix} a_{11} & 0 & \cdots & 0 \\ a_{12} & \ddots & \ddots & \vdots \\ \vdots & \ddots & \ddots & 0 \\ a_{1n} & \cdots & a_{n-1,n} & a_{nn} \end{vmatrix} = a_{11}a_{22} \cdots a_{nn}$$

となる.

(3) A の第 j 列の成分がすべて 0 とすると, ${}^tA$ の第 j 行の成分がすべて 0 である. したがって, 命題 3.3(3) により

$$|A| = |{}^tA| = 0$$

である. □

定理 3.4 により, 行列式の行に関する性質は列に関する性質に置き換えることができる. したがって, 行に関する性質のみを証明すれば, 対応する列に関する性質も証明されたことになる.

定理 3.6 (行に関する多重線形性)

(1) 各 i $(1 \leqq i \leqq n)$ 行について

$$\begin{vmatrix} a_{11} & \cdots & a_{1n} \\ \vdots & & \vdots \\ a_{i1}+b_{i1} & \cdots & a_{in}+b_{in} \\ \vdots & & \vdots \\ a_{n1} & \cdots & a_{nn} \end{vmatrix} = \begin{vmatrix} a_{11} & \cdots & a_{1n} \\ \vdots & & \vdots \\ a_{i1} & \cdots & a_{in} \\ \vdots & & \vdots \\ a_{n1} & \cdots & a_{nn} \end{vmatrix} + \begin{vmatrix} a_{11} & \cdots & a_{1n} \\ \vdots & & \vdots \\ b_{i1} & \cdots & b_{in} \\ \vdots & & \vdots \\ a_{n1} & \cdots & a_{nn} \end{vmatrix}$$

(2) 1つの行を λ 倍した行列式はもとの行列式の λ 倍に等しい. すなわち, 各 i $(1 \leqq i \leqq n)$ 行について

$$\begin{vmatrix} a_{11} & \cdots & a_{1n} \\ \vdots & & \vdots \\ \lambda a_{i1} & \cdots & \lambda a_{in} \\ \vdots & & \vdots \\ a_{n1} & \cdots & a_{nn} \end{vmatrix} = \lambda \begin{vmatrix} a_{11} & \cdots & a_{1n} \\ \vdots & & \vdots \\ a_{i1} & \cdots & a_{in} \\ \vdots & & \vdots \\ a_{n1} & \cdots & a_{nn} \end{vmatrix}$$

が成り立つ.

証明　(1)

$$\begin{aligned} \text{左辺} &= \sum_{\sigma \in S_n} \operatorname{sgn}(\sigma) a_{1\sigma(1)} \cdots (a_{i\sigma(i)} + b_{i\sigma(i)}) \cdots a_{n\sigma(n)} \\ &= \sum_{\sigma \in S_n} \operatorname{sgn}(\sigma) a_{1\sigma(1)} \cdots a_{i\sigma(i)} \cdots a_{n\sigma(n)} \\ &\quad + \sum_{\sigma \in S_n} \operatorname{sgn}(\sigma) a_{1\sigma(1)} \cdots b_{i\sigma(i)} \cdots a_{n\sigma(n)} = \text{右辺} \end{aligned}$$

(2)
$$\text{左辺} = \sum_{\sigma\in S_n} \operatorname{sgn}(\sigma) a_{1\sigma(1)}\cdots(\lambda a_{i\sigma(i)})\cdots a_{n\sigma(n)}$$
$$= \lambda\sum_{\sigma\in S_n} \operatorname{sgn}(\sigma) a_{1\sigma(1)}\cdots a_{i\sigma(i)}\cdots a_{n\sigma(n)} = \text{右辺}$$
□

定理 3.7 (列に関する多重線形性)

(1) 各 j $(1 \leqq j \leqq n)$ 列について
$$\det(\boldsymbol{a}_1, \boldsymbol{a}_2, \cdots, \boldsymbol{a}_j + \boldsymbol{b}_j, \cdots, \boldsymbol{a}_n)$$
$$= \det(\boldsymbol{a}_1, \boldsymbol{a}_2, \cdots, \boldsymbol{a}_j, \cdots, \boldsymbol{a}_n) + \det(\boldsymbol{a}_1, \boldsymbol{a}_2, \cdots, \boldsymbol{b}_j, \cdots, \boldsymbol{a}_n)$$
が成り立つ.

(2) 1つの列を λ 倍した行列式はもとの行列式の λ 倍に等しい. すなわち, 各 j $(1 \leqq j \leqq n)$ について
$$\det(\boldsymbol{a}_1, \boldsymbol{a}_2, \cdots, \lambda\boldsymbol{a}_j, \cdots, \boldsymbol{a}_n) = \lambda\det(\boldsymbol{a}_1, \boldsymbol{a}_2, \cdots, \boldsymbol{a}_j, \cdots, \boldsymbol{a}_n)$$
が成り立つ.

例 3.4.1

(1) 行に関する多重線形性により, 次が成り立つ.
$$\begin{vmatrix} 2 & 3 & 1 \\ 1+a & 1+2a & 1+3a \\ 4 & 5 & 6 \end{vmatrix} = \begin{vmatrix} 2 & 3 & 1 \\ 1 & 1 & 1 \\ 4 & 5 & 6 \end{vmatrix} + a\begin{vmatrix} 2 & 3 & 1 \\ 1 & 2 & 3 \\ 4 & 5 & 6 \end{vmatrix}$$

(2) 列に関する多重線形性により, 次が成り立つ.
$$\begin{vmatrix} 2 & 3+2x & 1 \\ 1 & 1+2y & 1 \\ 4 & 5+2 & 6 \end{vmatrix} = \begin{vmatrix} 2 & 3 & 1 \\ 1 & 1 & 1 \\ 4 & 5 & 6 \end{vmatrix} + 2\begin{vmatrix} 2 & x & 1 \\ 1 & y & 1 \\ 4 & 1 & 6 \end{vmatrix}$$

定理 3.8 (行に関する交代性)

(1) 2つの行を入れ替えた行列式は, もとの行列式の -1 倍になる. すなわち, $i < j$ に対して, 第 i 行と第 j 行を入れ替えると

$$\begin{vmatrix} a_{11} & \cdots & a_{1n} \\ & \cdots & \\ a_{j1} & \cdots & a_{jn} \\ & \cdots & \\ a_{i1} & \cdots & a_{in} \\ & \cdots & \\ a_{n1} & \cdots & a_{nn} \end{vmatrix} \begin{matrix} \\ \\ i \\ \\ j \\ \\ \\ \end{matrix} = - \begin{vmatrix} a_{11} & \cdots & a_{1n} \\ & \cdots & \\ a_{i1} & \cdots & a_{in} \\ & \cdots & \\ a_{j1} & \cdots & a_{jn} \\ & \cdots & \\ a_{n1} & \cdots & a_{nn} \end{vmatrix}$$

が成り立つ.

(2) 行を置換 σ で入れ替えた行列式はもとの行列式の $\mathrm{sgn}(\sigma)$ 倍に等しい. すなわち,

$$\begin{vmatrix} a_{\sigma(1)1} & \cdots & a_{\sigma(1)n} \\ a_{\sigma(2)1} & \cdots & a_{\sigma(2)n} \\ \vdots & \ddots & \vdots \\ a_{\sigma(n)1} & \cdots & a_{\sigma(n)n} \end{vmatrix} = \mathrm{sgn}(\sigma) \begin{vmatrix} a_{11} & \cdots & a_{1n} \\ a_{21} & \cdots & a_{2n} \\ \vdots & \ddots & \vdots \\ a_{n1} & \cdots & a_{nn} \end{vmatrix}$$

が成り立つ.

証明　(1) $\sigma' = \sigma\tau_{ij}$ とすると, $\mathrm{sgn}(\sigma') = -\mathrm{sgn}(\sigma)$ であることに注意すれば,

$$\begin{aligned} \text{左辺} &= \sum_{\sigma \in S_n} \mathrm{sgn}(\sigma) a_{1\sigma(1)} \cdots a_{j\sigma(i)} \cdots a_{i\sigma(j)} \cdots a_{n\sigma(n)} \\ &= \sum_{\sigma \in S_n} -\mathrm{sgn}(\sigma') a_{1\sigma'(1)} \cdots a_{n\sigma'(n)} \\ &= -\sum_{\sigma \in S_n} \mathrm{sgn}(\sigma) a_{1\sigma(1)} \cdots a_{n\sigma(n)} = \text{右辺} \end{aligned}$$

(2) σ を s 個の互換の合成とするとき 2 つの行ベクトルを入れ替えるたびに行列式は -1 倍となるので, σ で置換すれば行列式は $(-1)^s = \mathrm{sgn}(\sigma)$ 倍になる. □

定理 3.9　(列に関する交代性)

(1) 2 つの列を入れ替えた行列式はもとの行列式の -1 倍になる. すなわち,

$i<j$ に対して, 第 i 列と第 j 列を入れ替えると

$$\det(\boldsymbol{a}_1,\cdots,\boldsymbol{a}_j,\cdots,\boldsymbol{a}_i,\cdots,\boldsymbol{a}_n)=-\det(\boldsymbol{a}_1,\cdots,\boldsymbol{a}_i,\cdots,\boldsymbol{a}_j,\cdots,\boldsymbol{a}_n)$$

(2) 列を置換 σ で入れ替えた行列式はもとの行列式の $\mathrm{sgn}(\sigma)$ 倍に等しい. すなわち,

$$\det(\boldsymbol{a}_{\sigma(1)},\boldsymbol{a}_{\sigma(2)},\cdots,\boldsymbol{a}_{\sigma(n)})=\mathrm{sgn}(\sigma)\det(\boldsymbol{a}_1,\boldsymbol{a}_2,\cdots,\boldsymbol{a}_n)$$

が成り立つ.

例 3.4.2

(1) 次の行列式の計算では, 第 1 列と第 2 列を入れ替え, 系 3.5(1) を用いている.

$$\begin{vmatrix} 1 & 5 & 2 \\ 2 & 0 & 1 \\ 3 & 0 & -1 \end{vmatrix} = -\begin{vmatrix} 5 & 1 & 2 \\ 0 & 2 & 1 \\ 0 & 3 & -1 \end{vmatrix} = -5\begin{vmatrix} 2 & 1 \\ 3 & -1 \end{vmatrix} = 25$$

(2) 次の行列式の計算では, 第 3 行を順次第 2 行, 第 1 行と入れ替えて, 命題 3.3(1) を用いている.

$$\begin{vmatrix} 1 & -1 & 1 \\ 1 & 1 & 1 \\ 3 & 0 & 0 \end{vmatrix} = \begin{vmatrix} 3 & 0 & 0 \\ 1 & -1 & 1 \\ 1 & 1 & 1 \end{vmatrix} = 3\begin{vmatrix} -1 & 1 \\ 1 & 1 \end{vmatrix} = -6$$

系 3.10

(1) 正方行列 A の 2 つの行が等しいとき, $|A|=0$ である.

(2) 正方行列 A の 2 つの列が等しいとき, $|A|=0$ である.

証明　(1) を示す. A の i 行と j 行を入れ替えた行列 A の行列式 $|A|$ はもとの行列式 $|A|$ の -1 倍となるので $|A|=-|A|$ である. したがって, $|A|=0$ となる. □

系 3.11

(1) 1つの行に他の行の定数倍を加えても行列式の値は変わらない．たとえば, $i<j$ とし, 第 i 行に第 j 行の λ 倍を加えると

$$\begin{vmatrix} a_{11} & \cdots & a_{1n} \\ & \cdots & \\ a_{i1}+\lambda a_{j1} & \cdots & a_{in}+\lambda a_{jn} \\ & \cdots & \\ a_{j1} & \cdots & a_{jn} \\ & \cdots & \\ a_{n1} & \cdots & a_{nn} \end{vmatrix} \begin{matrix} \\ \\ i \\ \\ j \\ \\ \\ \end{matrix} = \begin{vmatrix} a_{11} & \cdots & a_{1n} \\ & \cdots & \\ a_{i1} & \cdots & a_{in} \\ & \cdots & \\ a_{j1} & \cdots & a_{jn} \\ & \cdots & \\ a_{n1} & \cdots & a_{nn} \end{vmatrix}$$

が成り立つ．

(2) 1つの列に他の列の定数倍を加えても行列式の値は変わらない．たとえば, $i<j$ とし, 第 i 列に第 j 列の λ 倍を加えると

$$\det(\boldsymbol{a}_1, \cdots, \boldsymbol{a}_i+\lambda\boldsymbol{a}_j, \cdots, \boldsymbol{a}_j, \cdots, \boldsymbol{a}_n)$$
$$= \det(\boldsymbol{a}_1, \cdots, \boldsymbol{a}_i, \cdots, \boldsymbol{a}_j, \cdots, \boldsymbol{a}_n)$$

が成り立つ．

証明　(1) を示す．i 行と j 行が等しい行列の行列式は 0 であるから,

$$\text{左辺} = \begin{vmatrix} a_{11} & \cdots & a_{1n} \\ & \cdots & \\ a_{i1} & \cdots & a_{in} \\ & \cdots & \\ a_{j1} & \cdots & a_{jn} \\ & \cdots & \\ a_{n1} & \cdots & a_{nn} \end{vmatrix} \begin{matrix} \\ \\ i \\ \\ j \\ \\ \\ \end{matrix} + \lambda \begin{vmatrix} a_{11} & \cdots & a_{1n} \\ & \cdots & \\ a_{j1} & \cdots & a_{jn} \\ & \cdots & \\ a_{j1} & \cdots & a_{jn} \\ & \cdots & \\ a_{n1} & \cdots & a_{nn} \end{vmatrix} \begin{matrix} \\ \\ i \\ \\ j \\ \\ \\ \end{matrix} = \begin{vmatrix} a_{11} & \cdots & a_{1n} \\ & \cdots & \\ a_{i1} & \cdots & a_{in} \\ & \cdots & \\ a_{j1} & \cdots & a_{jn} \\ & \cdots & \\ a_{n1} & \cdots & a_{nn} \end{vmatrix}$$

となる．　□

基本変形による行列式の計算法 第 2 章で, 正方行列は基本変形により階段行列に変形できることを示した. 行列式も同様な基本変形によって, より効率よく計算することができる.

命題 3.12 3 種の基本変形と行列式の値の関係は次のようになる.

(1) 行列式の行 (列) を λ 倍した行列の行列式は, もとの行列の行列式を λ 倍した値となる. (定理 3.6(2), 定理 3.7(2))

(2) 2 つの行 (列) を入れ替えた行列の行列式は, もとの行列式の符号を変えたものになる. (定理 3.8(1), 定理 3.9(1))

(3) 1 つの行 (列) の λ 倍を他の行 (列) に加える操作は, 行列式の値を変えない. (系 3.11)

この性質を用いて与えられた正方行列 A の行列式の計算をする手順を示す.

(1) A の第 1 列ベクトル $\boldsymbol{a}_1$ に注目する. $\boldsymbol{a}_1 = \boldsymbol{0}$ のときは $|A| = 0$ である.

(2) $\boldsymbol{a}_1 \neq \boldsymbol{0}$ のとき, 必要なら行ベクトルの交換により第 1 成分が $a_{11} \neq 0$ となるように行ベクトルを交換する. (定理 3.8 より, 行を交換するごとに行列式は -1 倍となることに注意する)

(3) 次に $a_{21} = \cdots = a_{n1} = 0$ の形になるように第 1 行ベクトルを $\dfrac{a_{21}}{a_{11}}, \cdots, \dfrac{a_{n1}}{a_{11}}$ 倍してそれぞれ 2 行, $\cdots$, n 行 から引く (定理 3.11 より, 行列式の値は変わらない).

(4) これで系 3.5 の形の行列式になるので, 低い次数の行列式の計算に帰着できる. 次数が 2 まで下がるまで, (1) からの手順を繰り返す.

はじめに計算しやすい列を第 1 列と交換しておくなど工夫をすると計算が楽になることがある.

例題 3.4.3 次の行列式を計算せよ.

$$|A| = \begin{vmatrix} 1 & 1 & -2 & 4 \\ 0 & 1 & 1 & 3 \\ 2 & -1 & 1 & 0 \\ 3 & 1 & 2 & 5 \end{vmatrix}, \quad |B| = \begin{vmatrix} 2 & -1 & 0 & 1 \\ 3 & 1 & 2 & -2 \\ -2 & 1 & 0 & 1 \\ 3 & -1 & 0 & 3 \end{vmatrix}$$

解答例

$$|A| = \begin{vmatrix} 1 & 1 & -2 & 4 \\ 0 & 1 & 1 & 3 \\ 2 & -1 & 1 & 0 \\ 3 & 1 & 2 & 5 \end{vmatrix}$$ 第1行の (-2) 倍, (-3) 倍を第3行, 第4行に加える

$$= \begin{vmatrix} 1 & 1 & -2 & 4 \\ 0 & 1 & 1 & 3 \\ 0 & -3 & 5 & -8 \\ 0 & -2 & 8 & -7 \end{vmatrix} = \begin{vmatrix} 1 & 1 & 3 \\ -3 & 5 & -8 \\ -2 & 8 & -7 \end{vmatrix}$$ 第1行の3倍, 2倍を第2行, 第3行に加える

$$= \begin{vmatrix} 1 & 1 & 3 \\ 0 & 8 & 1 \\ 0 & 10 & -1 \end{vmatrix} = \begin{vmatrix} 8 & 1 \\ 10 & -1 \end{vmatrix} = -18.$$

$$|B| = \begin{vmatrix} 2 & -1 & 0 & 1 \\ 3 & 1 & 2 & -2 \\ -2 & 1 & 0 & 1 \\ 3 & -1 & 0 & 3 \end{vmatrix}$$ 第3列と第1列と交換

$$= (-1)\begin{vmatrix} 0 & -1 & 2 & 1 \\ 2 & 1 & 3 & -2 \\ 0 & 1 & -2 & 1 \\ 0 & -1 & 3 & 3 \end{vmatrix}$$ 第1行と第2行と交換

$$= \begin{vmatrix} 2 & 1 & 3 & -2 \\ 0 & -1 & 2 & 1 \\ 0 & 1 & -2 & 1 \\ 0 & -1 & 3 & 3 \end{vmatrix} = 2\begin{vmatrix} -1 & 2 & 1 \\ 1 & -2 & 1 \\ -1 & 3 & 3 \end{vmatrix} = 2\begin{vmatrix} -1 & 2 & 1 \\ 0 & 0 & 2 \\ 0 & 1 & 2 \end{vmatrix}$$

$$= -2\begin{vmatrix} 0 & 2 \\ 1 & 2 \end{vmatrix} = 4.$$

問 3.4.4 正方行列 $A = (\boldsymbol{a}_1, \boldsymbol{a}_2, \cdots, \boldsymbol{a}_n)$ について，$\boldsymbol{a}_i = \lambda_1 \boldsymbol{a}_k + \lambda_2 \boldsymbol{a}_j$ であるとき，$|A| = 0$ を示せ．ただし，$i \neq k, i \neq j$ とする．

問 3.4.5 次の行列式の値を求めよ．

$$(1)\begin{vmatrix} 0 & 1 & 2 & 3 \\ 3 & 0 & 1 & 2 \\ 2 & 3 & 0 & 1 \\ 1 & 2 & 3 & 0 \end{vmatrix} \qquad (2)\begin{vmatrix} 2 & 2 & 4 & 5 \\ -1 & 1 & 2 & 1 \\ 3 & -1 & 1 & 0 \\ 0 & 1 & 2 & 1 \end{vmatrix} \qquad (3)\begin{vmatrix} -1 & 2 & 0 & -1 \\ 2 & 1 & -1 & 0 \\ -2 & 0 & 5 & 1 \\ 0 & 2 & 4 & -3 \end{vmatrix}$$

問 3.4.6 次の行列式の値を求め，因数分解せよ．

$$(1)\begin{vmatrix} 1 & 1 & 1 \\ x & y & z \\ x^2 & y^2 & z^2 \end{vmatrix} \qquad (2)\begin{vmatrix} x & y & z \\ y & z & x \\ z & x & y \end{vmatrix} \qquad (3)\begin{vmatrix} x & a & -b \\ x^2 & -a^2 & b^2 \\ a+b & x-b & a-x \end{vmatrix}$$

$$(4)\begin{vmatrix} 1 & a & b & c \\ 1 & b & c & a \\ 1 & c & a & b \\ 1 & a+b & c & 0 \end{vmatrix} \qquad (5)\begin{vmatrix} a & a & a & a \\ x & b & b & b \\ x & y & c & c \\ x & y & z & d \end{vmatrix} \qquad (6)\begin{vmatrix} a & b & c & d \\ b & a & d & c \\ c & d & a & b \\ d & c & b & a \end{vmatrix}$$

行列の積の行列式については次が成り立つ．

定理 3.13 **(積の行列式)** A, B を n 次正方行列とするとき，

$$|AB| = |A||B|$$

が成り立つ．

証明 $A = (a_{ij}), B = (b_{ij})$ とすると，AB の第 $(i,\ j)$ 成分は $\displaystyle\sum_{k=1}^{n} a_{ik} b_{kj}$ であるから

$$\begin{aligned}
|AB| &= \sum_{\sigma \in S_n} \operatorname{sgn}(\sigma) \left(\sum_{k_1=1}^{n} a_{1k_1} b_{k_1\sigma(1)} \right) \cdots \left(\sum_{k_n=1}^{n} a_{nk_n} b_{k_n\sigma(n)} \right) \\
&= \sum_{\sigma \in S_n} \sum_{k_1=1}^{n} \cdots \sum_{k_n=1}^{n} \operatorname{sgn}(\sigma) a_{1k_1} \cdots a_{nk_n} b_{k_1\sigma(1)} \cdots b_{k_n\sigma(n)} \\
&= \sum_{k_1=1}^{n} \cdots \sum_{k_n=1}^{n} a_{1k_1} \cdots a_{nk_n} \left(\sum_{\sigma \in S_n} \operatorname{sgn}(\sigma) b_{k_1\sigma(1)} \cdots b_{k_n\sigma(n)} \right)
\end{aligned}$$

となる. ここで, $\sum_{\sigma\in S_n} \mathrm{sgn}\,(\sigma) b_{k_1\sigma(1)}\cdots b_{k_n\sigma(n)}$ は i 行に B の第 k_i 行ベクトルを並べてできた行列の行列式であるので, $k_1, k_2, \cdots, k_n$ の中に同じものがあれば

$$\sum_{\sigma\in S_n} \mathrm{sgn}\,(\sigma) b_{k_1\sigma(1)}\cdots b_{k_n\sigma(n)} = 0$$

となる. ゆえに, 上の和で $k_1, k_2, \cdots, k_n$ はすべて異なるような項のみの総和をとっても変わらない. したがって, $\tau(1) = k_1, \tau(2) = k_2, \cdots, \tau(n) = k_n$ が n 文字の置換となる場合の総和をとればよいことになる. このときは

$$\sum_{\sigma\in S_n} \mathrm{sgn}\,(\sigma) b_{\tau(1)\sigma(1)}\cdots b_{\tau(n)\sigma(n)} = \mathrm{sgn}\,(\tau)|B|$$

となる. すなわち

$$\begin{aligned} |AB| &= \sum_{\tau\in S_n} a_{1\tau(1)}\cdots a_{n\tau(n)}\Big(\sum_{\sigma\in S_n} \mathrm{sgn}\,(\sigma) b_{\tau(1)\sigma(1)}\cdots b_{\tau(n)\sigma(n)}\Big) \\ &= \sum_{\tau\in S_n} a_{1\tau(1)}\cdots a_{n\tau(n)}\mathrm{sgn}\,(\tau)|B| \\ &= \left(\sum_{\tau\in S_n} a_{1\tau(1)}\cdots a_{n\tau(n)}\mathrm{sgn}\,(\tau)\right)|B| = |A||B| \end{aligned}$$

となる. □

命題 3.14　A が 正則行列ならば $|A| \neq 0$ である.

証明　A を n 次正則行列とする. 正則行列の定義より, $AB = E_n$ をみたす n 次正方行列 B が存在する. 定理 3.13 により, $|A||B| = |AB| = |E_n| = 1$ であるから, $|A| \neq 0$ である. □

問 3.4.7　次の行列 A, B について, 行列式 $|A|, |B|, |AB|, |BA|$ を求めよ.

$$A = \begin{pmatrix} 2 & -1 & 4 \\ 1 & 2 & 0 \\ -1 & 3 & 1 \end{pmatrix},\quad B = \begin{pmatrix} 1 & 0 & 2 \\ 2 & -2 & 3 \\ 1 & 3 & 5 \end{pmatrix}$$

問 3.4.8　次の行列 A, B について, 行列式 $|AB|, |BA|$ を求めよ.

$$A = \begin{pmatrix} 3 & 4 \\ 1 & 2 \\ 0 & 1 \end{pmatrix}, \quad B = \begin{pmatrix} 1 & 2 & 3 \\ 0 & 2 & 3 \end{pmatrix}$$

3.5　行列式の展開

n 次正方行列の行列式を $n-1$ 次正方行列の行列式の和で表す公式を導く.

$A = (a_{ij})$ の第 j 列ベクトルを第 i 基本ベクトル $\boldsymbol{e}_i$ に置き換えてできる行列の行列式を A の (i,j) **余因子** (または a_{ij} の余因子) といい Δ_{ij} と書くことにする. すなわち

$$\begin{aligned}
\Delta_{ij} &= \det(\boldsymbol{a}_1, \cdots, \boldsymbol{a}_{j-1}, \boldsymbol{e}_i, \boldsymbol{a}_{j+1}, \cdots, \boldsymbol{a}_n) \\
&= (-1)^{j-1} \det(\boldsymbol{e}_i, \boldsymbol{a}_1, \cdots, \boldsymbol{a}_{j-1}, \boldsymbol{a}_{j+1}, \cdots, \boldsymbol{a}_n) \\
&= (-1)^{j-1+i-1} \begin{vmatrix} 1 & * & \cdots & * & * & \cdots & * \\ 0 & a_{1,1} & \cdots & a_{1,j-1} & a_{1,j+1} & \cdots & a_{1,n} \\ \vdots & \vdots & & \vdots & \vdots & & \vdots \\ 0 & a_{i-1,1} & \cdots & a_{i-1,j-1} & a_{i-1,j+1} & \cdots & a_{i-1,n} \\ 0 & a_{i+1,1} & \cdots & a_{i+1,j-1} & a_{i+1,j+1} & \cdots & a_{i+1,n} \\ \vdots & \vdots & & \vdots & \vdots & & \vdots \\ 0 & a_{n,1} & \cdots & a_{n,j-1} & a_{n,j+1} & \cdots & a_{n,n} \end{vmatrix} \\
&= (-1)^{i+j} \begin{vmatrix} a_{1,1} & \cdots & a_{1,j-1} & a_{1,j+1} & \cdots & a_{1,n} \\ \vdots & & \vdots & \vdots & & \vdots \\ a_{i-1,1} & \cdots & a_{i-1,j-1} & a_{i-1,j+1} & \cdots & a_{i-1,n} \\ a_{i+1,1} & \cdots & a_{i+1,j-1} & a_{i+1,j+1} & \cdots & a_{i+1,n} \\ \vdots & & \vdots & \vdots & & \vdots \\ a_{n,1} & \cdots & a_{n,j-1} & a_{n,j+1} & \cdots & a_{n,n} \end{vmatrix}
\end{aligned}$$

よって, Δ_{ij} は行列 A の第 i 行と第 j 列を取り除いて得られる $n-1$ 次正方

行列の行列式に $(-1)^{i+j}$ を掛けたものでもある．$(-1)^{i+j}$ は対角成分 $(i=j)$ については $+1$ で，隣の成分に移動するごとにこの符号は入れ替わる．

例 3.5.1　行列 $A=\begin{pmatrix}1&2&3\\4&5&6\\7&8&9\end{pmatrix}$ について，

$$\Delta_{21}=(-1)^{2+1}\begin{vmatrix}2&3\\8&9\end{vmatrix}=6,\quad \Delta_{13}=(-1)^{1+3}\begin{vmatrix}4&5\\7&8\end{vmatrix}=-3$$

■ 第 j 列ベクトルに関する展開 ■　A の第 j 列ベクトルを基本ベクトルを用いて

$$\begin{pmatrix}a_{1j}\\\vdots\\\vdots\\a_{nj}\end{pmatrix}=a_{1j}\begin{pmatrix}1\\0\\\vdots\\0\end{pmatrix}+\cdots+a_{nj}\begin{pmatrix}0\\\vdots\\0\\1\end{pmatrix}$$

と書けば，行列式の第 j 列に関する線形性 (定理 3.7) を用いて，

$$|A|=\begin{vmatrix}a_{11}&\cdots&a_{1j}&\cdots&a_{1n}\\a_{21}&\cdots&a_{2j}&\cdots&a_{2n}\\\vdots&&\vdots&&\vdots\\a_{n1}&\cdots&a_{nj}&\cdots&a_{nn}\end{vmatrix}$$

$$=a_{1j}\begin{vmatrix}a_{11}&\cdots&1&\cdots&a_{1n}\\a_{21}&\cdots&0&\cdots&a_{2n}\\\vdots&&\vdots&&\vdots\\a_{n1}&\cdots&0&\cdots&a_{nn}\end{vmatrix}+\cdots+a_{nj}\begin{vmatrix}a_{11}&\cdots&0&\cdots&a_{1n}\\\vdots&&\vdots&&\vdots\\a_{n-1,1}&\cdots&0&\cdots&a_{n-1,n}\\a_{n1}&\cdots&1&\cdots&a_{nn}\end{vmatrix}$$

$$=a_{1j}\Delta_{1j}+\cdots+a_{nj}\Delta_{nj}$$

となる．

これより次の定理 3.15 の (1) が得られる．また，行列式 $|A|$ の第 i 行に対して，同様な操作を行うと，次の定理 3.15 の (2) が得られる．

定理 3.15　$A = (a_{ij})$ を n 次正方行列とする. 行列式 $|A|$ について, 次の等式が成り立つ.

(1) (第 j 列に関する展開公式)

$$|A| = a_{1j}\Delta_{1j} + a_{2j}\Delta_{2j} + \cdots + a_{ij}\Delta_{ij} + \cdots + a_{nj}\Delta_{nj}$$

(2) (第 i 行に関する展開公式)

$$|A| = a_{i1}\Delta_{i1} + a_{i2}\Delta_{i2} + \cdots + a_{ij}\Delta_{ij} + \cdots + a_{in}\Delta_{in}$$

定理 3.15 により, n 次の行列式は列または行に関して展開することにより, $n-1$ 次の行列式 Δ_{ij} の 1 次結合で表すことができる.

このとき, 展開しようとする列 (行) において, なるべく多くの成分が 0 であれば展開式は簡単になる. このような行列について行列式を計算する場合に展開公式が役立つ. そうでない場合にも基本変形によって, まずある列 (行) ベクトルの成分をできるだけ多く 0 に変形したあとに展開公式を応用するとよい.

例題 3.5.2　行列式 $|A| = \begin{vmatrix} 3 & 1 & 2 \\ 4 & 2 & 5 \\ 1 & 2 & 3 \end{vmatrix}$ を第 2 行に関して展開せよ.

解答

$$|A| = 4(-1)^{2+1}\begin{vmatrix} 1 & 2 \\ 2 & 3 \end{vmatrix} + 2(-1)^{2+2}\begin{vmatrix} 3 & 2 \\ 1 & 3 \end{vmatrix} + 5(-1)^{2+3}\begin{vmatrix} 3 & 1 \\ 1 & 2 \end{vmatrix}$$

$$= -4\begin{vmatrix} 1 & 2 \\ 2 & 3 \end{vmatrix} + 2\begin{vmatrix} 3 & 2 \\ 1 & 3 \end{vmatrix} - 5\begin{vmatrix} 3 & 1 \\ 1 & 2 \end{vmatrix} = -7$$

さらに, 展開公式から次の定理が成り立つ.

定理 3.16　$A = (a_{ij})$ を n 次正方行列とする. 行列式について, 次の等式が成り立つ.

(1) 各 $j,\ k\ (1 \leqq j,\ k \leqq n)$ について

$$a_{1j}\Delta_{1k}+a_{2j}\Delta_{2k}+\cdots+a_{ij}\Delta_{ik}+\cdots+a_{nj}\Delta_{nk}=\begin{cases}|A| & j=k\text{ のとき}\\ 0 & j\neq k\text{ のとき}\end{cases}$$

(2) 各 $i,\ k\ (1 \leqq i,\ k \leqq n)$ について

$$a_{i1}\Delta_{k1}+a_{i2}\Delta_{k2}+\cdots+a_{ij}\Delta_{kj}+\cdots+a_{in}\Delta_{kn}=\begin{cases}|A| & i=k\text{ のとき}\\ 0 & i\neq k\text{ のとき}\end{cases}$$

証明　(1) を示す. $j=k$ の場合は定理 3.15 である. $j\neq k$ とする. たとえば, $j<k$ とする. 第 k 列を第 j 列で置き換えた行列の行列式

$$\det(\ \boldsymbol{a}_1,\ \cdots,\ \overset{j}{\boldsymbol{a}_j},\ \cdots,\ \overset{k}{\boldsymbol{a}_j},\ \cdots,\ \boldsymbol{a}_n\ )=0$$

を k 列で展開したものが (1) の左辺であるから, 求める結果が得られる.　□

定義 3.17　$A=(a_{ij})$ を n 次正方行列とし, a_{ij} の余因子 Δ_{ij} を (i,j) 成分にもつ正方行列の転置行列

$$\widetilde{A}={}^t\begin{pmatrix}\Delta_{11} & \Delta_{12} & \cdots & \Delta_{1n}\\ \Delta_{21} & \Delta_{22} & \cdots & \Delta_{2n}\\ \vdots & \vdots & \ddots & \vdots\\ \Delta_{n1} & \Delta_{n2} & \cdots & \Delta_{nn}\end{pmatrix}=\begin{pmatrix}\Delta_{11} & \Delta_{21} & \cdots & \Delta_{n1}\\ \Delta_{12} & \Delta_{22} & \cdots & \Delta_{n2}\\ \vdots & \vdots & \ddots & \vdots\\ \Delta_{1n} & \Delta_{2n} & \cdots & \Delta_{nn}\end{pmatrix}$$

を A の**余因子行列**という.

このとき, 定理 3.16 により

$$\widetilde{A}A=A\widetilde{A}=|A|E_n$$

が成り立つ. したがって, 次の定理が得られる.

定理 3.18　$|A|\neq 0$ ならば,

$$A^{-1}=\frac{1}{|A|}\,\widetilde{A}$$

である.

定理 2.4, 3.18 および命題 2.9, 3.14 により

定理 3.19　A を n 次正方行列とするとき, 次は同値である.

(1) A は正則行列である.

(2) $|A| \neq 0$

(3) $\mathrm{rank}\, A = n$

(4) 連立 1 次方程式 $A\boldsymbol{x} = \boldsymbol{0}$ の解は自明な解 $\boldsymbol{0}$ のみである.

命題 2.9 により

系 3.20　A を n 次正方行列とするとき, 次は同値である.

(1) A は正則行列でない.

(2) $|A| = 0$

(3) $\mathrm{rank}\, A < n$

(4) 連立 1 次方程式 $A\boldsymbol{x} = \boldsymbol{0}$ は自明でない解をもつ.

例題 3.5.3　　行列 $A = \begin{pmatrix} 2 & 1 & 1 \\ 1 & -1 & -1 \\ 3 & 2 & 0 \end{pmatrix}$ は正則行列であることを確かめよ.

また A の余因子行列から逆行列を求めよ.

解答　$|A| = 6$ であるから, 定理 3.19 により, A は正則行列である. 余因子を求めると,

$$\Delta_{11} = (-1)^2 \begin{vmatrix} -1 & -1 \\ 2 & 0 \end{vmatrix} = 2, \qquad \Delta_{21} = (-1)^3 \begin{vmatrix} 1 & 1 \\ 2 & 0 \end{vmatrix} = 2,$$

$$\Delta_{31} = (-1)^4 \begin{vmatrix} 1 & 1 \\ -1 & -1 \end{vmatrix} = 0, \qquad \Delta_{12} = (-1)^3 \begin{vmatrix} 1 & -1 \\ 3 & 0 \end{vmatrix} = -3,$$

$$\Delta_{22} = (-1)^4 \begin{vmatrix} 2 & 1 \\ 3 & 0 \end{vmatrix} = -3, \qquad \Delta_{32} = (-1)^5 \begin{vmatrix} 2 & 1 \\ 1 & -1 \end{vmatrix} = 3,$$

$$\Delta_{13}=(-1)^4\begin{vmatrix}1 & -1\\ 3 & 2\end{vmatrix}=\ 5\ ,\quad \Delta_{23}=(-1)^5\begin{vmatrix}2 & 1\\ 3 & 2\end{vmatrix}=-1\ ,$$

$$\Delta_{33}=(-1)^6\begin{vmatrix}2 & 1\\ 1 & -1\end{vmatrix}=-3\ .$$

したがって, A の逆行列は次のようになる.

$$A^{-1}=\frac{1}{|A|}\begin{pmatrix}\Delta_{11} & \Delta_{21} & \Delta_{31}\\ \Delta_{12} & \Delta_{22} & \Delta_{32}\\ \Delta_{13} & \Delta_{23} & \Delta_{33}\end{pmatrix}=\frac{1}{6}\begin{pmatrix}2 & 2 & 0\\ -3 & -3 & 3\\ 5 & -1 & -3\end{pmatrix}$$

問 3.5.4 次の行列は正則行列であるかどうかを確かめ, 正則行列であるときはその逆行列を求めよ.

(1) $\begin{pmatrix}1 & 0 & -1\\ 0 & 1 & 1\\ 1 & 0 & 0\end{pmatrix}$ (2) $\begin{pmatrix}2 & 0 & 1\\ 1 & 3 & 1\\ -1 & 1 & -2\end{pmatrix}$

(3) $\begin{pmatrix}2 & 1 & -1 & 0\\ 0 & 1 & 0 & -2\\ 1 & 3 & 1 & 2\\ 2 & 1 & -1 & 0\end{pmatrix}$ (4) $\begin{pmatrix}1 & 2 & 1 & -1\\ -1 & 3 & 1 & 1\\ 0 & 0 & 3 & 1\\ 0 & 0 & -2 & 1\end{pmatrix}$

3.6 クラメールの公式

第 2 章で掃き出し法を用いて連立 1 次方程式を解く方法を学んだ. ここでは, 係数行列が正則行列である場合に行列式を用いた解法を学ぶ.

$x_1, x_2, \cdots, x_n$ を未知数とする連立 1 次方程式

$$\begin{cases} a_{11}x_1+a_{12}x_2+\cdots+a_{1n}x_n=b_1\\ a_{21}x_1+a_{22}x_2+\cdots+a_{2n}x_n=b_2\\ \qquad\cdots\\ a_{n1}x_1+a_{n2}x_2+\cdots+a_{nn}x_n=b_n \end{cases} \tag{3.1}$$

を考える.

$$A = \begin{pmatrix} a_{11} & a_{12} & \cdots & a_{1n} \\ a_{21} & a_{22} & \cdots & a_{2n} \\ \vdots & \vdots & \ddots & \vdots \\ a_{n1} & a_{n2} & \cdots & a_{nn} \end{pmatrix}, \quad \boldsymbol{b} = \begin{pmatrix} b_1 \\ b_2 \\ \vdots \\ b_n \end{pmatrix}, \quad \boldsymbol{x} = \begin{pmatrix} x_1 \\ x_2 \\ \vdots \\ x_n \end{pmatrix}$$

とおけば, 連立 1 次方程式 (3.1) は次の形で表される.

$$A\boldsymbol{x} = \boldsymbol{b}$$

このとき次の定理が成り立つ.

定理 3.21 (クラメール (Cramer) の公式) $|A| \neq 0$ のとき, 連立 1 次方程式 (3.1) は唯一つの解をもち, その解は

$$x_j = \frac{1}{|A|} \begin{vmatrix} a_{11} & \cdots & b_1 & \cdots & a_{1n} \\ a_{21} & \cdots & b_2 & \cdots & a_{2n} \\ \vdots & & \vdots & & \vdots \\ a_{n1} & \cdots & b_n & \cdots & a_{nn} \end{vmatrix} \quad (1 \leqq j \leqq n)$$

で与えられる. ここで右辺の分子の行列式は, 行列 A の第 j 列をベクトル $\boldsymbol{b}$ で置き換えた行列の行列式である.

証明 $|A| \neq 0$ であるから, 定理 3.18 により, A の逆行列 A^{-1} が存在する. $A\boldsymbol{x} = \boldsymbol{b}$ の両辺に左から A^{-1} を掛けると,

$$\boldsymbol{x} = A^{-1}\boldsymbol{b}$$

が得られる. したがって,

$$\boldsymbol{x} = A^{-1}\boldsymbol{b} = \frac{1}{|A|}\widetilde{A}\boldsymbol{b} = \frac{1}{|A|} \begin{pmatrix} b_1\Delta_{11} + \cdots + b_n\Delta_{n1} \\ b_1\Delta_{12} + \cdots + b_n\Delta_{n2} \\ \cdots \\ b_1\Delta_{1n} + \cdots + b_n\Delta_{nn} \end{pmatrix}$$

である. 一方, 定理における右辺の分子の行列式を第 j 列で展開すると,

$$\frac{1}{|A|}\begin{vmatrix} a_{11} & \cdots & b_1 & \cdots & a_{1n} \\ a_{21} & \cdots & b_2 & \cdots & a_{2n} \\ \vdots & & \vdots & & \vdots \\ a_{n1} & \cdots & b_n & \cdots & a_{nn} \end{vmatrix} = \frac{1}{|A|}(b_1\Delta_{1j} + \cdots + b_n\Delta_{nj})$$

が成り立つ. したがって,

$$x_j = \frac{1}{|A|}\begin{vmatrix} a_{11} & \cdots & b_1 & \cdots & a_{1n} \\ a_{21} & \cdots & b_2 & \cdots & a_{2n} \\ \vdots & & \vdots & & \vdots \\ a_{n1} & \cdots & b_n & \cdots & a_{nn} \end{vmatrix}$$

である. □

例題 3.6.1　　クラメールの公式にしたがって, 次の連立 1 次方程式を解け.

$$\begin{cases} 2x + \ \ y + z = 1 \\ \ \ x - \ \ y - z = 2 \\ 3x + 2y \qquad = 3 \end{cases}$$

解答　連立 1 次方程式の係数行列は

$$A = \begin{pmatrix} 2 & 1 & 1 \\ 1 & -1 & -1 \\ 3 & 2 & 0 \end{pmatrix}$$

である. $|A| = 6$ であるから, A は正則行列である. クラメールの公式より,

$$x = \frac{1}{6}\begin{vmatrix} 1 & 1 & 1 \\ 2 & -1 & -1 \\ 3 & 2 & 0 \end{vmatrix} = 1,\quad y = \frac{1}{6}\begin{vmatrix} 2 & 1 & 1 \\ 1 & 2 & -1 \\ 3 & 3 & 0 \end{vmatrix} = 0,$$

$$z = \frac{1}{6}\begin{vmatrix} 2 & 1 & 1 \\ 1 & -1 & 2 \\ 3 & 2 & 3 \end{vmatrix} = -1$$

となる.

注意　行列が与えられたときに, その逆行列を求める方法として, 掃き出し法と余因子行列を使う 2 通りの方法を学んだ. また連立 1 次方程式を解く方法として, 掃き出し法とクラメールの公式を使う方法を学んだ. 数値計算には掃き出し法, 一般論には余因子行列を使うなどと問題に応じて使い分けるとよい.

問 3.6.2　クラメールの公式を用いて次の連立 1 次方程式を解け.

(1) $\begin{cases} 2x + z = 2 \\ x + 3y + z = -5 \\ -x + y - 2z = 3 \end{cases}$　　(2) $\begin{cases} 2x + y - z = 1 \\ y - 2w = -2 \\ x + 3y + z + 2w = 3 \\ 2x + y - z + w = 4 \end{cases}$

3.7　ベクトル積と 3 次の行列式

$\mathbf{R}^3$ の基本ベクトルを $\boldsymbol{e}_1, \boldsymbol{e}_2, \boldsymbol{e}_3$ とし, $\mathbf{R}^3$ のベクトル

$$\boldsymbol{a} = \begin{pmatrix} a_1 \\ a_2 \\ a_3 \end{pmatrix}, \quad \boldsymbol{b} = \begin{pmatrix} b_1 \\ b_2 \\ b_3 \end{pmatrix}, \quad \boldsymbol{x} = \begin{pmatrix} x_1 \\ x_2 \\ x_3 \end{pmatrix}$$

に対して行列式

$$\det(\boldsymbol{a}, \boldsymbol{b}, \boldsymbol{x}) = \begin{vmatrix} a_1 & b_1 & x_1 \\ a_2 & b_2 & x_2 \\ a_3 & b_3 & x_3 \end{vmatrix}$$

を $\boldsymbol{x}$ について展開すると

$$\begin{aligned} \det(\boldsymbol{a}, \boldsymbol{b}, \boldsymbol{x}) &= \begin{vmatrix} a_2 & b_2 \\ a_3 & b_3 \end{vmatrix} x_1 - \begin{vmatrix} a_1 & b_1 \\ a_3 & b_3 \end{vmatrix} x_2 + \begin{vmatrix} a_1 & b_1 \\ a_2 & b_2 \end{vmatrix} x_3 \\ &= (a_2b_3 - a_3b_2)x_1 + (a_3b_1 - a_1b_3)x_2 + (a_1b_2 - a_2b_1)x_3 \end{aligned}$$

と表される. 係数を成分とするベクトル

$$\boldsymbol{a} \times \boldsymbol{b} = \begin{pmatrix} a_2b_3 - a_3b_2 \\ a_3b_1 - a_1b_3 \\ a_1b_2 - a_2b_1 \end{pmatrix}$$

を $\boldsymbol{a}$ と $\boldsymbol{b}$ の**ベクトル積**または**外積**という.

命題 3.22　ベクトル積について次が成り立つ.

(1) $\boldsymbol{a} \times \boldsymbol{b} = -(\boldsymbol{b} \times \boldsymbol{a})$

(2) $\boldsymbol{a} \times (\boldsymbol{b}_1 + \boldsymbol{b}_2) = \boldsymbol{a} \times \boldsymbol{b}_1 + \boldsymbol{a} \times \boldsymbol{b}_2$

(3) $\boldsymbol{a} \times (\lambda \boldsymbol{b}) = \lambda(\boldsymbol{a} \times \boldsymbol{b})$

3つのベクトル $\boldsymbol{a} = \begin{pmatrix} a_1 \\ a_2 \\ a_3 \end{pmatrix}$, $\boldsymbol{b} = \begin{pmatrix} b_1 \\ b_2 \\ b_3 \end{pmatrix}$, $\boldsymbol{c} = \begin{pmatrix} c_1 \\ c_2 \\ c_3 \end{pmatrix}$ に対して, $\boldsymbol{a} \times \boldsymbol{b}$ と $\boldsymbol{c}$ の内積は,

$$(\boldsymbol{a} \times \boldsymbol{b},\, \boldsymbol{c}) = \det(\boldsymbol{a}, \boldsymbol{b}, \boldsymbol{c})$$

である. 特に, 系 3.10 により,

$$(\boldsymbol{a} \times \boldsymbol{b},\, \boldsymbol{a}) = 0, \quad (\boldsymbol{a} \times \boldsymbol{b},\, \boldsymbol{b}) = 0$$

である. すなわち, $\boldsymbol{a} \times \boldsymbol{b}$ は $\boldsymbol{a}, \boldsymbol{b}$ のどちらにもに直交する.

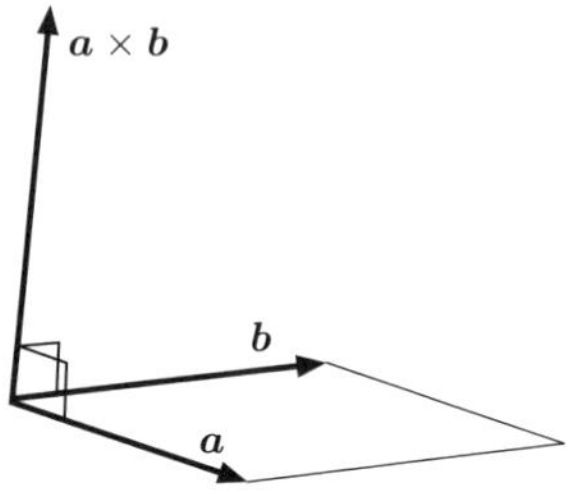

図 **3.5**　ベクトル積

問 3.7.1　ベクトル $\boldsymbol{a}, \boldsymbol{b}, \boldsymbol{c}$ について, 次の等式を示せ.

(1) $(\boldsymbol{a}, \boldsymbol{b} \times \boldsymbol{c}) = (\boldsymbol{a} \times \boldsymbol{b}, \boldsymbol{c})$

(2) $(\boldsymbol{a}, \boldsymbol{b} \times \boldsymbol{c}) = -(\boldsymbol{b}, \boldsymbol{a} \times \boldsymbol{c})$

命題 3.23　同一直線上にない $\boldsymbol{0}$ でない2つのベクトル $\boldsymbol{a}, \boldsymbol{b}$ のなす角を θ $(0 < \theta < \pi)$ とするとき,

$$\|\boldsymbol{a} \times \boldsymbol{b}\| = \|\boldsymbol{a}\| \cdot \|\boldsymbol{b}\| \sin\theta$$

である. したがって, 外積の長さ $\|\boldsymbol{a} \times \boldsymbol{b}\|$ はベクトル $\boldsymbol{a}, \boldsymbol{b}$ を隣り合う2辺とする平行四辺形の面積である.

証明　ベクトル積の定義により,

$$
\begin{aligned}
(\text{左辺})^2 &= \|\boldsymbol{a}\times\boldsymbol{b}\|^2 \\
&= \begin{vmatrix} a_2 & b_2 \\ a_3 & b_3 \end{vmatrix}^2 + \begin{vmatrix} a_1 & b_1 \\ a_3 & b_3 \end{vmatrix}^2 + \begin{vmatrix} a_1 & b_1 \\ a_2 & b_2 \end{vmatrix}^2 \\
&= (a_2b_3 - b_2a_3)^2 + (a_1b_3 - b_1a_3)^2 + (a_1b_2 - b_1a_2)^2
\end{aligned}
$$

であり, この展開式が

$$
\begin{aligned}
(\text{右辺})^2 &= \|\boldsymbol{a}\|^2\cdot\|\boldsymbol{b}\|^2\sin^2\theta = \|\boldsymbol{a}\|^2\cdot\|\boldsymbol{b}\|^2(1-\cos^2\theta) \\
&= \|\boldsymbol{a}\|^2\cdot\|\boldsymbol{b}\|^2 - (\boldsymbol{a},\boldsymbol{b})^2 \\
&= ({a_1}^2+{a_2}^2+{a_3}^2)({b_1}^2+{b_2}^2+{b_3}^2) - (a_1b_1+a_2b_2+a_3b_3)^2 \\
&= ({a_1}^2{b_2}^2 - 2a_1a_2b_1b_2 + {a_2}^2{b_1}^2) + ({a_2}^2{b_3}^2 - 2a_2a_3b_2b_3 + {a_3}^2{b_2}^2) \\
&\quad + ({a_3}^2{b_1}^2 - 2a_3a_1b_3b_1 + {a_1}^2{b_3}^2)
\end{aligned}
$$

と一致することからわかる. □

右手系座標空間 ($\boldsymbol{e}_1$ を $\boldsymbol{e}_2$ に移す方向に原点のまわりを回転するとき右ねじの進む方向と $\boldsymbol{e}_3$ の方向が同じになる座標空間) においてベクトル積 $\boldsymbol{a}\times\boldsymbol{b}$ はベクトル $\boldsymbol{a},\boldsymbol{b}$ と直交し, その向きは $\boldsymbol{a}$ を $\boldsymbol{b}$ の方向に回転して $\boldsymbol{b}$ 方向に重ねるとき, 右ねじの進む向きである. その長さは $\|\boldsymbol{a}\|\cdot\|\boldsymbol{b}\|\sin\theta$ である. (図 3.5)

例 3.7.2　空間に, 図3.6 のように3つのベクトル, $\boldsymbol{a}=\overrightarrow{\mathrm{OA}}$, $\boldsymbol{b}=\overrightarrow{\mathrm{OB}}$, $\boldsymbol{c}=\overrightarrow{\mathrm{OC}}$ が与えられているとする. このとき $\overrightarrow{\mathrm{OA}}$, $\overrightarrow{\mathrm{OB}}$, $\overrightarrow{\mathrm{OC}}$ を隣り合う 3 辺とする平行六面体の体積 V は

$$V = |(\boldsymbol{a}\times\boldsymbol{b},\boldsymbol{c})| = |\det(\boldsymbol{a},\ \boldsymbol{b},\ \boldsymbol{c})|$$

である. ただし, $|\ \ |$ は絶対値を表す.

証明　$\overrightarrow{\mathrm{OA}},\overrightarrow{\mathrm{OB}}$ を 2 辺とする平行四辺形の面積は $\|\boldsymbol{a}\times\boldsymbol{b}\|$ である. $\boldsymbol{a}\times\boldsymbol{b}$ と $\boldsymbol{c}$ のなす角を ϕ $(0\leqq\phi\leqq\pi)$ とすると,

$$
\begin{aligned}
V &= \|\boldsymbol{a}\times\boldsymbol{b}\|\cdot\|\boldsymbol{c}\|\cdot|\cos\phi| = |(\boldsymbol{a}\times\boldsymbol{b},\boldsymbol{c})| \\
&= |\det(\boldsymbol{a},\ \boldsymbol{b},\ \boldsymbol{c})|
\end{aligned}
$$

となる. □

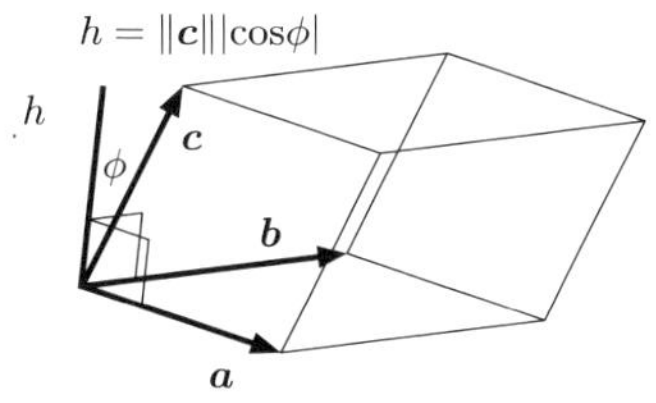

図 3.6　平行六面体

例題 3.7.3　空間内の 4 点を A(1, 0, 0), B(2, 1, 0), C(3, 2, 1), O(0, 0, 0) とするとき三角形 ABC の面積 S, 四面体 OABC の体積 V を求めよ.

解答

$$S = \frac{1}{2}\|\overrightarrow{\mathrm{AB}} \times \overrightarrow{\mathrm{AC}}\| = \frac{\sqrt{2}}{2}$$

$$V = \frac{1}{6}|\det(\overrightarrow{\mathrm{OA}},\ \overrightarrow{\mathrm{OB}},\ \overrightarrow{\mathrm{OC}})| = \frac{1}{6}$$

問 3.7.4　(同一平面上にない 2 直線の距離の公式) 2 点 A, B を通る直線と, 2 点 C, D を通る直線が同一平面上にないとき, この 2 直線の距離 d は

$$d = \frac{|(\boldsymbol{a} \times \boldsymbol{c}, \overrightarrow{\mathrm{AC}})|}{\|\boldsymbol{a} \times \boldsymbol{c}\|}$$

であることを示せ. ただし, $\boldsymbol{a} = \overrightarrow{\mathrm{AB}}, \boldsymbol{c} = \overrightarrow{\mathrm{CD}}$ とする.

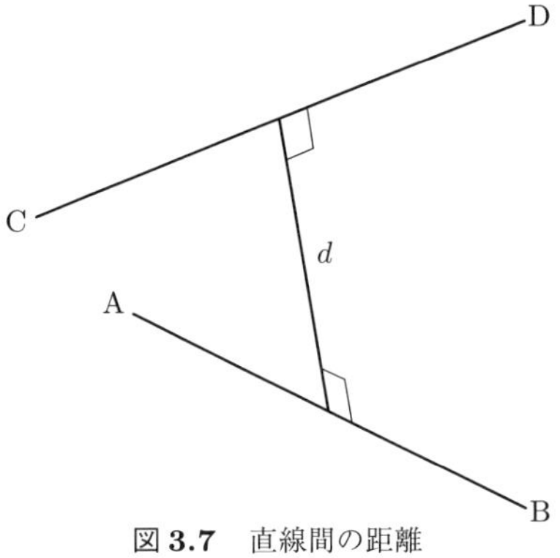

図 **3.7**　直線間の距離

3.8　行列式の応用

第 1 章で内積と座標空間における平面の方程式 $ax + by + cz = d$ との関係を示した. この方程式は,

$$(x \ \ y \ \ z \ \ 1)\begin{pmatrix} a \\ b \\ c \\ -d \end{pmatrix} = 0$$

と表すこともできる．

一般に空間の k 個の点 $\mathrm{P}_i = (x_i,\ y_i,\ z_i) \quad (i = 1, \cdots, k)$ が同一平面上にあることは

$$\begin{pmatrix} x_1 & y_1 & z_1 & 1 \\ \vdots & \vdots & \vdots & \vdots \\ x_k & y_k & z_k & 1 \end{pmatrix} \begin{pmatrix} a \\ b \\ c \\ -d \end{pmatrix} = 0$$

をみたす係数 $(a,\ b,\ c) \neq \mathbf{0}$ が存在することと同値である．このことは，この斉次連立一次方程式が自明でない解 $(a, b, c, d) \neq (0, 0, 0, 0)$ をもつことと同値である．よって，命題 2.9 より

$$\operatorname{rank} \begin{pmatrix} x_1 & y_1 & z_1 & 1 \\ \vdots & \vdots & \vdots & \vdots \\ x_k & y_k & z_k & 1 \end{pmatrix} < 4$$

となることと同値である．

特に 4 点 $(x_1,\ y_1,\ z_1)$, $(x_2,\ y_2,\ z_2)$, $(x_3,\ y_3,\ z_3)$, $(x,\ y,\ z)$ が同一平面上にあることは，

$$\begin{vmatrix} x_1 & y_1 & z_1 & 1 \\ x_2 & y_2 & z_2 & 1 \\ x_3 & y_3 & z_3 & 1 \\ x & y & z & 1 \end{vmatrix} = 0$$

と表すことができる．これは 3 点 $(x_1,\ y_1,\ z_1)$, $(x_2,\ y_2,\ z_2)$, $(x_3,\ y_3,\ z_3)$ を通る平面の方程式でもある．

例 3.8.1 相異なる 3 点 $(a,\ 0,\ 0)$, $(0,\ b,\ 0)$, $(0,\ 0,\ c)$ を通る平面の方程式を求めると，

$$\begin{vmatrix} a & 0 & 0 & 1 \\ 0 & b & 0 & 1 \\ 0 & 0 & c & 1 \\ x & y & z & 1 \end{vmatrix} = 0$$

となり, これを第4行ベクトルに関して展開すれば $bcx + cay + abz = abc$ となる.

問 3.8.2　座標平面上の異なる2点 (x_1, y_1), (x_2, y_2) を通る直線の方程式は

$$\begin{vmatrix} x_1 & y_1 & 1 \\ x_2 & y_2 & 1 \\ x & y & 1 \end{vmatrix} = 0$$

で与えられることを示せ.

問 3.8.3　座標平面上の同一直線上にない3点 (x_1, y_1), (x_2, y_2), (x_3, y_3) を通る円の方程式は

$$\begin{vmatrix} {x_1}^2 + {y_1}^2 & x_1 & y_1 & 1 \\ {x_2}^2 + {y_2}^2 & x_2 & y_2 & 1 \\ {x_3}^2 + {y_3}^2 & x_3 & y_3 & 1 \\ x^2 + y^2 & x & y & 1 \end{vmatrix} = 0$$

で与えられることを示せ.

シルベスターの行列式[†]　2つの多項式

$$f(x) = a_0 x^n + a_1 x^{n-1} + \cdots + a_{n-1} x + a_n$$

$$g(x) = b_0 x^m + b_1 x^{m-1} + \cdots + b_{m-1} x + b_m$$

に対して, $n + m$ 次正方行列の行列式

$$R(f, g) = \begin{vmatrix} a_0 & a_1 & \cdots & a_n & & & \\ & a_0 & a_1 & \cdots & a_n & & \\ & & \ddots & & \ddots & & \\ & & & a_0 & a_1 & \cdots & a_n \\ b_0 & b_1 & \cdots & b_m & & & \\ & b_0 & b_1 & \cdots & b_m & & \\ & & \ddots & \ddots & & \ddots & \\ & & & b_0 & b_1 & \cdots & b_m \end{vmatrix}$$

を シルベスター (**Sylvester**) の行列式 (**終結式**) という.

2つの方程式

$$f(x) = a_0x^n + a_1x^{n-1} + \cdots + a_{n-1}x + a_n = 0$$
$$g(x) = b_0x^m + b_1x^{m-1} + \cdots + b_{m-1}x + b_m = 0$$

が共通な解 t をもつことと, 自明でない解 ${}^t(t^{n+m-1}, t^{n+m-2}, \cdots, 1) \neq \mathbf{0}$ をもつことは同値である. よって, $R(f, g)$ を構成している行列は正則行列ではないから, その行列式 $R(f, g)$ は0となる.

定理 3.24 2つの多項式

$$f(x) = a_0x^n + a_1x^{n-1} + \cdots + a_{n-1}x + a_n$$
$$g(x) = b_0x^m + b_1x^{m-1} + \cdots + b_{m-1}x + b_m$$

$(a_0 \neq 0,\ b_0 \neq 0)$ に対して $f(x) = 0,\ g(x) = 0$ が共通解をもつための必要十分条件は $R(f,\ g) = 0$ である.

系 3.25 $f(x) = 0$ が重解をもつための必要十分条件は $f(x) = 0$ と $f'(x) = 0$ の共通解があることなので, $R(f,\ f') = 0$ である. この $R(f,\ f')$ を f の判別式と呼ぶ.

例 3.8.4 $f(x) = ax^2 + bx + c = 0 \ \ (a \neq 0)$ が重解をもつときは

$$\begin{vmatrix} a & b & c \\ 2a & b & 0 \\ 0 & 2a & b \end{vmatrix} = -ab^2 + 4a^2c = -a(b^2 - 4ac) = 0$$

となり $b^2 - 4ac = 0$ の条件が導かれる.

例 3.8.5 定理で $f(x) = x - t,\ g(x) = a_0x^n + a_1x^{n-1} + \cdots + a_{n-1}x + a_n$ とすると $R(f, g)$ は $n+1$ 次行列式

$$\begin{vmatrix} 1 & -t & 0 & \cdots & 0 \\ 0 & 1 & -t & \ddots & \vdots \\ \vdots & \ddots & \ddots & \ddots & 0 \\ 0 & \cdots & 0 & 1 & -t \\ a_0 & a_1 & \cdots & a_{n-1} & a_n \end{vmatrix} = a_0t^n + a_1t^{n-1} + \cdots + a_n$$

となり，この値が 0 となるのは，t が $a_0x^n+a_1x^{n-1}+\cdots+a_n=0$ の解であることを意味している．

第3章　章末問題

A

3.1　$\sigma=\begin{pmatrix}1&2&3&4&5&6&7\\3&5&2&7&1&4&6\end{pmatrix}$ を互換の積で表し，この置換の符号を求めよ．

3.2　次の置換 σ および，この逆置換 σ^{-1} を互換の積で表せ．

$$\sigma=\begin{pmatrix}1&2&3&4&5&6&7\\5&3&1&7&2&4&6\end{pmatrix}$$

3.3　次の行列式を計算せよ．

(1) $\begin{vmatrix}1&1&1\\1&-1&1\\1&1&-1\end{vmatrix}$　　(2) $\begin{vmatrix}2&-1&2\\4&0&-3\\-1&2&1\end{vmatrix}$

(3) $\begin{vmatrix}0&1&1&1\\1&0&1&1\\1&1&0&1\\1&1&1&0\end{vmatrix}$　　(4) $\begin{vmatrix}1&2&5&1\\-2&-1&1&1\\3&2&1&0\\2&1&0&-2\end{vmatrix}$

(5) $\begin{vmatrix}1&2&5&1\\0&3&11&3\\-2&-1&1&1\\-1&4&17&5\end{vmatrix}$　　(6) $\begin{vmatrix}1&2&-1&2\\2&2&-1&1\\-1&-1&1&-1\\2&1&-1&2\end{vmatrix}$

3.4　次の行列式を求めよ．

(1) $\begin{vmatrix}x&1&1&1\\1&x&1&1\\1&1&x&1\\1&1&1&x\end{vmatrix}$　　(2) $\begin{vmatrix}a+b&a+3b&a+5b\\a+2b&a+4b&a+6b\\a+3b&a+5b&a+7b\end{vmatrix}$

(3) $\begin{vmatrix}1&1&1&1\\a&b&c&d\\b&c&d&a\\c+d&d+a&a+b&c+b\end{vmatrix}$　　(4) $\begin{vmatrix}a&b&0&0\\c&d&0&0\\0&0&e&f\\0&0&g&h\end{vmatrix}$

3.5　次の行列式を因数分解せよ.

(1) $\begin{vmatrix} 2a+b+c & c & b \\ c & a+2b+c & a \\ b & a & a+b+2c \end{vmatrix}$　(2) $\begin{vmatrix} 1 & 1 & 1 \\ a^2 & b^2 & c^2 \\ a^3 & b^3 & c^3 \end{vmatrix}$

(3) $\begin{vmatrix} 1 & 1 & 1 & 1 \\ a & b & c & d \\ a^2 & b^2 & c^2 & d^2 \\ a^4 & b^4 & c^4 & d^4 \end{vmatrix}$

3.6　次の行列の余因子行列を計算し, 逆行列を求めよ.

(1) $\begin{pmatrix} 3 & -1 \\ 1 & 4 \end{pmatrix}$　(2) $\begin{pmatrix} -2 & 1 \\ 1 & 1 \end{pmatrix}$　(3) $\begin{pmatrix} 3 & -1 & 5 \\ -1 & 2 & 1 \\ -2 & 4 & 3 \end{pmatrix}$

(4) $\begin{pmatrix} 3 & 1 & -1 \\ 1 & 1 & 1 \\ 0 & 1 & -1 \end{pmatrix}$　(5) $\begin{pmatrix} 2 & -1 & 1 \\ 1 & 3 & -2 \\ 4 & 3 & 1 \end{pmatrix}$　(6) $\begin{pmatrix} 1 & 0 & 0 & 1 \\ 0 & 2 & 0 & 0 \\ 0 & 0 & 3 & 0 \\ 1 & 0 & 0 & 4 \end{pmatrix}$

3.7　次の連立一次方程式の解をクラメールの公式を使って求めよ.

(1) $\begin{cases} 3x + y - z = 0 \\ x + y + z = 0 \\ y - z = 1 \end{cases}$　(2) $\begin{cases} 2x - y + z = 1 \\ x + 3y - 2z = 0 \\ 4x - 3y + z = 2 \end{cases}$

(3) $\begin{cases} 2x + 3y - z = -3 \\ x + y - z = -1 \\ x - 4y - 3z = 10 \end{cases}$　(4) $\begin{cases} 4x + y + z + w = 1 \\ x - y + 2z - 3w = 0 \\ 2x + y + 3z + 5w = 0 \\ x + y - z - w = 1 \end{cases}$

B

3.8　A を (m, m) 型, B を (n, n) 型, C を (m, n) 型の行列とするとき, 次の等式が成立することを証明せよ.

$$\begin{vmatrix} A & C \\ O & B \end{vmatrix} = |A| \cdot |B|$$

3.9　平面上の 3 直線

$$\begin{cases} a_1x + b_1y + c_1 = 0 \\ a_2x + b_2y + c_2 = 0 \\ a_3x + b_3y + c_3 = 0 \end{cases}$$

が 1 点で交わるならば

$$\begin{vmatrix} a_1 & b_1 & c_1 \\ a_2 & b_2 & c_2 \\ a_3 & b_3 & c_3 \end{vmatrix} = 0$$

であることを示せ.

3.10　上の結果を用いて3直線

$$\begin{cases} 2x + ay = 8 \\ 4x - y = 2 \\ ax - 5y = -7 \end{cases}$$

が1点で交わるように a を定めよ．

3.11　3点 (x_1, y_1), (x_2, y_2), (x_3, y_3) を通る2次関数 $y = ax^2 + bx + c$ は

$$\begin{vmatrix} {x_1}^2 & x_1 & 1 & y_1 \\ {x_2}^2 & x_2 & 1 & y_2 \\ {x_3}^2 & x_3 & 1 & y_3 \\ x^2 & x & 1 & y \end{vmatrix} = 0$$

で与えられることを示せ．

3.12　2平面 $x - 3y + z - 1 = 0$, $3x + y - 5z + 3 = 0$ の交線を含みかつ原点を通る平面の方程式を求めよ．

3.13　次の n 次正方行列 A_n の行列式 $\det A_n$ を計算せよ．

$$A_n = \begin{pmatrix} 2 & 1 & 0 & \cdots & 0 \\ 1 & \ddots & \ddots & \ddots & \vdots \\ 0 & \ddots & \ddots & \ddots & 0 \\ \vdots & \ddots & \ddots & \ddots & 1 \\ 0 & \cdots & 0 & 1 & 2 \end{pmatrix}$$

4 線形空間

この章で学ぶこと

この章では以下のことを学ぶ.

(1) 線形空間と部分空間の定義とその例.

(2) ベクトルの 1 次独立と 1 次従属, 線形空間の基底と次元.

(3) 基底の変換行列と成分表示.

(4) 内積をもつ線形空間と正規直交基底.

4.1 線形空間と部分空間

$\mathbf{R}^n$ のベクトルあるいは, 実 (m,n) 行列には和, スカラー倍という算法が定義され, さまざまな共通する性質をみたしていることを学んできた. この概念を一般化したものが線形空間である. 以下でその定義を述べる.

扱う数を実数にしても複素数にしても共通に議論できることが多く, 扱う数の集合をどちらに決めた場合にも, その数を**スカラー**と呼び, この集合を $\mathbf{K}$ で表す.

空でない集合 V に次の公理系 (I), (II) をみたす和, スカラー倍という演算が与えられているとき, V を**線形空間**, または**ベクトル空間**という. V の元を**ベクトル**という.

(I) V の 2 つのベクトル $\boldsymbol{x}, \boldsymbol{y}$ に対して, $\boldsymbol{x}$ と $\boldsymbol{y}$ の**和**と呼ばれる V のベクトル $\boldsymbol{x}+\boldsymbol{y}$ が定義されていて, 和に関する次の公理が成り立つ.

V のベクトル $\boldsymbol{x}, \boldsymbol{y}, \boldsymbol{z}$ に対して

(1) $\boldsymbol{x}+\boldsymbol{y}=\boldsymbol{y}+\boldsymbol{x}$ (**交換法則**)

(2) $(\boldsymbol{x}+\boldsymbol{y})+\boldsymbol{z}=\boldsymbol{x}+(\boldsymbol{y}+\boldsymbol{z})$ (**結合法則**)

(3) 任意のベクトル $\boldsymbol{x} \in V$ に対して, $\boldsymbol{x}+\mathbf{0}=\boldsymbol{x}=\mathbf{0}+\boldsymbol{x}$ となる V のベクトル $\mathbf{0}$ がある.これを**零ベクトル**という.

(4) V のベクトル $\boldsymbol{x}$ に対して, $\boldsymbol{x}+(-\boldsymbol{x})=\mathbf{0}=(-\boldsymbol{x})+\boldsymbol{x}$ となるベクトル $(-\boldsymbol{x})$ がある. これを $\boldsymbol{x}$ の**逆ベクトル**という.

(II) V のベクトル $\boldsymbol{x}$ とスカラー r に対して, **スカラー倍**と呼ばれる V のベクトル $r\boldsymbol{x}$ が定義されていて, スカラー倍に関する次の公理が成り立つ.
V のベクトル $\boldsymbol{x}, \boldsymbol{y}$ とスカラー r, s に対して

(1) $(r+s)\boldsymbol{x}=r\boldsymbol{x}+s\boldsymbol{x}$

(2) $r(\boldsymbol{x}+\boldsymbol{y})=r\boldsymbol{x}+r\boldsymbol{y}$

(3) $(rs)\boldsymbol{x}=r(s\boldsymbol{x})$

(4) $1\boldsymbol{x}=\boldsymbol{x}$

スカラーを実数にとるとき, 線形空間を**実線形空間**という. またスカラーを複素数にとるとき, 線形空間を**複素線形空間**という.

線形空間 V のベクトル $\boldsymbol{v}_1, \boldsymbol{v}_2, \cdots, \boldsymbol{v}_k$ とスカラー $s_1, s_2, \cdots, s_k$ に対して, スカラー倍と和によって定義される V のベクトル

$$\boldsymbol{v}=s_1\boldsymbol{v}_1+s_2\boldsymbol{v}_2+\cdots+s_k\boldsymbol{v}_k$$

を $\boldsymbol{v}_1, \boldsymbol{v}_2, \cdots, \boldsymbol{v}_k$ の **1 次結合**という. このとき, $\boldsymbol{v}$ は $\boldsymbol{v}_1, \boldsymbol{v}_2, \cdots, \boldsymbol{v}_k$ の 1 次結合であるという.

V の任意のベクトルが $\boldsymbol{v}_1, \boldsymbol{v}_2, \cdots, \boldsymbol{v}_k$ の 1 次結合で表すことができるとき, V はベクトルの組 $\{\boldsymbol{v}_1, \boldsymbol{v}_2, \cdots, \boldsymbol{v}_k\}$ で生成されるといい, このベクトルの組 $\{\boldsymbol{v}_1, \boldsymbol{v}_2, \cdots, \boldsymbol{v}_k\}$ を V の**生成系**という.

例 4.1.1　次の例はいずれも実線形空間であるが, 実数 $\mathbf{R}$ を複素数 $\mathbf{C}$ と置き換えれば複素線形空間の例となる.

(1) n 項ベクトルの集合 $\mathbf{R}^n = \left\{ \begin{pmatrix} x_1 \\ \vdots \\ x_n \end{pmatrix} \;\middle|\; x_i \in \mathbf{R},\ 1 \leqq i \leqq n \right\}$ は和とスカラー倍に関して線形空間である.

$\mathbf{R}^n$ のベクトルを $\boldsymbol{v}_1, \cdots, \boldsymbol{v}_n$ とし, $A = (\boldsymbol{v}_1, \cdots, \boldsymbol{v}_n)$ とおくとき, あるスカラー $s_1, \cdots, s_n \in \mathbf{R}$ について1次結合は

$$s_1\boldsymbol{v}_1 + \cdots + s_n\boldsymbol{v}_n = (\boldsymbol{v}_1, \cdots, \boldsymbol{v}_n)\begin{pmatrix} s_1 \\ \vdots \\ s_n \end{pmatrix} = A\begin{pmatrix} s_1 \\ \vdots \\ s_n \end{pmatrix}$$

と行列の積によって表される.

$\begin{pmatrix} 1 \\ 2 \\ 0 \end{pmatrix}$ は $\begin{pmatrix} 1 \\ 0 \\ 0 \end{pmatrix}$ と $\begin{pmatrix} 0 \\ 1 \\ 0 \end{pmatrix}$ の1次結合であるが, $\begin{pmatrix} 1 \\ 2 \\ 3 \end{pmatrix}$ は $\begin{pmatrix} 1 \\ 0 \\ 0 \end{pmatrix}$ と $\begin{pmatrix} 0 \\ 1 \\ 0 \end{pmatrix}$ の1次結合ではない.

(2) (m, n) 行列全体

$$M(m, n; \mathbf{R}) = \{(a_{ij}) \mid a_{ij} \in \mathbf{R},\ 1 \leqq i \leqq m,\ 1 \leqq j \leqq n\}$$

は, 行列の和 (定義 1.4) とスカラー倍 (定義 1.5) により, 線形空間である.

(3) 実数 $\mathbf{R}$ を係数にもつ変数 x の多項式全体を $\mathbf{R}[x]$ と表す. 多項式 $P(x)$, $Q(x)$ と実数 r について, 和とスカラー倍を多項式の和 $P(x) + Q(x)$ と実数倍 $rP(x)$ によって定義すれば, $\mathbf{R}[x]$ は 線形空間となる. 任意の n 次多項式 $P(x)$ は $n+1$ 個の多項式 (単項式) $1, x, \cdots, x^n$ の1次結合となっている.

問 4.1.2 例 4.1.1 (3) を確かめよ.

問 4.1.3 V を線形空間とするとき, 次が成り立つことを示せ.

(1) V の零ベクトルはただ1つである.

(2) V のベクトルに対する逆ベクトルはただ1つである.

(3) ベクトル $\boldsymbol{x}, \boldsymbol{y} \in V$ に対して, $\boldsymbol{x} = \boldsymbol{y} + \boldsymbol{z}$ をみたすベクトル $\boldsymbol{z} \in V$ がただ1つ存在する.

(4) $0\boldsymbol{x} = \boldsymbol{0},\ r\boldsymbol{0} = \boldsymbol{0},\ (-1)\boldsymbol{x} = -\boldsymbol{x}$　(r スカラー).

線形空間 V の空でない部分集合 W が次の (1), (2) をみたすとき, W を V の**線形部分空間**, または, 簡単に**部分空間**という.

(1) $\boldsymbol{x}, \boldsymbol{y} \in W$ に対して, $\boldsymbol{x} + \boldsymbol{y} \in W$ である.

(2) $\boldsymbol{x} \in W$, スカラー r に対して, $r\boldsymbol{x} \in W$ である.

問 4.1.4　線形空間 V の部分空間 W には, V の零ベクトル $\boldsymbol{0}$ が含まれることを示せ.

上の条件 (1), (2) は次の条件 (A) または (B) と同値である.

(A)　$\boldsymbol{x},\ \boldsymbol{y} \in W$, スカラー $s,\ t$ に対して $s\boldsymbol{x} + t\boldsymbol{y} \in W$ である.

(B)　W は, V の和とスカラー倍に関して線形空間である.

線形空間 V の零ベクトル $\boldsymbol{0}$ のみからなる集合 $\{\boldsymbol{0}\}$ も V の部分空間である.

例 4.1.5

(1) $\begin{pmatrix} x_1 \\ \vdots \\ x_{n-1} \end{pmatrix} \in \mathbf{R}^{n-1}$ を $\begin{pmatrix} x_1 \\ \vdots \\ x_{n-1} \\ 0 \end{pmatrix} \in \mathbf{R}^n$ と同一視することにより, $\mathbf{R}^{n-1}$ は $\mathbf{R}^n$ の部分空間である.

(2) 線形空間 V のベクトル $\boldsymbol{v}_1, \cdots, \boldsymbol{v}_k$ に対して, これらの1次結合全体

$$\{s_1\boldsymbol{v}_1 + \cdots + s_k\boldsymbol{v}_k \mid s_1, \cdots, s_k \text{ は任意のスカラーとする}\}$$

は V の部分空間である. これを $\boldsymbol{v}_1, \cdots, \boldsymbol{v}_k$ で**生成される部分空間**, または, $\boldsymbol{v}_1, \cdots, \boldsymbol{v}_k$ で**張られる部分空間**といい,

$$\langle \boldsymbol{v}_1, \cdots, \boldsymbol{v}_k \rangle$$

で表す.

(3) $\mathbf{R}^3$ の部分集合 $W = \left\{ \begin{pmatrix} x \\ y \\ z \end{pmatrix} \middle| \ x+y+z=0 \right\}$ は $\mathbf{R}^3$ の部分空間である．$\boldsymbol{a} = \begin{pmatrix} 1 \\ 0 \\ -1 \end{pmatrix}$, $\boldsymbol{b} = \begin{pmatrix} 0 \\ 1 \\ -1 \end{pmatrix}$ とおくと，方程式 $x+y+z=0$ の一般解は $s\boldsymbol{a}+t\boldsymbol{b} \quad (s,\, t \in \mathbf{R})$ と表されるので，$W = \langle \boldsymbol{a},\, \boldsymbol{b} \rangle$ である．

(4) 実 $(m,\, n)$ 行列 A に対して，

$$W = \{\boldsymbol{x} \in \mathbf{R}^n \mid A\boldsymbol{x} = \mathbf{0}\}$$

は $\mathbf{R}^n$ の部分空間である．これを斉次連立 1 次方程式 $A\boldsymbol{x} = \mathbf{0}$ の**解空間**という．たとえば $A = \begin{pmatrix} 1 & -1 & 0 \\ 0 & 1 & 1 \\ 1 & 0 & 1 \end{pmatrix}$ とするとき，$A\boldsymbol{x} = \mathbf{0}$ の一般解は $\begin{pmatrix} t \\ t \\ -t \end{pmatrix} \quad (t \in \mathbf{R})$ であり，$W = \{\boldsymbol{x} \in \mathbf{R}^3 \mid A\boldsymbol{x} = \mathbf{0}\} = \left\langle \begin{pmatrix} 1 \\ 1 \\ -1 \end{pmatrix} \right\rangle$ となる．

問 4.1.6 例 4.1.5(4) の集合は部分空間であることを確かめよ．

問 4.1.7 $\mathbf{R}^3$ の部分集合 $W = \left\{ \begin{pmatrix} x \\ y \\ z \end{pmatrix} \middle| \ x+y+z=1 \right\}$ は $\mathbf{R}^3$ の部分空間とならないことを示せ．

命題 4.1 線形空間 V の部分空間 $W_1,\, W_2$ に対して，共通部分 $W_1 \cap W_2$ は V の部分空間である．

証明 $\mathbf{0} \in W_1,\ \mathbf{0} \in W_2$ であるから，$\mathbf{0} \in W_1 \cap W_2$ である．したがって，$W_1 \cap W_2$ は空集合ではない．

$\boldsymbol{x},\, \boldsymbol{y} \in W_1 \cap W_2$ とすると，$\boldsymbol{x},\, \boldsymbol{y} \in W_1$ かつ $\boldsymbol{x},\, \boldsymbol{y} \in W_2$ である．$W_1,\, W_2$

は部分空間であるから，スカラー r に対して $\boldsymbol{x}+\boldsymbol{y}\in W_1$, $r\boldsymbol{x}\in W_1$ かつ $\boldsymbol{x}+\boldsymbol{y}\in W_2$, $r\boldsymbol{x}\in W_2$ である．したがって，$\boldsymbol{x}+\boldsymbol{y}\in W_1\cap W_2$, $r\boldsymbol{x}\in W_1\cap W_2$ であるから，$W_1\cap W_2$ は部分空間である． □

> **問 4.1.8**　線形空間 V の部分空間の和集合 $W_1\cup W_2$ は一般には部分空間にならない．この例を示せ．

線形空間 V の 2 つの部分空間 W_1 と W_2 の元の和として表される V のベクトル全体

$$W_1+W_2=\{\boldsymbol{w}_1+\boldsymbol{w}_2 \mid \boldsymbol{w}_1\in W_1,\ \boldsymbol{w}_2\in W_2\}$$

は V の部分空間である．これを W_1 と W_2 の**和**，または，**和空間**という．さらに，$W_1\cap W_2=\{\boldsymbol{0}\}$ のとき，W_1 と W_2 の和 W_1+W_2 を W_1 と W_2 の**直和**といい，$W_1\oplus W_2$ と表す．

例 4.1.9

(1) 線形空間 V のベクトル $\boldsymbol{a}, \boldsymbol{b}\in V$ について，$W_1=\langle\boldsymbol{a}\rangle$, $W_2=\langle\boldsymbol{b}\rangle$ とおけば，

$$W_1+W_2=\langle\boldsymbol{a},\boldsymbol{b}\rangle$$

である．

(2) $\mathbf{R}^3$ の部分空間

$$W_1=\left\{\begin{pmatrix}x\\y\\z\end{pmatrix}\middle|\, x+y+z=0\right\},\quad W_2=\left\{\begin{pmatrix}x\\y\\z\end{pmatrix}\middle|\, x=y=z\right\}$$

について

$$W_1\cap W_2=\left\{\begin{pmatrix}x\\y\\z\end{pmatrix}\middle|\, x+y+z=0,\ x=y=z\right\}=\{\boldsymbol{0}\}$$

から $W_1+W_2=W_1\oplus W_2$ である．

また $\boldsymbol{v}=\begin{pmatrix} x \\ y \\ z \end{pmatrix} \in \mathbf{R}^3$ について $\boldsymbol{u}=\dfrac{1}{3}(x+y+z)\begin{pmatrix} 1 \\ 1 \\ 1 \end{pmatrix}$ とおけば,

$\boldsymbol{v}=(\boldsymbol{v}-\boldsymbol{u})+\boldsymbol{u}$, $\boldsymbol{v}-\boldsymbol{u} \in W_1$, $\boldsymbol{u} \in W_2$ となるので, $\boldsymbol{v}$ は W_1, W_2 のベクトルの和で表され, $\mathbf{R}^3=W_1+W_2=W_1 \oplus W_2$ であることがわかる.

(3) $\mathbf{R}^3$ の部分空間 $W_1=\langle \boldsymbol{e}_1, \boldsymbol{e}_2 \rangle$, $W_2=\langle \boldsymbol{e}_2, \boldsymbol{e}_3 \rangle$ に対して,

$$\mathbf{R}^3=W_1+W_2, \quad W_1 \cap W_2=\langle \boldsymbol{e}_2 \rangle \neq \{\mathbf{0}\}$$

である. したがって, $\mathbf{R}^3=W_1+W_2$ であるが, 直和にはなっていない.

命題 4.2 線形空間 V の 2 つの部分空間 W_1, W_2 に対して, 以下の条件は同値である.

(1) W_1+W_2 は直和である.

(2) W_1+W_2 の任意の元 $\boldsymbol{w}$ は $\boldsymbol{w}_1 \in W_1$, $\boldsymbol{w}_2 \in W_2$ を用いて一意的に $\boldsymbol{w}=\boldsymbol{w}_1+\boldsymbol{w}_2$ と表される.

証明 (1) を仮定する. $\boldsymbol{w}=\boldsymbol{w}_1+\boldsymbol{w}_2=\boldsymbol{v}_1+\boldsymbol{v}_2$, $\boldsymbol{w}_1, \boldsymbol{v}_1 \in W_1$, $\boldsymbol{w}_2, \boldsymbol{v}_2 \in W_2$ とする. このとき $\boldsymbol{w}_1-\boldsymbol{v}_1=\boldsymbol{v}_2-\boldsymbol{w}_2 \in W_1 \cap W_2=\{\mathbf{0}\}$ であるから $\boldsymbol{w}_1=\boldsymbol{v}_1$, $\boldsymbol{w}_2=\boldsymbol{v}_2$ となる. よって記述は一意的であり (2) が成り立つ.

(2) を仮定する. $\boldsymbol{w} \in W_1 \cap W_2$ とすれば $\boldsymbol{w}=\boldsymbol{w}+\mathbf{0} \in W_1+W_2$, $\boldsymbol{w}=\mathbf{0}+\boldsymbol{w} \in W_1+W_2$ で記述の一意性から $\boldsymbol{w}=\mathbf{0}$ である. □

一般に線形空間 V の部分空間 $W_1, \cdots, W_r$ に対して, その和 $W_1+\cdots+W_r$ が**直和** $W_1 \oplus \cdots \oplus W_r$ であるとは, $W_1+\cdots+W_r$ の任意の元 $\boldsymbol{w}$ が $\boldsymbol{w}_i \in W_i$ $(i=1,\cdots,r)$ を用いて一意的に $\boldsymbol{w}=\boldsymbol{w}_1+\cdots+\boldsymbol{w}_r$ と表されることである.

命題 4.2 より, この定義は 2 つの部分空間の直和の定義を特別な場合として含む. さらに, この定義は 2 つの直和を用いて帰納的に

$$W_1 \oplus \cdots \oplus W_r=((\cdots(W_1 \oplus W_2) \oplus \cdots) \oplus W_{r-1}) \oplus W_r$$

と定義したものと同値であることが次の定理からわかる.

定理 4.3　線形空間 V の部分空間 $W_1, \cdots, W_r$ に対して, 以下の条件は同値である.

(1) $W_1 + \cdots + W_r$ は直和である.

(2) $i = 1, \cdots, r$ について $W_i \cap (W_1 + \cdots + W_{i-1} + W_{i+1} + \cdots + W_r) = \mathbf{0}$ が成り立つ.

証明　(1) を仮定する. 直和の定義は部分空間の順序に無関係であるから $i = 1$ について示せば他も同様である. $\boldsymbol{w} \in W_1 \cap (W_2 + \cdots + W_r)$ とする. $\boldsymbol{w} \in W_1$ であり, またある $\boldsymbol{w}_i \in W_i$ $(i = 2, \cdots, r)$ があって $\boldsymbol{w} = \boldsymbol{w}_2 + \cdots + \boldsymbol{w}_r$ と表すことができる. このとき記述の一意性から $\boldsymbol{w} = \mathbf{0}$ である.

(2) を仮定する. $\displaystyle\sum_{i=1}^{r} \boldsymbol{w}_i = \sum_{i=1}^{r} \boldsymbol{v}_i$, $\boldsymbol{w}_i, \boldsymbol{v}_i \in W_i$ とする. このとき $j = 1, \cdots, r$ について $\boldsymbol{w}_j - \boldsymbol{v}_j = \displaystyle\sum_{i \neq j} (\boldsymbol{v}_i - \boldsymbol{w}_i) \in W_j \cap (W_1 + \cdots + W_{j-1} + W_{j+1} + \cdots + W_r) = \{\mathbf{0}\}$ であるから $\boldsymbol{w}_j = \boldsymbol{v}_j$ となる. したがって, $W_1 + \cdots + W_r$ の任意の元の記述は一意的である. □

4.2　基底と次元

線形空間 V の k 個のベクトル $\boldsymbol{v}_1, \boldsymbol{v}_2, \cdots, \boldsymbol{v}_k$ が次の条件をみたすとき, このベクトルの組 $\boldsymbol{v}_1, \boldsymbol{v}_2, \cdots, \boldsymbol{v}_k$ は **1 次独立**であるという.

$$r_1 \boldsymbol{v}_1 + r_2 \boldsymbol{v}_2 + \cdots + r_k \boldsymbol{v}_k = \mathbf{0}$$

が成り立つスカラー $r_1, r_2, \cdots, r_k$ は $r_1 = r_2 = \cdots = r_k = 0$ に限る.

また $\boldsymbol{v}_1, \boldsymbol{v}_2, \cdots, \boldsymbol{v}_k$ が 1 次独立でないとき, $\boldsymbol{v}_1, \boldsymbol{v}_2, \cdots, \boldsymbol{v}_k$ は **1 次従属**であるという. すなわち, 少なくとも 1 つは 0 でない, あるスカラーの組 $r_1, r_2, \cdots, r_k$ について

$$r_1 \boldsymbol{v}_1 + r_2 \boldsymbol{v}_2 + \cdots + r_k \boldsymbol{v}_k = \mathbf{0}$$

が成り立つとき, $\boldsymbol{v}_1, \boldsymbol{v}_2, \cdots, \boldsymbol{v}_k$ は 1 次従属である. このときたとえば, $r_i \neq 0$

とすれば

$$\boldsymbol{v}_i = -\frac{r_1}{r_i}\boldsymbol{v}_1 - \frac{r_2}{r_i}\boldsymbol{v}_2 - \cdots - \frac{r_{i-1}}{r_i}\boldsymbol{v}_{i-1} - \frac{r_{i+1}}{r_i}\boldsymbol{v}_{i+1} - \cdots - \frac{r_k}{r_i}\boldsymbol{v}_k$$

と表せる．したがって，$\boldsymbol{v}_1, \boldsymbol{v}_2, \cdots, \boldsymbol{v}_k$ が 1 次従属であることは，$\boldsymbol{v}_1, \boldsymbol{v}_2, \cdots, \boldsymbol{v}_k$ のうちどれか 1 つが他のベクトルの 1 次結合で表すことができることでもある．

特に，零ベクトルでない 1 つのベクトル $\boldsymbol{v}$ (からなる組) は 1 次独立である．

$\boldsymbol{v}_1, \boldsymbol{v}_2, \cdots, \boldsymbol{v}_k$ のうち少なくとも 1 つが零ベクトルのときは，$\boldsymbol{v}_1, \boldsymbol{v}_2, \cdots, \boldsymbol{v}_k$ は 1 次従属である．したがって，$\boldsymbol{v}_1, \boldsymbol{v}_2, \cdots, \boldsymbol{v}_k$ が 1 次独立ならば，どのベクトルも零ベクトルではない．

$\mathbf{R}^n$ のベクトル

$$\boldsymbol{v}_1 = \begin{pmatrix} a_{11} \\ a_{21} \\ \vdots \\ a_{n1} \end{pmatrix}, \boldsymbol{v}_2 = \begin{pmatrix} a_{12} \\ a_{22} \\ \vdots \\ a_{n2} \end{pmatrix}, \cdots, \boldsymbol{v}_k = \begin{pmatrix} a_{1k} \\ a_{2k} \\ \vdots \\ a_{nk} \end{pmatrix}$$

が 1 次独立となる条件を考える．実数 $r_1, r_2, \cdots, r_k$ に関して，

$$r_1\boldsymbol{v}_1 + r_2\boldsymbol{v}_2 + \cdots + r_k\boldsymbol{v}_k = \mathbf{0}$$

が成り立つとする．

$A = (\boldsymbol{v}_1, \cdots, \boldsymbol{v}_k)$, $\boldsymbol{x} = \begin{pmatrix} r_1 \\ \vdots \\ r_k \end{pmatrix}$ とすれば例 4.1.1(1) より $A\boldsymbol{x} = \mathbf{0}$ と表される．この連立 1 次方程式が自明な解 $\boldsymbol{x} = \mathbf{0}$ のみをもつとき，$\boldsymbol{v}_1, \boldsymbol{v}_2, \cdots, \boldsymbol{v}_k$ は 1 次独立であり，自明でない解 ($\boldsymbol{x} \neq \mathbf{0}$ となる解) をもつとき $\boldsymbol{v}_1, \boldsymbol{v}_2, \cdots, \boldsymbol{v}_k$ は 1 次従属である．

したがって，命題 2.9 により次の定理が得られる．

定理 4.4 上の方程式の係数行列を $A = (a_{ij}) = (\boldsymbol{v}_1, \boldsymbol{v}_2, \cdots, \boldsymbol{v}_k)$ とおく．このとき，$\boldsymbol{v}_1, \boldsymbol{v}_2, \cdots, \boldsymbol{v}_k$ が 1 次独立であるための必要十分条件は $\operatorname{rank} A = k$ である．

系 4.5　$\boldsymbol{v}_1, \boldsymbol{v}_2, \cdots, \boldsymbol{v}_k$ が1次従属であるための必要十分条件は $\operatorname{rank} A < k$ である.

系 4.6

(1) $k > n$ ならば, $\mathbf{R}^n$ の k 個のベクトル $\boldsymbol{v}_1, \boldsymbol{v}_2, \cdots, \boldsymbol{v}_k$ はつねに1次従属である.

(2) $\mathbf{R}^n$ の n 個のベクトル $\boldsymbol{v}_1, \boldsymbol{v}_2, \cdots, \boldsymbol{v}_n$ について, $A = (\boldsymbol{v}_1, \boldsymbol{v}_2, \cdots, \boldsymbol{v}_n)$ とおくとき, 次は互いに同値である.

(a) $\boldsymbol{v}_1, \boldsymbol{v}_2, \cdots, \boldsymbol{v}_n$ は1次独立である.

(b) $\operatorname{rank} A = n$

(c) $|A| \neq 0$

(d) A は正則行列である.

例 4.2.1

(1) $\mathbf{R}^n$ の基本ベクトル $\boldsymbol{e}_1, \boldsymbol{e}_2, \cdots, \boldsymbol{e}_n$ は1次独立である.

(2) (m, n) 行列全体 $M(m, n; \mathbf{R})$ において, (i, j) 成分が1で, その他の成分がすべて0である行列を $\boldsymbol{e}_{ij}$ で表し, **行列単位**という. $m \times n$ 個の行列単位の組は1次独立である.

例題 4.2.2　$\mathbf{R}^3$ のベクトル $\boldsymbol{a} = \begin{pmatrix} 1 \\ 2 \\ 1 \end{pmatrix}, \boldsymbol{b} = \begin{pmatrix} 1 \\ -1 \\ 1 \end{pmatrix}, \boldsymbol{c} = \begin{pmatrix} 1 \\ 1 \\ -2 \end{pmatrix}$ は1次独立であることを示せ.

解答　行列

$$A = \begin{pmatrix} 1 & 1 & 1 \\ 2 & -1 & 1 \\ 1 & 1 & -2 \end{pmatrix}$$

とおけば, 基本変形によって $\operatorname{rank} A = 3$ となることが確かめられるので, 上の定理 4.4 から, $\boldsymbol{a}, \boldsymbol{b}, \boldsymbol{c}$ は1次独立である.

問 4.2.3　次の 3 つのベクトルが 1 次独立かどうか判定し, 1 次従属ならば 1 つのベクトルを他のベクトルの 1 次結合として表せ.

(1) $\boldsymbol{a} = \begin{pmatrix} 1 \\ 1 \\ 1 \end{pmatrix}, \boldsymbol{b} = \begin{pmatrix} 1 \\ -1 \\ 1 \end{pmatrix}, \boldsymbol{c} = \begin{pmatrix} 1 \\ 1 \\ -1 \end{pmatrix}$

(2) $\boldsymbol{a} = \begin{pmatrix} 1 \\ 1 \\ 1 \end{pmatrix}, \boldsymbol{b} = \begin{pmatrix} 1 \\ 2 \\ 3 \end{pmatrix}, \boldsymbol{c} = \begin{pmatrix} 1 \\ 0 \\ -1 \end{pmatrix}$

命題 4.7　線形空間 V において, 次が成り立つ.

(1) $\boldsymbol{v}_1, \boldsymbol{v}_2, \cdots, \boldsymbol{v}_n$ を V の 1 次独立なベクトルとする. $1 \leqq s \leqq n$ とすると, これらのベクトルのうち任意の s 個 のベクトルは 1 次独立である.

(2) $\boldsymbol{v}_1, \boldsymbol{v}_2, \cdots, \boldsymbol{v}_n$ を V の 1 次従属なベクトルとする. V の任意のベクトル $\boldsymbol{u}$ に対して $\boldsymbol{v}_1, \boldsymbol{v}_2, \cdots, \boldsymbol{v}_n, \boldsymbol{u}$ は 1 次従属である.

(3) $\boldsymbol{v}_1, \boldsymbol{v}_2, \cdots, \boldsymbol{v}_n$ が 1 次独立で, $\boldsymbol{v}_1, \boldsymbol{v}_2, \cdots, \boldsymbol{v}_n, \boldsymbol{u}$ が 1 次従属ならば, $\boldsymbol{u}$ は $\boldsymbol{v}_1, \boldsymbol{v}_2, \cdots, \boldsymbol{v}_n$ の 1 次結合で表すことができ, その表し方は一通りである.

証明　(1) $\boldsymbol{v}_1, \boldsymbol{v}_2, \cdots, \boldsymbol{v}_n$ から任意に s 個選び, それを $\boldsymbol{v}_{i_1}, \boldsymbol{v}_{i_2}, \cdots, \boldsymbol{v}_{i_s}$ とし, これ以外のベクトルを $\boldsymbol{v}_{j_1}, \cdots, \boldsymbol{v}_{j_{n-s}}$ とする.

$$c_1\boldsymbol{v}_{i_1} + c_2\boldsymbol{v}_{i_2} + \cdots + c_s\boldsymbol{v}_{i_s} = \boldsymbol{0}$$

と仮定する. このとき

$$c_1\boldsymbol{v}_{i_1} + c_2\boldsymbol{v}_{i_2} + \cdots + c_s\boldsymbol{v}_{i_s} + 0v_{j_1} + \cdots + 0\boldsymbol{v}_{j_{n-s}} = \boldsymbol{0}.$$

ここで, $\boldsymbol{v}_1, \boldsymbol{v}_2, \cdots, \boldsymbol{v}_n$ は 1 次独立であるから, $c_1 = \cdots = c_s = 0$ である. したがって, $\boldsymbol{v}_{i_1}, \boldsymbol{v}_{i_2}, \cdots, \boldsymbol{v}_{i_s}$ は 1 次独立である.

(2) $\boldsymbol{v}_1, \cdots, \boldsymbol{v}_n$ が 1 次従属であるから, 少なくともどれか 1 つが 0 ではないスカラー $c_1, c_2, \cdots, c_n$ に対して,

$$c_1\boldsymbol{v}_1 + c_2\boldsymbol{v}_2 + \cdots + c_n\boldsymbol{v}_n = \boldsymbol{0}$$

と表すことができる. このとき, $c_1\boldsymbol{v}_1 + c_2\boldsymbol{v}_2 + \cdots + c_n\boldsymbol{v}_n + 0\,\boldsymbol{u} = \boldsymbol{0}$ でも

ある．したがって，$\boldsymbol{v}_1, \cdots, \boldsymbol{v}_n, \boldsymbol{u}$ は1次従属である．

(3) $\boldsymbol{v}_1, \cdots, \boldsymbol{v}_n, \boldsymbol{u}$ は1次従属であるから，少なくともどれか1つが0でないスカラー $c_1, c_2, \cdots, c_n, \mu$ に対して，

$$c_1\boldsymbol{v}_1 + c_2\boldsymbol{v}_2 + \cdots + c_n\boldsymbol{v}_n + \mu\boldsymbol{u} = \boldsymbol{0}$$

と表すことができる．このとき，$\mu = 0$ と仮定すると，$c_1, c_2, \cdots, c_n$ のうち少なくともどれか1つが0でなく

$$c_1\boldsymbol{v}_1 + c_2\boldsymbol{v}_2 + \cdots + c_n\boldsymbol{v}_n = \boldsymbol{0}$$

であるから，$\boldsymbol{v}_1, \boldsymbol{v}_2, \cdots, \boldsymbol{v}_n$ が1次独立であることに反する．したがって，$\mu \neq 0$ でなければならない．これより

$$\boldsymbol{u} = -\frac{c_1}{\mu}\boldsymbol{v}_1 - \frac{c_2}{\mu}\boldsymbol{v}_2 - \cdots - \frac{c_n}{\mu}\boldsymbol{v}_n$$

が得られ，$\boldsymbol{u}$ は $\boldsymbol{v}_1, \boldsymbol{v}_2, \cdots, \boldsymbol{v}_n$ の1次結合で表される．

また，

$$\boldsymbol{u} = r_1\boldsymbol{v}_1 + r_2\boldsymbol{v}_2 + \cdots + r_n\boldsymbol{v}_n$$
$$\boldsymbol{u} = s_1\boldsymbol{v}_1 + s_2\boldsymbol{v}_2 + \cdots + s_n\boldsymbol{v}_n$$

と2通りに表せたとすると，

$$\boldsymbol{0} = (r_1 - s_1)\boldsymbol{v}_1 + (r_2 - s_2)\boldsymbol{v}_2 + \cdots + (r_n - s_n)\boldsymbol{v}_n$$

である．$\boldsymbol{v}_1, \cdots, \boldsymbol{v}_n$ は1次独立であるから，

$$r_1 = s_1,\ r_2 = s_2,\ \cdots,\ r_n = s_n$$

である．したがって，$\boldsymbol{u}$ の表し方はただ一通りに限られる．　□

基底　V を線形空間とする．V のベクトル $\boldsymbol{v}_1, \boldsymbol{v}_2, \cdots, \boldsymbol{v}_n$ が次の2つの条件をみたすとき，ベクトルの組 $\{\boldsymbol{v}_1, \boldsymbol{v}_2, \cdots, \boldsymbol{v}_n\}$ を V の**基底**という．

(1) $\boldsymbol{v}_1, \boldsymbol{v}_2, \cdots, \boldsymbol{v}_n$ は1次独立である．

(2) $V = \langle \boldsymbol{v}_1, \boldsymbol{v}_2, \cdots, \boldsymbol{v}_n \rangle$．すなわち，$V$ の任意のベクトルは $\boldsymbol{v}_1, \boldsymbol{v}_2, \cdots, \boldsymbol{v}_n$ の1次結合で表すことができる．

例題 4.2.4

(1) $\mathbf{R}^3$ の基本ベクトルの組 $\{\boldsymbol{e}_1, \boldsymbol{e}_2, \boldsymbol{e}_3\}$ は $\mathbf{R}^3$ の基底であることを示せ.

(2) $\left\{\begin{pmatrix} 1 \\ 1 \\ 1 \end{pmatrix}, \begin{pmatrix} 0 \\ 1 \\ 1 \end{pmatrix}, \begin{pmatrix} 0 \\ 0 \\ 1 \end{pmatrix}\right\}$ は $\mathbf{R}^3$ の基底であることを示せ.

証明 (1) 例 4.2.1 により, $\boldsymbol{e}_1$, $\boldsymbol{e}_2$, $\boldsymbol{e}_3$ は 1 次独立である. $\mathbf{R}^3$ の任意のベクトル $\boldsymbol{x} = \begin{pmatrix} x \\ y \\ z \end{pmatrix}$ に対して, $\boldsymbol{x} = x\boldsymbol{e}_1 + y\boldsymbol{e}_2 + z\boldsymbol{e}_3$ と表せるから, $\{\boldsymbol{e}_1, \boldsymbol{e}_2, \boldsymbol{e}_3\}$ は $\mathbf{R}^3$ の基底である.

(2) $\det\begin{pmatrix} 1 & 0 & 0 \\ 1 & 1 & 0 \\ 1 & 1 & 1 \end{pmatrix} = 1 \neq 0$ であるから, 系 4.6(2) により, この 3 つのベクトルは 1 次独立である. また $\mathbf{R}^3$ の任意のベクトルは,

$$\begin{pmatrix} x \\ y \\ z \end{pmatrix} = x\begin{pmatrix} 1 \\ 1 \\ 1 \end{pmatrix} + (y-x)\begin{pmatrix} 0 \\ 1 \\ 1 \end{pmatrix} + (z-y)\begin{pmatrix} 0 \\ 0 \\ 1 \end{pmatrix}$$

と表されるので, $\left\{\begin{pmatrix} 1 \\ 1 \\ 1 \end{pmatrix}, \begin{pmatrix} 0 \\ 1 \\ 1 \end{pmatrix}, \begin{pmatrix} 0 \\ 0 \\ 1 \end{pmatrix}\right\}$ は $\mathbf{R}^3$ の基底である. □

この例題 4.2.4 では, 線形空間の基底はいく通りもとり方があることを示している. しかし, 有限個のベクトルで生成された線形空間においては, 基底をなすベクトルの個数は一定であることを以下で示す.

補題 4.8 V のベクトル $\boldsymbol{a}_1, \boldsymbol{a}_2, \cdots, \boldsymbol{a}_n$ がそれぞれベクトル $\boldsymbol{b}_1, \boldsymbol{b}_2, \cdots, \boldsymbol{b}_m$ の 1 次結合で表されているとする. もし, $n > m$ ならば, $\boldsymbol{a}_1, \cdots, \boldsymbol{a}_n$ は 1 次従属である.

証明　ベクトル $\boldsymbol{a}_1, \boldsymbol{a}_2, \cdots, \boldsymbol{a}_n$ が $\boldsymbol{b}_1, \boldsymbol{b}_2, \cdots, \boldsymbol{b}_m$ の1次結合として次のように表されたとする.

$$\begin{aligned}\boldsymbol{a}_1 &= c_{11}\boldsymbol{b}_1 + c_{21}\boldsymbol{b}_2 + \cdots + c_{m1}\boldsymbol{b}_m \\ \boldsymbol{a}_2 &= c_{12}\boldsymbol{b}_1 + c_{22}\boldsymbol{b}_2 + \cdots + c_{m2}\boldsymbol{b}_m \\ &\cdots \\ \boldsymbol{a}_n &= c_{1n}\boldsymbol{b}_1 + c_{2n}\boldsymbol{b}_2 + \cdots + c_{mn}\boldsymbol{b}_m\end{aligned}$$

これを行列の積の形式に

$$(\boldsymbol{a}_1, \cdots, \boldsymbol{a}_n) = (\boldsymbol{b}_1, \cdots, \boldsymbol{b}_m)\begin{pmatrix} c_{11} & c_{12} & \cdots & c_{1n} \\ c_{21} & c_{22} & \cdots & c_{2n} \\ \vdots & \vdots & \ddots & \vdots \\ c_{m1} & c_{m2} & \cdots & c_{mn} \end{pmatrix}$$

と表すことができる. この (m, n) 行列 $C = (c_{ij})$ は $m < n$ であることから $C\boldsymbol{x} = 0$ は自明でない解 $\boldsymbol{x} \neq 0$ をもつ.

$$(\boldsymbol{a}_1, \cdots, \boldsymbol{a}_n)\boldsymbol{x} = (\boldsymbol{b}_1, \cdots, \boldsymbol{b}_m)C\boldsymbol{x} = \boldsymbol{0}$$

となる. これは $\{\boldsymbol{a}_1, \cdots, \boldsymbol{a}_n\}$ が1次従属であることを示している. □

定理 4.9　$\{\boldsymbol{v}_1, \cdots, \boldsymbol{v}_n\}, \{\boldsymbol{u}_1, \cdots, \boldsymbol{u}_m\}$ を V の基底とするとき, $n = m$ である.

証明　$\{\boldsymbol{v}_1, \cdots, \boldsymbol{v}_n\}$ は基底であるから, 各 $\boldsymbol{u}_1, \boldsymbol{u}_2, \cdots, \boldsymbol{u}_m$ は $\boldsymbol{v}_1, \boldsymbol{v}_2, \cdots, \boldsymbol{v}_n$ の1次結合で表される. $m > n$ と仮定すると, 補題4.8により, $\boldsymbol{u}_1, \boldsymbol{u}_2, \cdots, \boldsymbol{u}_m$ が1次従属となり, $\{\boldsymbol{u}_1, \boldsymbol{u}_2, \cdots, \boldsymbol{u}_m\}$ が V の基底 (1次独立) であることに反するから, $m \leqq n$ である. $\{\boldsymbol{v}_i\}$ と $\{\boldsymbol{u}_i\}$ を取り替えれば $n \leqq m$ となる. したがって, $n = m$ である. □

線形空間 V が有限個のベクトルで生成されているとき, V は**有限次元**であるといい, 有限次元でないとき**無限次元**であるという. 有限次元線形空間の基底を構成するベクトルの個数は定理4.9により一定であるからその個数を V の**次元**といい, $\dim V$ と表す. すなわち, 基底となる n 個のベクトルの組があるとき,

$$\dim V = n$$

である．また $\dim\{\mathbf{0}\} = 0$ と定める．

例 4.2.5

(1) $\mathbf{R}^n$ の基本ベクトルの組 $\{\boldsymbol{e}_1, \boldsymbol{e}_2, \cdots, \boldsymbol{e}_n\}$ は $\mathbf{R}^n$ の基底である．これを**標準基底**という．したがって，$\dim \mathbf{R}^n = n$ である．

(2) V を線形空間とし，$\boldsymbol{v}_1, \boldsymbol{v}_2, \cdots, \boldsymbol{v}_k$ を V の 1 次独立なベクトルとする．$\boldsymbol{v}_1, \boldsymbol{v}_2, \cdots, \boldsymbol{v}_k$ で生成される部分空間 $\langle \boldsymbol{v}_1, \boldsymbol{v}_2, \cdots, \boldsymbol{v}_k \rangle$ の次元は k である．

(3) 例 4.1.1 (2) で定義された，(m, n) 行列全体 $M(m, n; \mathbf{R})$ において，すべての行列単位の組 $\{\boldsymbol{e}_{ij} \mid 1 \leqq i \leqq m, 1 \leqq j \leqq n\}$ は (m, n) 行列全体のなす線形空間の基底である．したがって，$\dim M(m, n; \mathbf{R}) = mn$ である．

(4) 例 4.1.1 (3) で定義された多項式全体のなす線形空間 $\mathbf{R}[x]$ は無限次元である．実際，任意の自然数 n に対して 1 次独立な多項式の組

$$1, x, x^2, \cdots, x^{n-1}$$

をとることができる．

命題 4.10 線形空間 V が n 次元であるための必要十分条件は，1 次独立なベクトルの最大個数が n であることである．このとき 1 次独立な n 個のベクトルは V の基底である．

証明 $\dim V = n$ とし，V の基底を $\{\boldsymbol{v}_1, \boldsymbol{v}_2, \cdots, \boldsymbol{v}_n\}$ とする．V の $n+1$ 個の任意のベクトル $\boldsymbol{w}_1, \boldsymbol{w}_2, \cdots, \boldsymbol{w}_{n+1}$ は基底 $\{\boldsymbol{v}_1, \boldsymbol{v}_2, \cdots, \boldsymbol{v}_n\}$ の 1 次結合で表すことができる．補題 4.8 により，$\boldsymbol{w}_1, \boldsymbol{w}_2, \cdots, \boldsymbol{w}_{n+1}$ は 1 次従属である．したがって，V には $n+1$ 個以上の 1 次独立であるベクトルの組は存在しない．

V に含まれる 1 次独立であるベクトルの最大個数が n であるとし，それらを $\boldsymbol{v}_1, \boldsymbol{v}_2, \cdots, \boldsymbol{v}_n$ とする．V の任意のベクトル $\boldsymbol{u}$ に対して，$\boldsymbol{v}_1, \boldsymbol{v}_2, \cdots, \boldsymbol{v}_n, \boldsymbol{u}$ は 1 次従属である．命題 4.7(3) により，$\boldsymbol{u}$ は $\boldsymbol{v}_1, \cdots, \boldsymbol{v}_n$ の 1 次結合で表すことができる．したがって，$\{\boldsymbol{v}_1, \boldsymbol{v}_2, \cdots, \boldsymbol{v}_n\}$ は V の基底となるから，$\dim V = n$ である．

□

定理 4.11　V を n 次元線形空間とする．$\boldsymbol{v}_1, \cdots, \boldsymbol{v}_k$ $(k < n)$ が 1 次独立とする．このとき，V の適当なベクトル $\boldsymbol{u}_1, \cdots, \boldsymbol{u}_r$ $(r = n - k)$ を付け加えて $\{\boldsymbol{v}_1, \cdots, \boldsymbol{v}_k, \boldsymbol{u}_1, \cdots, \boldsymbol{u}_r\}$ が V の基底となるようにできる．

証明　1 次独立なベクトル $\boldsymbol{v}_1, \cdots, \boldsymbol{v}_k$ で生成される部分空間 $W = \langle \boldsymbol{v}_1, \cdots, \boldsymbol{v}_k \rangle$ の次元は k である．

$k < n$ であるので W に含まれない V のベクトルがある．その 1 つを $\boldsymbol{u}_1$ とする．このとき，$\boldsymbol{u}_1$ は W のベクトルでないから，$\boldsymbol{u}_1$ は $\boldsymbol{v}_1, \cdots, \boldsymbol{v}_k$ の 1 次結合で表すことができない．したがって，命題 4.7(3) により $\boldsymbol{v}_1, \cdots, \boldsymbol{v}_k, \boldsymbol{u}_1$ は 1 次独立である．

$k + 1 = n$ ならば，命題 4.10 により，$\{\boldsymbol{v}_1, \cdots, \boldsymbol{v}_k, \boldsymbol{u}_1\}$ は V の基底である．$k + 1 < n$ ならば，$\langle \boldsymbol{v}_1, \boldsymbol{v}_2, \cdots, \boldsymbol{v}_k, \boldsymbol{u}_1 \rangle$ に含まれない V のベクトルを $\boldsymbol{u}_2$ とすると，$\boldsymbol{v}_1, \boldsymbol{v}_2, \cdots, \boldsymbol{v}_k, \boldsymbol{u}_1, \boldsymbol{u}_2$ は 1 次独立である．1 次独立な n 個のベクトルになるまで，これを繰り返すことにより $\boldsymbol{u}_1, \cdots, \boldsymbol{u}_r$ を $\boldsymbol{v}_1, \cdots, \boldsymbol{v}_k$ に付け加えた形の V の基底が得られる．□

系 4.12　V を有限次元線形空間とし，W をその部分空間とするとき，次が成り立つ．

(1) $\dim W \leqq \dim V$,

(2) $\dim W = \dim V$ ならば $W = V$.

証明　定理 4.11 により，W の基底に適当なベクトルを加えて V の基底とすることができるから，$\dim W \leqq \dim V$ である．$\dim W = \dim V$ ならば，W の基底を V の基底とすることができるから $W = V$ である．□

命題 4.13　V を有限次元線形空間とし，W_1, W_2 をその部分空間とするとき，次が成り立つ．

$$\dim(W_1 + W_2) = \dim W_1 + \dim W_2 - \dim(W_1 \cap W_2).$$

証明　$W_1 \cap W_2$ の基底を $\{\boldsymbol{w}_1, \cdots, \boldsymbol{w}_k\}$ とする．$W_1 \cap W_2$ は W_1, W_2 の

部分空間だから, 定理 4.11 により, W_1, W_2 の基底として $\boldsymbol{w}_1, \cdots, \boldsymbol{w}_k$ を含むように選ぶ. W_1 の基底 を $\{\boldsymbol{w}_1, \cdots, \boldsymbol{w}_k, \boldsymbol{u}_1, \cdots, \boldsymbol{u}_t\}$ とし, W_2 の基底を $\{\boldsymbol{w}_1, \cdots, \boldsymbol{w}_k, \boldsymbol{v}_1, \cdots, \boldsymbol{v}_s\}$ とするとき, $\{\boldsymbol{w}_1, \cdots, \boldsymbol{w}_k, \boldsymbol{u}_1, \cdots, \boldsymbol{u}_t, \boldsymbol{v}_1, \cdots, \boldsymbol{v}_s\}$ は $W_1 + W_2$ の基底となることを示せばよい.

生成系であることと 1 次独立であることを示す.

$W_1 + W_2$ のベクトルは $\boldsymbol{x} \in W_1$, $\boldsymbol{y} \in W_2$ によって $\boldsymbol{x} + \boldsymbol{y}$ と表されるが, それぞれが $\{\boldsymbol{w}_1, \cdots, \boldsymbol{w}_k, \boldsymbol{u}_1, \cdots, \boldsymbol{u}_t\}$, $\{\boldsymbol{w}_1, \cdots, \boldsymbol{w}_k, \boldsymbol{v}_1, \cdots, \boldsymbol{v}_s\}$ の 1 次結合で表されるので, $\boldsymbol{x} + \boldsymbol{y}$ は $\{\boldsymbol{w}_1, \cdots, \boldsymbol{w}_k, \boldsymbol{u}_1, \cdots, \boldsymbol{u}_t, \boldsymbol{v}_1, \cdots, \boldsymbol{v}_s\}$ の 1 次結合となる.

$(\boldsymbol{w}_1, \cdots, \boldsymbol{w}_k)\boldsymbol{x} + (\boldsymbol{u}_1, \cdots, \boldsymbol{u}_t)\boldsymbol{y} + (\boldsymbol{v}_1, \cdots, \boldsymbol{v}_s)\boldsymbol{z} = \boldsymbol{0}$ と仮定する. $\boldsymbol{z} = \boldsymbol{0}$ ならば $\{\boldsymbol{w}_1, \cdots, \boldsymbol{w}_k, \boldsymbol{u}_1, \cdots, \boldsymbol{u}_t\}$ が W_1 の基底となることから $\boldsymbol{x} = \boldsymbol{0}$, $\boldsymbol{y} = \boldsymbol{0}$ である. $\boldsymbol{z} \neq \boldsymbol{0}$ とすれば $(\boldsymbol{w}_1, \cdots, \boldsymbol{w}_k)\boldsymbol{x} + (\boldsymbol{u}_1, \cdots, \boldsymbol{u}_t)\boldsymbol{y} = -(\boldsymbol{v}_1, \cdots, \boldsymbol{v}_s)\boldsymbol{z}$ は $W_1 \cap W_2$ のベクトルであり $(\boldsymbol{v}_1, \cdots, \boldsymbol{v}_s)\boldsymbol{z} = (\boldsymbol{w}_1, \cdots, \boldsymbol{w}_k)\boldsymbol{x}'$ と表すことができるが $\{\boldsymbol{w}_1, \cdots, \boldsymbol{w}_k, \boldsymbol{v}_1, \cdots, \boldsymbol{v}_s\}$ が W_2 の基底であることから, $\boldsymbol{z} = \boldsymbol{0}$, $\boldsymbol{x}' = \boldsymbol{0}$ でなくてはならない. これは $\boldsymbol{z} \neq \boldsymbol{0}$ と矛盾する. □

系 4.14　V を有限次元線形空間とし, W_1, W_2 をその部分空間で. $V = W_1 + W_2$ とする. このとき, $V = W_1 \oplus W_2$ であるための必要十分条件は $\dim V = \dim W_1 + \dim W_2$ である.

命題 4.15　V を有限次元線形空間とし, W をその部分空間とするとき,

$$V = W \oplus W'$$

をみたす V の部分空間 W' が存在する.

証明　W の基底を $\{\boldsymbol{v}_1, \cdots, \boldsymbol{v}_k\}$ とする. 定理 4.11 により V の基底として W の基底を含む基底 $\{\boldsymbol{v}_1, \cdots, \boldsymbol{v}_k, \boldsymbol{u}_1, \cdots, \boldsymbol{u}_r\}$ を選ぶ. $W' = \langle \boldsymbol{u}_1, \cdots, \boldsymbol{u}_r \rangle$ とすると, $V = W + W'$ であり, $W \cap W' = \{\boldsymbol{0}\}$ であるから, $V = W \oplus W'$ である. □

問 4.2.6　$\mathbf{R}^4$ の部分空間

$$W = \left\langle \begin{pmatrix} 1 \\ 0 \\ 2 \\ 1 \end{pmatrix}, \begin{pmatrix} 1 \\ 1 \\ 1 \\ 1 \end{pmatrix} \right\rangle$$

に対して, $\mathbf{R}^4 = W \oplus W'$ となる W' の例を示せ.

問 4.2.7　$\mathbf{R}^4$ において, W_1, W_2 を次のように定める.

$$W_1 = \left\{ \begin{pmatrix} x \\ y \\ z \\ w \end{pmatrix} \middle| \ x + 2y + 3z + w = 0 \right\}$$

$$W_2 = \left\{ \begin{pmatrix} x \\ y \\ z \\ w \end{pmatrix} \middle| \ x + 2y + 3z + w = 0,\ 3y + z + w = 0 \right\}$$

このとき, $\dim W_1$, $\dim W_2$, $\dim(W_1 \cap W_2)$, $\dim(W_1 + W_2)$ を求めよ.

問 4.2.8　W_1, W_2 を n 次元線形空間 V の部分空間とする.
$\dim W_1 = n-1$, $\dim W_2 = n-1$, $W_1 \neq W_2$ のとき,

$$\dim(W_1 + W_2) = n, \quad \dim(W_1 \cap W_2) = n-2$$

が成り立つことを示せ.

4.3　基底の変換行列

線形空間の基底のとり方は一通りではない. ここでは与えられた2組の基底の関係を調べる.

V を n 次元線形空間とし, $\{\boldsymbol{v}_1, \boldsymbol{v}_2, \cdots, \boldsymbol{v}_n\}$, $\{\boldsymbol{u}_1, \boldsymbol{u}_2, \cdots, \boldsymbol{u}_n\}$ を V の2つの基底とする. 基底の定義 により, $\boldsymbol{u}_j$ $(1 \leqq j \leqq n)$ を $\boldsymbol{v}_1, \boldsymbol{v}_2, \cdots, \boldsymbol{v}_n$ の1次結合として一意的に表すことができる. そこで

$$\begin{aligned} \boldsymbol{u}_1 &= p_{11}\boldsymbol{v}_1 + p_{21}\boldsymbol{v}_2 + \cdots + p_{n1}\boldsymbol{v}_n \\ \boldsymbol{u}_2 &= p_{12}\boldsymbol{v}_1 + p_{22}\boldsymbol{v}_2 + \cdots + p_{n2}\boldsymbol{v}_n \\ &\cdots \\ \boldsymbol{u}_n &= p_{1n}\boldsymbol{v}_1 + p_{2n}\boldsymbol{v}_2 + \cdots + p_{nn}\boldsymbol{v}_n \end{aligned}$$

とする.

これを行列の積の形式に

$$(\boldsymbol{u}_1, \boldsymbol{u}_2, \cdots, \boldsymbol{u}_n) = (\boldsymbol{v}_1, \boldsymbol{v}_2, \cdots, \boldsymbol{v}_n)\begin{pmatrix} p_{11} & p_{12} & \cdots & p_{1n} \\ p_{21} & p_{22} & \cdots & p_{2n} \\ \vdots & \vdots & \ddots & \vdots \\ p_{n1} & p_{n2} & \cdots & p_{nn} \end{pmatrix}$$

と表すことにする. このとき係数でつくられた行列

$$P = \begin{pmatrix} p_{11} & p_{12} & \cdots & p_{1n} \\ p_{21} & p_{22} & \cdots & p_{2n} \\ \vdots & \vdots & \ddots & \vdots \\ p_{n1} & p_{n2} & \cdots & p_{nn} \end{pmatrix}$$

を基底 $\{\boldsymbol{v}_1, \boldsymbol{v}_2, \cdots, \boldsymbol{v}_n\}$ から基底 $\{\boldsymbol{u}_1, \boldsymbol{u}_2, \cdots, \boldsymbol{u}_n\}$ への**基底の変換行列**という.

基底の変換行列について次が成り立つ.

定理 4.16

(1) $\{\boldsymbol{u}_1, \boldsymbol{u}_2, \cdots, \boldsymbol{u}_n\}$ から $\{\boldsymbol{u}_1, \boldsymbol{u}_2, \cdots, \boldsymbol{u}_n\}$ への基底の変換行列は単位行列である.

(2) 基底 $\{\boldsymbol{v}_1, \boldsymbol{v}_2, \cdots, \boldsymbol{v}_n\}$ から基底 $\{\boldsymbol{u}_1, \boldsymbol{u}_2, \cdots, \boldsymbol{u}_n\}$ への基底の変換行列を P, $\{\boldsymbol{w}_1, \boldsymbol{w}_2, \cdots, \boldsymbol{w}_n\}$ から $\{\boldsymbol{v}_1, \boldsymbol{v}_2, \cdots, \boldsymbol{v}_n\}$ への基底の変換行列を Q とする. このとき, $\{\boldsymbol{w}_1, \boldsymbol{w}_2, \cdots, \boldsymbol{w}_n\}$ から $\{\boldsymbol{u}_1, \boldsymbol{u}_2, \cdots, \boldsymbol{u}_n\}$ への基底の変換行列は QP である.

(3) 基底 $\{\boldsymbol{v}_1, \boldsymbol{v}_2, \cdots, \boldsymbol{v}_n\}$ から基底 $\{\boldsymbol{u}_1, \boldsymbol{u}_2, \cdots, \boldsymbol{u}_n\}$ への基底の変換行列を P, $\{\boldsymbol{u}_1, \boldsymbol{u}_2, \cdots, \boldsymbol{u}_n\}$ から $\{\boldsymbol{v}_1, \boldsymbol{v}_2, \cdots, \boldsymbol{v}_n\}$ への基底の変換行列を Q とすると, $QP = E_n$, $PQ = E_n$ である. したがって, 基底の変換行列は正則行列で $Q = P^{-1}$ ある.

証明 (1) $(\boldsymbol{u}_1, \cdots, \boldsymbol{u}_n) = (\boldsymbol{u}_1, \cdots, \boldsymbol{u}_n)E$ であり, $\{\boldsymbol{u}_1, \cdots, \boldsymbol{u}_n\}$ から $\{\boldsymbol{u}_1, \cdots, \boldsymbol{u}_n\}$ への基底の変換行列は単位行列である.

(2) P, Q は

$$\begin{aligned}(\boldsymbol{u}_1, \boldsymbol{u}_2, \cdots, \boldsymbol{u}_n) &= (\boldsymbol{v}_1, \boldsymbol{v}_2, \cdots, \boldsymbol{v}_n)P \\ (\boldsymbol{v}_1, \boldsymbol{v}_2, \cdots, \boldsymbol{v}_n) &= (\boldsymbol{w}_1, \boldsymbol{w}_2, \cdots, \boldsymbol{w}_n)Q\end{aligned}$$

であるから, 2 番目の式を 1 番目の式に代入することにより

$$(\boldsymbol{u}_1, \boldsymbol{u}_2, \cdots, \boldsymbol{u}_n) = (\boldsymbol{w}_1, \boldsymbol{w}_2, \cdots, \boldsymbol{w}_n)QP$$

である. したがって, $\{\boldsymbol{w}_1, \boldsymbol{w}_2, \cdots, \boldsymbol{w}_n\}$ から $\{\boldsymbol{u}_1, \boldsymbol{u}_2, \cdots, \boldsymbol{u}_n\}$ への基底の変換行列は QP である.

(3) (1) と (2) から得られる. □

問 4.3.1　V を 4 次元線形空間とし, その基底を $\{\boldsymbol{u}_1, \boldsymbol{u}_2, \boldsymbol{u}_3, \boldsymbol{u}_4\}$ とする. この基底から基底 $\{\boldsymbol{u}_1, \boldsymbol{u}_1+\boldsymbol{u}_2, \boldsymbol{u}_1+\boldsymbol{u}_2+\boldsymbol{u}_3, \boldsymbol{u}_1+\boldsymbol{u}_2+\boldsymbol{u}_3+\boldsymbol{u}_4\}$ への基底の変換行列を求めよ.

問 4.3.2　$\boldsymbol{u}_1, \boldsymbol{u}_2, \cdots, \boldsymbol{u}_n$ を 1 次独立なベクトルとし, A, B を n 次正方行列とする. $(\boldsymbol{u}_1, \cdots, \boldsymbol{u}_n)A = (\boldsymbol{u}_1, \cdots, \boldsymbol{u}_n)B$ ならば $A = B$ であることを示せ.

問 4.3.3　A を n 次正則行列とする. $\boldsymbol{v}_1, \boldsymbol{v}_2, \cdots, \boldsymbol{v}_n$ を 1 次独立なベクトルとし, $(\boldsymbol{u}_1, \boldsymbol{u}_2, \cdots, \boldsymbol{u}_n) = (\boldsymbol{v}_1, \boldsymbol{v}_2, \cdots, \boldsymbol{v}_n)A$ ならば, $\{\boldsymbol{u}_1, \boldsymbol{u}_2, \cdots, \boldsymbol{u}_n\}$ は 1 次独立であることを示せ.

問 4.3.4　A を (m, n) 行列とする. $\{\boldsymbol{v}_1, \boldsymbol{v}_2, \cdots, \boldsymbol{v}_m\}$ を 1 次独立なベクトルとし, $(\boldsymbol{u}_1, \boldsymbol{u}_2, \cdots, \boldsymbol{u}_n) = (\boldsymbol{v}_1, \boldsymbol{v}_2, \cdots, \boldsymbol{v}_m)A$ とする. このとき次を示せ.

(1) $\operatorname{rank} A = n$ ならば $\boldsymbol{u}_1, \boldsymbol{u}_2, \cdots, \boldsymbol{u}_n$ は 1 次独立である.

(2) $\operatorname{rank} A < n$ ならば $\boldsymbol{u}_1, \boldsymbol{u}_2, \cdots, \boldsymbol{u}_n$ は 1 次従属である.

成分表示　線形空間 V の基底を $\{\boldsymbol{u}_1, \boldsymbol{u}_2, \cdots, \boldsymbol{u}_n\}$ とする. V の任意のベクトル $\boldsymbol{x}$ を

$$\boldsymbol{x} = x_1\boldsymbol{u}_1 + x_2\boldsymbol{u}_2 + \cdots + x_n\boldsymbol{u}_n = (\boldsymbol{u}_1, \boldsymbol{u}_2, \cdots, \boldsymbol{u}_n)\begin{pmatrix} x_1 \\ x_2 \\ \vdots \\ x_n \end{pmatrix}$$

と表したとき, n 項列ベクトル $\begin{pmatrix} x_1 \\ x_2 \\ \vdots \\ x_n \end{pmatrix}$ を V の基底 $\{\boldsymbol{u}_1, \boldsymbol{u}_2, \cdots, \boldsymbol{u}_n\}$ に関するベクトル $\boldsymbol{x}$ の**成分表示**という.

例 4.3.5　$\mathbf{R}^3$ の標準基底 $\{\boldsymbol{e}_1, \boldsymbol{e}_2, \boldsymbol{e}_3\}$ を用いて $\boldsymbol{a} = \begin{pmatrix} 1 \\ 2 \\ 3 \end{pmatrix}$ は

$$\boldsymbol{a} = \boldsymbol{e}_1 + 2\boldsymbol{e}_2 + 3\boldsymbol{e}_3$$

と表すことができる. したがって, $\boldsymbol{a}$ は標準基底 $\{\boldsymbol{e}_1, \boldsymbol{e}_2, \boldsymbol{e}_3\}$ に関する成分表示である.

命題 4.17　線形空間 V の基底 $\{\boldsymbol{v}_1, \cdots, \boldsymbol{v}_n\}$ から V の基底 $\{\boldsymbol{u}_1, \cdots, \boldsymbol{u}_n\}$ への基底の変換行列を P とする. ベクトル $\boldsymbol{x}$ の基底 $\{\boldsymbol{u}_1, \boldsymbol{u}_2, \cdots, \boldsymbol{u}_n\}$ に関する成分表示を $\begin{pmatrix} x_1 \\ x_2 \\ \vdots \\ x_n \end{pmatrix}$ とするとき, $\begin{pmatrix} y_1 \\ y_2 \\ \vdots \\ y_n \end{pmatrix} = P \begin{pmatrix} x_1 \\ x_2 \\ \vdots \\ x_n \end{pmatrix}$ は基底 $\{\boldsymbol{v}_1, \boldsymbol{v}_2, \cdots, \boldsymbol{v}_n\}$ に関する $\boldsymbol{x}$ の成分表示である.

証明　基底の変換行列 P は $(\boldsymbol{u}_1, \cdots, \boldsymbol{u}_n) = (\boldsymbol{v}_1, \cdots, \boldsymbol{v}_n)P$ をみたしている.

$$(\boldsymbol{v}_1, \cdots, \boldsymbol{v}_n) \begin{pmatrix} y_1 \\ \vdots \\ y_n \end{pmatrix} = (\boldsymbol{u}_1, \cdots, \boldsymbol{u}_n) \begin{pmatrix} x_1 \\ \vdots \\ x_n \end{pmatrix} = (\boldsymbol{v}_1, \cdots, \boldsymbol{v}_n)P \begin{pmatrix} x_1 \\ \vdots \\ x_n \end{pmatrix}$$

であるから, 基底によるベクトルの表し方の一意性 (命題 4.7(3)) により, 求める結果を得る.　□

この命題は V の基底のとり方により V の元の成分表示は異なるが, その関係は基底の変換行列によって決定されることを示している.

例題 4.3.6　$\boldsymbol{u}_1 = \begin{pmatrix} 1 \\ 1 \end{pmatrix}, \boldsymbol{u}_2 = \begin{pmatrix} -1 \\ 1 \end{pmatrix}$ は $\mathbf{R}^2$ の基底である．$\mathbf{R}^2$ の標準基底を $\{\boldsymbol{e}_1, \boldsymbol{e}_2\}$ とする．$\{\boldsymbol{u}_1, \boldsymbol{u}_2\}$ から $\{\boldsymbol{e}_1, \boldsymbol{e}_2\}$ への基底の変換行列を求め，$\begin{pmatrix} x \\ y \end{pmatrix}$ の $\{\boldsymbol{u}_1, \boldsymbol{u}_2\}$ に関する成分表示を求めよ．

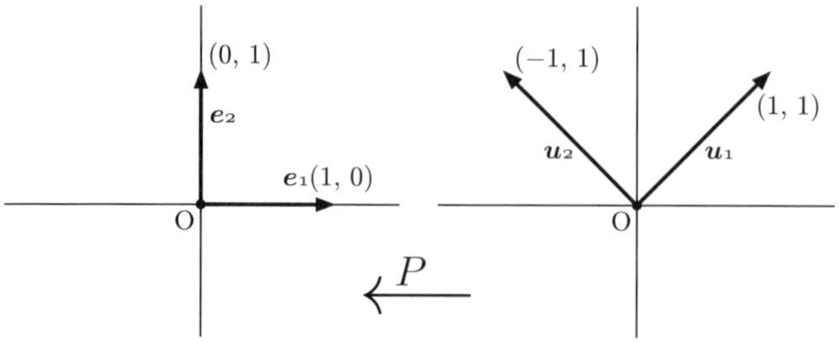

図 4.1　基底の変換

解答　$\{\boldsymbol{u}_1, \boldsymbol{u}_2\}$ から $\{\boldsymbol{e}_1, \boldsymbol{e}_2\}$ への基底の変換行列を P とする．

$$(\boldsymbol{e}_1, \boldsymbol{e}_2) = (\boldsymbol{u}_1, \boldsymbol{u}_2)P$$

$$P = (\boldsymbol{u}_1, \boldsymbol{u}_2)^{-1}(\boldsymbol{e}_1, \boldsymbol{e}_2) = \begin{pmatrix} 1 & -1 \\ 1 & 1 \end{pmatrix}^{-1} = \frac{1}{2}\begin{pmatrix} 1 & 1 \\ -1 & 1 \end{pmatrix} \text{ である．}$$

$\begin{pmatrix} x \\ y \end{pmatrix}$ は $\boldsymbol{e}_1, \boldsymbol{e}_2$ に関する成分表示である．したがって，$\boldsymbol{u}_1, \boldsymbol{u}_2$ に関する成分表示は

$$P\begin{pmatrix} x \\ y \end{pmatrix} = \frac{1}{2}\begin{pmatrix} x+y \\ -x+y \end{pmatrix}$$

となる．　□

例題 4.3.7 $(\boldsymbol{u}_1,\ \boldsymbol{u}_2,\ \boldsymbol{u}_3) = \begin{pmatrix} 1 & 0 & 0 \\ 0 & 1 & -1 \\ 0 & 1 & 1 \end{pmatrix}$, $(\boldsymbol{v}_1,\ \boldsymbol{v}_2,\ \boldsymbol{v}_3) = \begin{pmatrix} 1 & -1 & 0 \\ 1 & 1 & 0 \\ 0 & 0 & 1 \end{pmatrix}$ とする．このとき，$\{\boldsymbol{u}_1,\ \boldsymbol{u}_2,\ \boldsymbol{u}_3\}$, $\{\boldsymbol{v}_1,\ \boldsymbol{v}_2,\ \boldsymbol{v}_3\}$ は $\mathbf{R}^3$ の基底であることを確かめ，$\{\boldsymbol{u}_1,\ \boldsymbol{u}_2,\ \boldsymbol{u}_3\}$ から基底 $\{\boldsymbol{v}_1,\ \boldsymbol{v}_2,\ \boldsymbol{v}_3\}$ への基底の変換行列を求めよ．

解答　系 4.6(2) により行列式 $\det(\boldsymbol{u}_1,\ \boldsymbol{u}_2,\ \boldsymbol{u}_3) = 2\ (\neq 0)$, $\det(\boldsymbol{v}_1,\ \boldsymbol{v}_2,\ \boldsymbol{v}_3) = 2\ (\neq 0)$ であるから，$\{\boldsymbol{u}_1,\ \boldsymbol{u}_2,\ \boldsymbol{u}_3\}$, $\{\boldsymbol{v}_1,\ \boldsymbol{v}_2,\ \boldsymbol{v}_3\}$ は 1 次独立であり，また $\dim \mathbf{R}^3 = 3$ であることと，命題 4.10 によりこれらは $\mathbf{R}^3$ の基底である．

$\{\boldsymbol{u}_1,\ \boldsymbol{u}_2,\ \boldsymbol{u}_3\}$ から $\{\boldsymbol{v}_1,\ \boldsymbol{v}_2,\ \boldsymbol{v}_3\}$ への基底の変換行列を P とすると，

$$(\boldsymbol{v}_1,\ \boldsymbol{v}_2,\ \boldsymbol{v}_3) = (\boldsymbol{u}_1,\ \boldsymbol{u}_2,\ \boldsymbol{u}_3)P$$

$P = (\boldsymbol{u}_1,\ \boldsymbol{u}_2,\ \boldsymbol{u}_3)^{-1}(\boldsymbol{v}_1,\ \boldsymbol{v}_2,\ \boldsymbol{v}_3)$ より

$$P = \begin{pmatrix} 1 & 0 & 0 \\ 0 & 1 & -1 \\ 0 & 1 & 1 \end{pmatrix}^{-1} \begin{pmatrix} 1 & -1 & 0 \\ 1 & 1 & 0 \\ 0 & 0 & 1 \end{pmatrix} = \frac{1}{2}\begin{pmatrix} 2 & -2 & 0 \\ 1 & 1 & 1 \\ -1 & -1 & 1 \end{pmatrix}$$

となる．□

> **問 4.3.8**　$\boldsymbol{u}_1 = \begin{pmatrix} 1 \\ 1 \\ 1 \end{pmatrix}$, $\boldsymbol{u}_2 = \begin{pmatrix} 0 \\ 2 \\ 1 \end{pmatrix}$, $\boldsymbol{u}_3 = \begin{pmatrix} 1 \\ 0 \\ 1 \end{pmatrix}$, $\boldsymbol{v}_1 = \begin{pmatrix} 0 \\ 1 \\ 1 \end{pmatrix}$, $\boldsymbol{v}_2 = \begin{pmatrix} -1 \\ 1 \\ 0 \end{pmatrix}$, $\boldsymbol{v}_3 = \begin{pmatrix} 2 \\ 1 \\ 1 \end{pmatrix}$ とおくとき，$\{\boldsymbol{u}_1,\ \boldsymbol{u}_2,\ \boldsymbol{u}_3\}$, $\{\boldsymbol{v}_1,\ \boldsymbol{v}_2,\ \boldsymbol{v}_3\}$ は $\mathbf{R}^3$ の基底であることを示し，$\{\boldsymbol{u}_1,\ \boldsymbol{u}_2,\ \boldsymbol{u}_3\}$ から $\{\boldsymbol{v}_1,\ \boldsymbol{v}_2,\ \boldsymbol{v}_3\}$ への基底の変換行列を求めよ．また，$\{\boldsymbol{v}_1,\ \boldsymbol{v}_2,\ \boldsymbol{v}_3\}$ から $\{\boldsymbol{u}_1,\ \boldsymbol{u}_2,\ \boldsymbol{u}_3\}$ への基底の変換行列を求めよ．

4.4　内積をもつ線形空間

第 1 章で線形空間 $\mathbf{R}^n$ に内積を定義した．ここでは一般の線形空間について内積を定義する．

実内積空間 V を実線形空間とする. V の任意の 2 元 $\boldsymbol{x}$, $\boldsymbol{y}$ に対して, 実数 $(\boldsymbol{x}, \boldsymbol{y})$ が定まり, 次の条件をみたすとき, $(\boldsymbol{x}, \boldsymbol{y})$ を $\boldsymbol{x}$ と $\boldsymbol{y}$ の**内積**という.

(1) $(\boldsymbol{x}, \boldsymbol{x}) \geqq 0$ である. 等号は $\boldsymbol{x} = \boldsymbol{0}$ のときにのみ成立する.

(2) $(\boldsymbol{x}, \boldsymbol{y}) = (\boldsymbol{y}, \boldsymbol{x})$

(3) $(\boldsymbol{x} + \boldsymbol{y}, \boldsymbol{z}) = (\boldsymbol{x}, \boldsymbol{z}) + (\boldsymbol{y}, \boldsymbol{z})$, $(\boldsymbol{x}, \boldsymbol{y} + \boldsymbol{z}) = (\boldsymbol{x}, \boldsymbol{y}) + (\boldsymbol{x}, \boldsymbol{z})$

(4) $(r\boldsymbol{x}, \boldsymbol{y}) = (\boldsymbol{x}, r\boldsymbol{y}) = r(\boldsymbol{x}, \boldsymbol{y})$, $(r \in \mathbf{R})$

内積の定義された実数上の線形空間を, **内積空間** または**実内積空間**という. 内積空間 V の任意の部分空間は, V の内積により, 内積空間である.

例 4.4.1

(1) $\mathbf{R}^n$ の元 $\boldsymbol{x} = \begin{pmatrix} x_1 \\ \vdots \\ x_n \end{pmatrix}$, $\boldsymbol{y} = \begin{pmatrix} y_1 \\ \vdots \\ y_n \end{pmatrix}$ に対して,

$$(\boldsymbol{x}, \boldsymbol{y}) = x_1 y_1 + x_2 y_2 + \cdots + x_n y_n$$

と定義すると, これは内積の条件をみたしている (命題 1.2). この内積を $\mathbf{R}^n$ の**標準内積**という. $\mathbf{R}^n$ に標準内積を与えたとき, $\mathbf{R}^n$ を**ユークリッド空間**という. $\boldsymbol{x}, \boldsymbol{y} \in \mathbf{R}^n$ を $(n, 1)$ 行列と考えると, 標準内積は

$$(\boldsymbol{x}, \boldsymbol{y}) = {}^t\boldsymbol{x}\boldsymbol{y}$$

と表すことができる.

(2) $\mathbf{R}^2 \ni \boldsymbol{x} = \begin{pmatrix} x_1 \\ x_2 \end{pmatrix}$, $\boldsymbol{y} = \begin{pmatrix} y_1 \\ y_2 \end{pmatrix}$ に対して

$$(\boldsymbol{x}, \boldsymbol{y}) = x_1 y_1 + 2x_2 y_2$$

と定めると, これは内積の条件をみたしている. したがって, 内積の与え方は一通りではない.

以後, ことわりがない限り, $\mathbf{R}^n$ はユークリッド空間とする.

問 4.4.2 ユークリッド空間 $\mathbf{R}^n$ において, 次が成り立つことを示せ.

(1) A を n 次実正方行列とすると, $\boldsymbol{x}, \boldsymbol{y} \in \mathbf{R}^n$ に対して

$$(A\boldsymbol{x}, \boldsymbol{y}) = (\boldsymbol{x}, {}^tA\boldsymbol{y}), \quad (\boldsymbol{x}, A\boldsymbol{y}) = ({}^tA\boldsymbol{x}, \boldsymbol{y})$$

である．ここで (,) は標準内積とする．
(2) 任意の $\boldsymbol{z} \in \mathbf{R}^n$ に対して，$(\boldsymbol{x}, \boldsymbol{z}) = (\boldsymbol{y}, \boldsymbol{z})$ ならば $\boldsymbol{x} = \boldsymbol{y}$ である．

ノルム 実内積空間 V のベクトル $\boldsymbol{x}$ に対して，$(\boldsymbol{x}, \boldsymbol{x}) \geqq 0$ であるから，その平方根

$$\sqrt{(\boldsymbol{x}, \boldsymbol{x})}$$

をとることができる．これをベクトル $\boldsymbol{x}$ の**長さ**または**ノルム**といい，$\|\boldsymbol{x}\|$ で表す．

ユークリッド空間の場合 (命題 1.3) と同様に次が成り立つ．

(1) $\|\boldsymbol{x}\| \geqq 0$ (等号は $\boldsymbol{x} = \boldsymbol{0}$ のときにのみ成り立つ.)

(2) $\|r\boldsymbol{x}\| = |r| \cdot \|\boldsymbol{x}\|$ $(r \in \mathbf{R})$

(3) $|(\boldsymbol{x}, \boldsymbol{y})| \leqq \|\boldsymbol{x}\| \cdot \|\boldsymbol{y}\|$ (Cauchy–Schwarz 不等式)

(4) $\|\boldsymbol{x} + \boldsymbol{y}\| \leqq \|\boldsymbol{x}\| + \|\boldsymbol{y}\|$ (三角不等式)

証明は命題 1.3 の証明と同様である．

実内積空間の $\boldsymbol{0}$ でないベクトル $\boldsymbol{x}, \boldsymbol{y}$ に対しても，Cauchy–Schwarz 不等式から，

$$-1 \leqq \frac{(\boldsymbol{x}, \boldsymbol{y})}{\|\boldsymbol{x}\| \cdot \|\boldsymbol{y}\|} \leqq 1$$

であるから

$$\cos\theta = \frac{(\boldsymbol{x}, \boldsymbol{y})}{\|\boldsymbol{x}\| \cdot \|\boldsymbol{y}\|}$$

をみたす θ $(0 \leqq \theta \leqq \pi)$ がただ 1 つ決まる．この θ を $\boldsymbol{x}$ と $\boldsymbol{y}$ の**なす角**という．$(\boldsymbol{x}, \boldsymbol{y}) = 0$ のとき，$\boldsymbol{x}$ と $\boldsymbol{y}$ は**直交する**といい，$\boldsymbol{x} \perp \boldsymbol{y}$ と表す．

問 4.4.3 次の等式を証明せよ．
(1) $\|\boldsymbol{x} + \boldsymbol{y}\|^2 + \|\boldsymbol{x} - \boldsymbol{y}\|^2 = 2(\|\boldsymbol{x}\|^2 + \|\boldsymbol{y}\|^2)$
(2) $\|\boldsymbol{x} + \boldsymbol{y}\|^2 - \|\boldsymbol{x} - \boldsymbol{y}\|^2 = 4(\boldsymbol{x}, \boldsymbol{y})$

問 4.4.4 ユークリッド空間において，$\|\boldsymbol{u}\| = 1$ とする．ベクトル $\boldsymbol{x}$ に対して，$\boldsymbol{y} = (\boldsymbol{x}, \boldsymbol{u})\boldsymbol{u}$ を $\boldsymbol{x}$ の $\boldsymbol{u}$ **方向成分ベクトル**という．このとき，$\boldsymbol{x} - \boldsymbol{y}$ は $\boldsymbol{y}$ と直交することを示せ．

実内積空間 V における $\boldsymbol{0}$ でないベクトル $\boldsymbol{x}_1, \cdots, \boldsymbol{x}_r$ のどの 2 つも互いに

直交しているとき, すなわち,

$$(\boldsymbol{x}_i,\, \boldsymbol{x}_j) = 0 \quad (i \neq j)$$

であるとき, $\boldsymbol{x}_1, \cdots, \boldsymbol{x}_r$ は**直交系**であるという. さらに, 各ベクトルの長さが 1 のとき, すなわち

$$(\boldsymbol{x}_i,\, \boldsymbol{x}_i) = 1 \quad (i = 1,\, 2,\, \cdots, r)$$

であるとき, $\boldsymbol{x}_1, \cdots, \boldsymbol{x}_r$ は**正規直交系**であるという.

命題 4.18　直交系 $\boldsymbol{x}_1, \cdots, \boldsymbol{x}_r$ は 1 次独立である.

証明　$c_1\boldsymbol{x}_1 + c_2\boldsymbol{x}_2 + \cdots + c_r\boldsymbol{x}_r = \boldsymbol{0}$ と仮定する. このとき各 $\boldsymbol{x}_i$ $(i = 1, \cdots, r)$ との内積を考えると,

$$\begin{aligned} 0 = (\boldsymbol{0},\, \boldsymbol{x}_i) &= (c_1\boldsymbol{x}_1 + c_2\boldsymbol{x}_2 + \cdots + c_r\boldsymbol{x}_r,\, \boldsymbol{x}_i) \\ &= c_1(\boldsymbol{x}_1,\, \boldsymbol{x}_i) + c_2(\boldsymbol{x}_2,\, \boldsymbol{x}_i) + \cdots + c_r(\boldsymbol{x}_r,\, \boldsymbol{x}_i) \\ &= c_i(\boldsymbol{x}_i,\, \boldsymbol{x}_i) \end{aligned}$$

が成り立つ. ここで, $\boldsymbol{x}_i \neq \boldsymbol{0}$ より $(\boldsymbol{x}_i,\, \boldsymbol{x}_i) \neq 0$ であるから, $c_i = 0$ である. よって, $\boldsymbol{x}_1, \cdots, \boldsymbol{x}_r$ は 1 次独立である.　□

系 4.19　$\dim V = n$ で $\boldsymbol{x}_1, \cdots, \boldsymbol{x}_n$ が正規直交系ならば, $\{\boldsymbol{x}_1, \cdots, \boldsymbol{x}_n\}$ は基底となる.

正規直交系である基底を**正規直交基底**という.

例 4.4.5　(1) $\mathbf{R}^n$ の標準基底の組 $\{\boldsymbol{e}_1,\, \boldsymbol{e}_2, \cdots, \boldsymbol{e}_n\}$ は正規直交基底である.

(2) $\mathbf{R}^2$ において,

$$\left\{ \frac{1}{\sqrt{a^2+b^2}} \begin{pmatrix} a \\ b \end{pmatrix}, \frac{1}{\sqrt{a^2+b^2}} \begin{pmatrix} -b \\ a \end{pmatrix} \right\}$$

は正規直交基底である. ただし, $a \neq 0$ または $b \neq 0$ とする. (図 4.2)

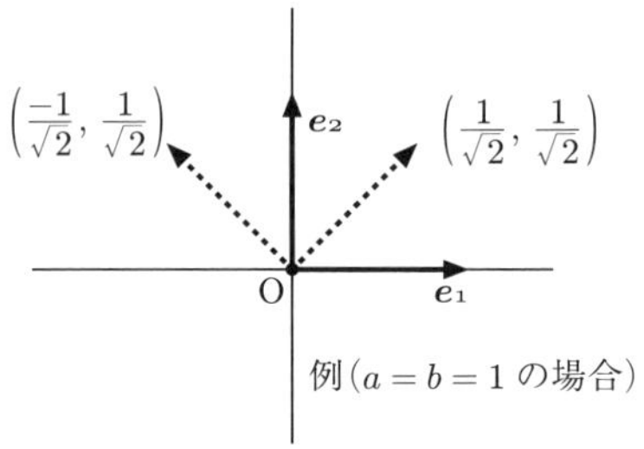

図 4.2　正規直交基底

正規直交系を具体的に与える方法として, 次の命題が成り立つ.

命題 4.20 (**Gram-Schmidt直交化法**) V を n 次元実内積空間とする. V の1次独立なベクトル $\boldsymbol{v}_1, \cdots, \boldsymbol{v}_m$ $(1 \leqq m \leqq n)$ に対して,

$$\langle \boldsymbol{v}_1, \boldsymbol{v}_2, \cdots, \boldsymbol{v}_m \rangle = \langle \boldsymbol{u}_1, \boldsymbol{u}_2, \cdots, \boldsymbol{u}_m \rangle$$

をみたす V の正規直交系 $\boldsymbol{u}_1, \boldsymbol{u}_2, \cdots, \boldsymbol{u}_m$ が存在する.

証明 帰納的に, 正規直交系を構成することで証明する.

$\boldsymbol{u}_1 = \dfrac{\boldsymbol{v}_1}{\|\boldsymbol{v}_1\|}$ とすると, $\|\boldsymbol{u}_1\| = 1$ であり, $\langle \boldsymbol{v}_1 \rangle = \langle \boldsymbol{u}_1 \rangle$ が成り立つ.

$\boldsymbol{u}_2{}' = \boldsymbol{v}_2 - (\boldsymbol{v}_2, \boldsymbol{u}_1)\boldsymbol{u}_1$ とおくと, $\boldsymbol{u}_2{}' \neq \boldsymbol{0}$. ここで, $\boldsymbol{u}_2 = \dfrac{\boldsymbol{u}_2{}'}{\|\boldsymbol{u}_2{}'\|}$ とおくと,

$$(\boldsymbol{u}_2, \boldsymbol{u}_1) = \frac{1}{\|\boldsymbol{u}_2{}'\|}\{(\boldsymbol{v}_2, \boldsymbol{u}_1) - (\boldsymbol{v}_2, \boldsymbol{u}_1)(\boldsymbol{u}_1, \boldsymbol{u}_1)\} = 0$$

であって, $\|\boldsymbol{u}_2\| = 1$ が成り立つ. このとき $\langle \boldsymbol{v}_1, \boldsymbol{v}_2 \rangle = \langle \boldsymbol{u}_1, \boldsymbol{u}_2 \rangle$ である.

次に $\boldsymbol{u}_3$ を次のようにつくる.

$$\boldsymbol{u}_3{}' = \boldsymbol{v}_3 - (\boldsymbol{v}_3, \boldsymbol{u}_1)\boldsymbol{u}_1 - (\boldsymbol{v}_3, \boldsymbol{u}_2)\boldsymbol{u}_2$$

とおくと, $\boldsymbol{u}_3{}' \neq \boldsymbol{0}$ である. ここで, $\boldsymbol{u}_3 = \dfrac{\boldsymbol{u}_3{}'}{\|\boldsymbol{u}_3{}'\|}$ とおくと,

$$(\boldsymbol{u}_3, \boldsymbol{u}_1) = \frac{1}{\|\boldsymbol{u}_3{}'\|}\{(\boldsymbol{v}_3, \boldsymbol{u}_1) - (\boldsymbol{v}_3, \boldsymbol{u}_1)(\boldsymbol{u}_1, \boldsymbol{u}_1) - (\boldsymbol{v}_3, \boldsymbol{u}_2)(\boldsymbol{u}_2, \boldsymbol{u}_1)\} = 0$$

である. また, $(\boldsymbol{u}_3, \boldsymbol{u}_2) = 0$, $\|\boldsymbol{u}_3\| = 1$ が成り立つ. このとき $\langle \boldsymbol{v}_1, \boldsymbol{v}_2, \boldsymbol{v}_3 \rangle = \langle \boldsymbol{u}_1, \boldsymbol{u}_2, \boldsymbol{u}_3 \rangle$ となっている.

この操作を繰り返して $\langle \boldsymbol{v}_1, \cdots, \boldsymbol{v}_{m-1} \rangle = \langle \boldsymbol{u}_1, \cdots, \boldsymbol{u}_{m-1} \rangle$ かつ $\boldsymbol{u}_1, \cdots, \boldsymbol{u}_{m-1}$ が正規直交系であるようにできたとする. ここで, $\boldsymbol{u}_1, \cdots, \boldsymbol{u}_{m-1}, \boldsymbol{v}_m$ の1次結合

$$\boldsymbol{u}_m{}' = \boldsymbol{v}_m - \sum_{i=1}^{m-1}(\boldsymbol{v}_m, \boldsymbol{u}_i)\boldsymbol{u}_i$$

に対して,

$$\boldsymbol{u}_m = \frac{\boldsymbol{u}_m{}'}{\|\boldsymbol{u}_m{}'\|}$$

とおくと, $\boldsymbol{u}_1, \cdots, \boldsymbol{u}_m$ は正規直交系で, $\langle \boldsymbol{v}_1, \cdots, \boldsymbol{v}_m \rangle = \langle \boldsymbol{u}_1, \cdots, \boldsymbol{u}_m \rangle$ が成り立つ. □

このようにして正規直交系を構成する方法を**グラム・シュミット (Gram-Schmidt) の直交化法**という.

$\mathbf{R}^m$ の 1 次独立な n 個のベクトルについてグラム・シュミットの直交化法を行うことは, $\operatorname{rank} A = n$ となる (m, n) 行列 A はある正則な上三角行列 T によって $AT = (\boldsymbol{u}_1, \cdots, \boldsymbol{u}_n)$ の列ベクトルが正規直交系となることを示している.

有限次元内積空間には, 基底が存在する. この基底に対してグラム・シュミットの直交化法を実行することにより, 次が導かれる.

系 4.21　有限次元内積空間には正規直交基底が存在する.

例題 4.4.6　$\mathbf{R}^3$ の基底 $\boldsymbol{a}_1 = \begin{pmatrix} 1 \\ -1 \\ 1 \end{pmatrix}$, $\boldsymbol{a}_2 = \begin{pmatrix} 2 \\ 1 \\ 1 \end{pmatrix}$, $\boldsymbol{a}_3 = \begin{pmatrix} -1 \\ 1 \\ 2 \end{pmatrix}$ に対して, グラム・シュミットの直交化法を用いて正規直交基底をつくれ.

解答　以下のように順に $\boldsymbol{b}_1, \boldsymbol{b}_2{}', \boldsymbol{b}_2, \boldsymbol{b}_3{}', \boldsymbol{b}_3$ を計算すればよい.

$$\boldsymbol{b}_1 = \frac{\boldsymbol{a}_1}{\|\boldsymbol{a}_1\|} = \frac{1}{\sqrt{3}}\begin{pmatrix} 1 \\ -1 \\ 1 \end{pmatrix}$$

$$\boldsymbol{b}_2{}' = \boldsymbol{a}_2 - (\boldsymbol{a}_2, \boldsymbol{b}_1)\boldsymbol{b}_1 = \begin{pmatrix} 2 \\ 1 \\ 1 \end{pmatrix} - \frac{2}{\sqrt{3}}\begin{pmatrix} \frac{1}{\sqrt{3}} \\ -\frac{1}{\sqrt{3}} \\ \frac{1}{\sqrt{3}} \end{pmatrix} = \frac{1}{3}\begin{pmatrix} 4 \\ 5 \\ 1 \end{pmatrix}$$

$$\boldsymbol{b}_2 = \frac{\boldsymbol{b}_2{}'}{\|\boldsymbol{b}_2{}'\|} = \frac{1}{\sqrt{42}}\begin{pmatrix} 4 \\ 5 \\ 1 \end{pmatrix}$$

$$\boldsymbol{b}_3{}' = \boldsymbol{a}_3 - (\boldsymbol{a}_3,\ \boldsymbol{b}_2)\boldsymbol{b}_2 - (\boldsymbol{a}_3,\ \boldsymbol{b}_1)\boldsymbol{b}_1 = \begin{pmatrix} -1 \\ 1 \\ 2 \end{pmatrix} - \frac{1}{14}\begin{pmatrix} 4 \\ 5 \\ 1 \end{pmatrix} - 0 = \frac{9}{14}\begin{pmatrix} -2 \\ 1 \\ 3 \end{pmatrix}$$

$$\boldsymbol{b}_3 = \frac{\boldsymbol{b}_3{}'}{\|\boldsymbol{b}_3{}'\|} = \frac{1}{\sqrt{14}}\begin{pmatrix} -2 \\ 1 \\ 3 \end{pmatrix}$$

このとき, $\{\boldsymbol{b}_1,\ \boldsymbol{b}_2,\ \boldsymbol{b}_3\}$ は $\mathbf{R}^3$ の正規直交基底となる. □

問 4.4.7　$\mathbf{R}^4$ のベクトル $\boldsymbol{a}_1 = \begin{pmatrix} 1 \\ -1 \\ 1 \\ -1 \end{pmatrix}$, $\boldsymbol{a}_2 = \begin{pmatrix} 0 \\ 1 \\ 2 \\ 0 \end{pmatrix}$, $\boldsymbol{a}_3 = \begin{pmatrix} 1 \\ 1 \\ 1 \\ 2 \end{pmatrix}$ に対して, $\langle \boldsymbol{a}_1,\ \boldsymbol{a}_2,\ \boldsymbol{a}_3 \rangle = \langle \boldsymbol{b}_1,\ \boldsymbol{b}_2,\ \boldsymbol{b}_3 \rangle$ となる正規直交系 $\boldsymbol{b}_1,\ \boldsymbol{b}_2,\ \boldsymbol{b}_3$ を求めよ.

直交補空間　実内積空間 V の部分空間 W に対して, W のどのベクトルとも直交する V のベクトルの全体

$\{\boldsymbol{x} \in V \mid$ 任意の $\boldsymbol{w} \in W$ に対して $(\boldsymbol{x},\ \boldsymbol{w}) = 0\}$

は, V の部分空間である. これを W の**直交補空間**といい, $W^{\perp}$ と表す.

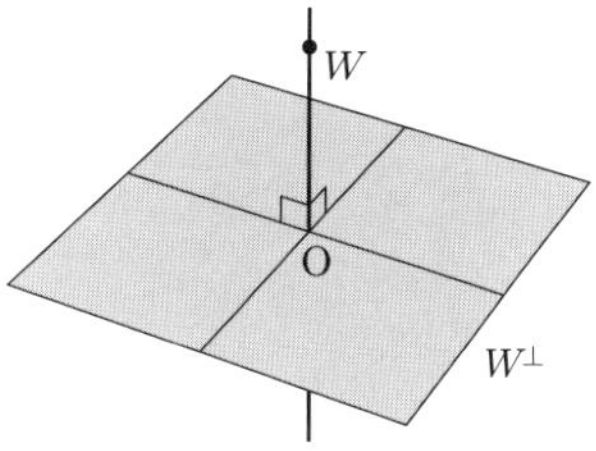

図 4.3　直交補空間

W_1, W_2 を V の部分空間とする. 任意の $\boldsymbol{x} \in W_1$, $\boldsymbol{y} \in W_2$ に対して $(\boldsymbol{x},\ \boldsymbol{y}) = 0$ であるとき, W_1 と W_2 は**直交する**という.

命題 4.22
(1) W の直交補空間 $W^{\perp}$ は V の部分空間である.
(2) V の部分空間 W_1, W_2 に対して, $W_1 \supset W_2$ ならば, $W_1{}^{\perp} \subset W_2{}^{\perp}$ である.

証明　(1) $\boldsymbol{x},\ \boldsymbol{y} \in W^{\perp}$ とすると任意の $\boldsymbol{w} \in W$ に対して $(\boldsymbol{x}, \boldsymbol{w}) = 0,\ (\boldsymbol{y}, \boldsymbol{w}) =$

0 である．任意の実数 k, ℓ に対して

$$(k\,\boldsymbol{x} + \ell\,\boldsymbol{y}, \boldsymbol{w}) = k\,(\boldsymbol{x}, \boldsymbol{w}) + \ell\,(\boldsymbol{y}, \boldsymbol{w}) = 0$$

ゆえに $k\,\boldsymbol{x} + \ell\,\boldsymbol{y} \in W^{\perp}$ となる．これより $W^{\perp}$ は V の部分空間である．

(2) $W_1 \supset W_2$ と仮定する．$\boldsymbol{x} \in {W_1}^{\perp}$ とする．このとき，任意の $\boldsymbol{y} \in W_1$ に対して $(\boldsymbol{x}, \boldsymbol{y}) = 0$ である．$W_1 \supset W_2$ であるから，任意の $\boldsymbol{y} \in W_2$ に対しても $(\boldsymbol{x}, \boldsymbol{y}) = 0$ である．よって $\boldsymbol{x} \in {W_2}^{\perp}$ となり ${W_1}^{\perp} \subset {W_2}^{\perp}$ である．□

直交補空間について次が成り立つ．

命題 4.23　V を実内積空間とし，W を有限次元部分空間とする．このとき，

$$V = W \oplus W^{\perp}$$

である．

証明　$V = W + W^{\perp}$ を示す．W の正規直交基底を $\{\boldsymbol{w}_1, \cdots, \boldsymbol{w}_k\}$ とする．V の任意のベクトル $\boldsymbol{v}$ に対して

$$\boldsymbol{w} = \boldsymbol{v} - \sum_{i=1}^{k} (\boldsymbol{v},\, \boldsymbol{w}_i)\boldsymbol{w}_i$$

とおくと，各 $\boldsymbol{w}_j$ $(j = 1, \cdots, k)$ について $\boldsymbol{w}$ との内積は

$$(\boldsymbol{w},\, \boldsymbol{w}_j) = (\boldsymbol{v},\, \boldsymbol{w}_j) - \sum_{i=1}^{k} (\boldsymbol{v},\, \boldsymbol{w}_i)(\boldsymbol{w}_i,\, \boldsymbol{w}_j) = 0$$

となる．任意の $W \ni \boldsymbol{z} = \sum z_j \boldsymbol{w}_j$ についても $(w,\, z) = \sum z_j(\boldsymbol{w}_j,\, \boldsymbol{w}) = \boldsymbol{0}$ となり，$\boldsymbol{w} \in W^{\perp}$ である．

また，$\sum (\boldsymbol{v},\, \boldsymbol{w}_i)\boldsymbol{w}_i \in W$ であるから，

$$\boldsymbol{v} = \sum_{i=1}^{k} (\boldsymbol{v},\, \boldsymbol{w}_i)\boldsymbol{w}_i + \boldsymbol{w} \in W + W^{\perp}$$

である．

$W \cap W^{\perp} = \{\boldsymbol{0}\}$ であることを示す．$\boldsymbol{x} \in W \cap W^{\perp}$ とすると，$\boldsymbol{x} \in W$ かつ $\boldsymbol{x} \in W^{\perp}$ であるから

$$(\boldsymbol{x},\, \boldsymbol{x}) = 0$$

となり, 内積の定義により, $\boldsymbol{x}=\boldsymbol{0}$. したがって, $W \cap W^{\perp}=\{\boldsymbol{0}\}$ である. 以上により求める結論が得られた. □

例題 4.4.8 $\mathbf{R}^4$ のベクトル $\boldsymbol{a}_1=\begin{pmatrix}1\\1\\1\\1\end{pmatrix}$, $\boldsymbol{a}_2=\begin{pmatrix}1\\0\\-1\\1\end{pmatrix}$ で生成された $\mathbf{R}^4$ の部分空間 $W=\langle \boldsymbol{a}_1, \boldsymbol{a}_2\rangle$ の直交補空間を求めよ.

解答 $\boldsymbol{a}_1, \boldsymbol{a}_2$ は 1 次独立であるから, $\boldsymbol{a}_1, \boldsymbol{a}_2$ に直交する 1 次独立な 2 つのベクトルを求めればよい.

$\boldsymbol{x}=\begin{pmatrix}x\\y\\z\\w\end{pmatrix}$ を $\boldsymbol{a}_1, \boldsymbol{a}_2$ に直交するベクトルとすると, $(\boldsymbol{x}, \boldsymbol{a}_1)=0, (\boldsymbol{x}, \boldsymbol{a}_2)=0$ であるから,

$$W^{\perp}=\left\{\begin{pmatrix}x\\y\\z\\w\end{pmatrix} \middle|\ x+y+z+w=0,\ x-z+w=0\right\}$$

この連立 1 次方程式を解いて $W^{\perp}$ の基底を求める. $t,\ s$ を任意定数として一般解

$$\begin{pmatrix}x\\y\\z\\w\end{pmatrix}=t\begin{pmatrix}1\\-2\\1\\0\end{pmatrix}+s\begin{pmatrix}-1\\0\\0\\1\end{pmatrix}$$

が得られる. したがって,

$$W^{\perp}=\left\langle \begin{pmatrix}1\\-2\\1\\0\end{pmatrix}, \begin{pmatrix}-1\\0\\0\\1\end{pmatrix}\right\rangle$$

である.

問 4.4.9　$\mathbf{R}^3$ の部分空間 $W = \left\langle \begin{pmatrix} 1 \\ 1 \\ 1 \end{pmatrix} \right\rangle$ の直交補空間とその正規直交基底を 1 組求めよ.

定理 4.24　V を実内積空間とし, $\{\boldsymbol{u}_1, \boldsymbol{u}_2, \cdots, \boldsymbol{u}_n\}$, $\{\boldsymbol{v}_1, \boldsymbol{v}_2, \cdots, \boldsymbol{v}_n\}$ を V の正規直交基底とするとき, 基底 $\{\boldsymbol{v}_1, \boldsymbol{v}_2, \cdots, \boldsymbol{v}_n\}$ から基底 $\{\boldsymbol{u}_1, \boldsymbol{u}_2, \cdots, \boldsymbol{u}_n\}$ への基底の変換行列 A は ${}^t\!AA = E_n = A\,{}^t\!A$ をみたす. この性質をみたす実正方行列を**直交行列**という.

証明　$\{\boldsymbol{v}_1, \boldsymbol{v}_2, \cdots, \boldsymbol{v}_n\}$ から $\{\boldsymbol{u}_1, \boldsymbol{u}_2, \cdots, \boldsymbol{u}_n\}$ への基底の変換行列を

$$A = (a_{ij}) = (\boldsymbol{a}_1, \boldsymbol{a}_2, \cdots, \boldsymbol{a}_n)$$

とする. このとき, 各 $\boldsymbol{u}_i$ は

$$\boldsymbol{u}_i = a_{1i}\boldsymbol{v}_1 + a_{2i}\boldsymbol{v}_2 + \cdots + a_{ni}\boldsymbol{v}_n$$

と表せる. また,

$$\delta_{ij} = \begin{cases} 1 & (i = j) \\ 0 & (i \neq j) \end{cases}$$

(δ_{ij} を**クロネッカー (Kronecker) のデルタ**と呼ぶ) とおくとき,
$\{\boldsymbol{u}_1, \boldsymbol{u}_2, \cdots, \boldsymbol{u}_n\}, \{\boldsymbol{v}_1, \boldsymbol{v}_2, \cdots, \boldsymbol{v}_n\}$ が正規直交基底であることより,

$$\begin{aligned}
\delta_{ij} &= (\boldsymbol{u}_i, \boldsymbol{u}_j) \\
&= (a_{1i}\boldsymbol{v}_1 + a_{2i}\boldsymbol{v}_2 + \cdots + a_{ni}\boldsymbol{v}_n, a_{1j}\boldsymbol{v}_1 + a_{2j}\boldsymbol{v}_2 + \cdots + a_{nj}\boldsymbol{v}_n) \\
&= a_{1i}a_{1j} + a_{2i}a_{2j} + \cdots + a_{ni}a_{nj} \\
&= {}^t\boldsymbol{a}_i\boldsymbol{a}_j = (\boldsymbol{a}_i, \boldsymbol{a}_j)
\end{aligned}$$

が成り立つ. 行列 A について ${}^t\!AA$ の (i, j) 成分は ${}^t\boldsymbol{a}_i\boldsymbol{a}_j = (\boldsymbol{a}_i, \boldsymbol{a}_j)$ であるから, ${}^t\!AA = E_n = A\,{}^t\!A$ となり A は直交行列である. □

問 4.4.10
$\{\boldsymbol{a}_1, \boldsymbol{a}_2\} = \left\{ \frac{1}{\sqrt{5}} \begin{pmatrix} 2 \\ -1 \end{pmatrix}, \frac{1}{\sqrt{5}} \begin{pmatrix} 1 \\ 2 \end{pmatrix} \right\}$, $\{\boldsymbol{b}_1, \boldsymbol{b}_2\} = \left\{ \frac{1}{\sqrt{2}} \begin{pmatrix} 1 \\ 1 \end{pmatrix}, \frac{1}{\sqrt{2}} \begin{pmatrix} -1 \\ 1 \end{pmatrix} \right\}$
とおく. $\mathbf{R}^2$ の正規直交基底 $\{\boldsymbol{a}_1, \boldsymbol{a}_2\}$ から $\{\boldsymbol{b}_1, \boldsymbol{b}_2\}$ への基底の変換行列を求めよ.
また, $\{\boldsymbol{b}_1, \boldsymbol{b}_2\}$ から $\{\boldsymbol{a}_1, \boldsymbol{a}_2\}$ への基底の変換行列を求めよ.

定理 4.25 n 次実正方行列 A について, 次は同値である.
(1) A は直交行列である.
(2) 任意のベクトル $\boldsymbol{x} \in \mathbf{R}^n$ に対して, $\|A\boldsymbol{x}\| = \|\boldsymbol{x}\|$.
(3) 任意のベクトル $\boldsymbol{x}, \boldsymbol{y} \in \mathbf{R}^n$ に対して, $(A\boldsymbol{x}, A\boldsymbol{y}) = (\boldsymbol{x}, \boldsymbol{y})$.
(4) A の 列ベクトル $\boldsymbol{a}_1, \boldsymbol{a}_2, \cdots, \boldsymbol{a}_n$ は $\mathbf{R}^n$ の正規直交基底である.

証明 直交行列を

$$A = (a_{ij}) = (\boldsymbol{a}_1, \boldsymbol{a}_2, \cdots, \boldsymbol{a}_n)$$

と表す. ${}^tAA$ の (i, j) 成分は ${}^t\boldsymbol{a}_i\boldsymbol{a}_j = (\boldsymbol{a}_i, \boldsymbol{a}_j)$ であるから, ${}^tAA = E_n = A\,{}^tA$ であることと, A の列ベクトル $\boldsymbol{a}_1, \boldsymbol{a}_2, \cdots, \boldsymbol{a}_n$ が $\mathbf{R}^n$ の正規直交基底であることは同値である. したがって, (1) と (4) は同値である.

(1) ⇒ (2) を示す. 問題 4.4.2 と ${}^tAA = E$ を用いれば,

$$(A\boldsymbol{x}, A\boldsymbol{x}) = (\boldsymbol{x}, {}^tAA\boldsymbol{x}) = (\boldsymbol{x}, \boldsymbol{x})$$

となる.

(2) ⇒ (3) を示す. 内積の性質より, 任意のベクトル $\boldsymbol{x}, \boldsymbol{y} \in \mathbf{R}^n$ に対して

$$(A(\boldsymbol{x}+\boldsymbol{y}), A(\boldsymbol{x}+\boldsymbol{y})) = (A\boldsymbol{x}, A\boldsymbol{x}) + 2(A\boldsymbol{x}, A\boldsymbol{y}) + (A\boldsymbol{y}, A\boldsymbol{y})$$
$$(\boldsymbol{x}+\boldsymbol{y}, \boldsymbol{x}+\boldsymbol{y}) = (\boldsymbol{x}, \boldsymbol{x}) + 2(\boldsymbol{x}, \boldsymbol{y}) + (\boldsymbol{y}, \boldsymbol{y})$$

この 2 つの式と (2) により, $(A\boldsymbol{x}, A\boldsymbol{y}) = (\boldsymbol{x}, \boldsymbol{y})$ となる.

(3) ⇒ (4) を示す. $\mathbf{R}^n$ の正規直交基底 $\{\boldsymbol{e}_1, \boldsymbol{e}_2, \cdots, \boldsymbol{e}_n\}$ に対して

$$A\boldsymbol{e}_i = \boldsymbol{a}_i, \quad A\boldsymbol{e}_j = \boldsymbol{a}_j$$

である. したがって,

$$(\boldsymbol{a}_i, \boldsymbol{a}_j) = (A\boldsymbol{e}_i, A\boldsymbol{e}_j) = (\boldsymbol{e}_i, \boldsymbol{e}_j) = \delta_{ij}.$$

であるから, 系 4.19 により, $\{\boldsymbol{a}_1, \boldsymbol{a}_2, \cdots, \boldsymbol{a}_n\}$ は $\mathbf{R}^n$ の正規直交基底である.

□

問 4.4.11 A を n 次直交行列とし, $\{\boldsymbol{u}_1, \boldsymbol{u}_2, \cdots, \boldsymbol{u}_n\}$ を $\mathbf{R}^n$ の正規直交基底とする. このとき

$$\{A\boldsymbol{u}_1, A\boldsymbol{u}_2, \cdots, A\boldsymbol{u}_n\}$$

は正規直交基底であることを示せ.

A を n 次実正方行列, $\boldsymbol{x}, \boldsymbol{y} \in \mathbf{R}^n$ とするとき $(A\boldsymbol{x}, \boldsymbol{y}) = {}^t\boldsymbol{y}A\boldsymbol{x} = {}^t({}^tA\boldsymbol{y})\boldsymbol{x} = (\boldsymbol{x}, {}^tA\boldsymbol{y})$ と表される. このことから対称行列を内積を用いて次のように特徴付けることができる.

命題 4.26　n 次実正方行列 A について, 次は同値である.

(1) A は対称行列である.

(2) 任意のベクトル $\boldsymbol{x}, \boldsymbol{y} \in \mathbf{R}^n$ に対して, $(A\boldsymbol{x}, \boldsymbol{y}) = (\boldsymbol{x}, A\boldsymbol{y})$.

証明　(1) より $(A\boldsymbol{x}, \boldsymbol{y}) = (\boldsymbol{x}, {}^tA\boldsymbol{y}) = (\boldsymbol{x}, A\boldsymbol{y})$ となるので (2) となる. 逆に (2) で $\boldsymbol{x} = \boldsymbol{e}_i, \boldsymbol{y} = \boldsymbol{e}_j$ とおけば $(A\boldsymbol{e}_i, \boldsymbol{e}_j) = a_{ji}$, $(\boldsymbol{e}_i, A\boldsymbol{e}_j) = a_{ij}$ となるので ${}^tA = A$ となる. □

■ 複素内積空間 ■　これまで実線形空間について内積を考えてきたが, 複素線形空間に内積を拡張する. 複素線形空間 V の 2 元 $\boldsymbol{x}, \boldsymbol{y}$ に対して複素数 $(\boldsymbol{x}, \boldsymbol{y})$ が定まり次の条件をみたすとき, $(\boldsymbol{x}, \boldsymbol{y})$ を $\boldsymbol{x}$ と $\boldsymbol{y}$ の**内積**という. ($\bar{z}$ は z の共役複素数を表す)

(1) $(\boldsymbol{x}, \boldsymbol{x})$ は負でない実数である. $(\boldsymbol{x}, \boldsymbol{x}) = 0$ は $\boldsymbol{x} = \mathbf{0}$ のときにのみ成り立つ.

(2) $(\boldsymbol{x}, \boldsymbol{y}) = \overline{(\boldsymbol{y}, \boldsymbol{x})}$

(3) $(\boldsymbol{x} + \boldsymbol{y}, \boldsymbol{z}) = (\boldsymbol{x}, \boldsymbol{z}) + (\boldsymbol{y}, \boldsymbol{z})$, $(\boldsymbol{x}, \boldsymbol{y} + \boldsymbol{z}) = (\boldsymbol{x}, \boldsymbol{y}) + (\boldsymbol{x}, \boldsymbol{z})$

(4) $(a\boldsymbol{x}, \boldsymbol{y}) = a(\boldsymbol{x}, \boldsymbol{y})$, $(\boldsymbol{x}, a\boldsymbol{y}) = \bar{a}(\boldsymbol{x}, \boldsymbol{y})$

内積が定義された複素線形空間を**複素内積空間**または**内積空間**という. $\|\boldsymbol{x}\| = \sqrt{(\boldsymbol{x}, \boldsymbol{x})}$ を $\boldsymbol{x}$ の長さまたはノルムという.

例 4.4.12　$\mathbf{C}^n = \left\{ \begin{pmatrix} z_1 \\ \vdots \\ z_n \end{pmatrix} \middle| z_i \in \mathbf{C} \right\}$ のベクトル $\boldsymbol{x} = \begin{pmatrix} x_1 \\ \vdots \\ x_n \end{pmatrix}$, $\boldsymbol{y} =$

$\begin{pmatrix} y_1 \\ \vdots \\ y_n \end{pmatrix}$ に対して

$$(\boldsymbol{x},\, \boldsymbol{y}) = \sum_{i=1}^{n} x_i\, \overline{y_i}$$

と定義すると, これは内積の条件をみたしている. この内積を $\mathbf{C}^n$ の**標準内積**という. 以後, $\mathbf{C}^n$ にはこの標準内積が与えられているものとする.

複素数を成分とする行列を複素行列という. 複素 $(m,\, n)$ 行列 $A = (a_{ij})$ に対して, 成分を共役複素数に取り替えた行列

$$\overline{A} = (\overline{a_{ij}})$$

を A の**共役行列**という. $\overline{A}$ の転置行列 ${}^t\overline{A}$ を A の**随伴行列**といい A^* で表す.

問 4.4.13 $A,\, B$ を複素行列とするとき, 次を示せ.
(1) $(A^*)^* = A$ (2) $(A+B)^* = A^* + B^*$ (3) $(aA)^* = \overline{a}A^*$ $(a \in \mathbf{C})$
(4) $(AB)^* = B^*A^*$ (5) $(A^*)^{-1} = (A^{-1})^*$

実内積空間についての性質を, 複素内積空間においても同様に考察すれば次のことが成り立つ. 証明は省略する.

(1) 有限次元複素内積空間には正規直交基底が存在する.

(2) 有限次元複素内積空間 V の 2 つの正規直交基底の変換行列 A は $A^*A = E = AA^*$ をみたす. この性質をみたす行列を**ユニタリ行列**という.

定理 4.27 n 次複素正方行列 A について, 次は同値である.
(1) A はユニタリ行列である.
(2) 任意のベクトル $\boldsymbol{x} \in \mathbf{C}^n$ に対して, $\|A\boldsymbol{x}\| = \|\boldsymbol{x}\|$.
(3) 任意のベクトル $\boldsymbol{x},\, \boldsymbol{y} \in \mathbf{C}^n$ に対して, $(A\boldsymbol{x},\, A\boldsymbol{y}) = (\boldsymbol{x},\, \boldsymbol{y})$.
(4) A の列ベクトル $\boldsymbol{a}_1, \boldsymbol{a}_2, \cdots, \boldsymbol{a}_n$ は $\mathbf{C}^n$ の正規直交基底である.

問 4.4.14 A がユニタリ行列ならば, 行列式 $|A|$ の絶対値は 1 であることを示せ.

n 次複素正方行列 A が, $A^* = A$ をみたすとき, A を**エルミート行列**といい,

$A^* = -A$ をみたすとき, A を**歪エルミート行列**という.

定理 4.28　n 次複素正方行列 A について, 次は同値である.

(1) A はエルミート行列である.

(2) 任意のベクトル $\boldsymbol{x}, \boldsymbol{y} \in \mathbf{C}^n$ に対して, $(A\boldsymbol{x}, \boldsymbol{y}) = (\boldsymbol{x}, A\boldsymbol{y})$.

表 4.1　内積に関する行列

実内積空間		複素内積空間	
直交行列	${}^tA = A^{-1}$	ユニタリ行列	$A^* = A^{-1}$
対称行列	${}^tA = A$	エルミート行列	$A^* = A$
交代行列	${}^tA = -A$	歪エルミート行列	$A^* = -A$

問 4.4.15　A をエルミート行列とするとき, 次を示せ.

(1) A の対角成分は実数である.　　(2) A の行列式は実数である.

第4章　章末問題

A

4.1　$\mathbf{R}^3 \supset W = \left\{ \begin{pmatrix} x \\ y \\ z \end{pmatrix} \middle| \; x + y + z = 0 \right\}$ とする.

(1) 方程式 $x + y + z = 0$ の一般解を求めよ.

(2) $\boldsymbol{a} = \begin{pmatrix} 1 \\ 0 \\ -1 \end{pmatrix}$, $\boldsymbol{b} = \begin{pmatrix} 1 \\ 1 \\ -2 \end{pmatrix}$ とするとき, $W = \langle \boldsymbol{a}, \boldsymbol{b} \rangle$ であることを示せ.

4.2　$V_1 = \left\{ \begin{pmatrix} x \\ y \end{pmatrix} \middle| \; x + 2y = 0 \right\}$, $V_2 = \left\{ \begin{pmatrix} x \\ y \end{pmatrix} \middle| \; 2x + 3y = 0 \right\}$

とするとき, $V_1 \oplus V_2 = \mathbf{R}^2$ を示せ.

4.3　(1) $\mathbf{R}^3$ のベクトル $\boldsymbol{a}_1 = \begin{pmatrix} 0 \\ 1 \\ 0 \end{pmatrix}$, $\boldsymbol{a}_2 = \begin{pmatrix} 1 \\ 0 \\ -1 \end{pmatrix}$, $\boldsymbol{a}_3 = \begin{pmatrix} 1 \\ 1 \\ 0 \end{pmatrix}$ は1次独立

であることを示し, $\boldsymbol{x} = \begin{pmatrix} a \\ b \\ c \end{pmatrix}$ を $\boldsymbol{a}_1, \boldsymbol{a}_2, \boldsymbol{a}_3$ の1次結合として表せ ($\{\boldsymbol{a}_1, \boldsymbol{a}_2, \boldsymbol{a}_3\}$

に関する成分表示を求めよ).

(2) $\mathbf{R}^3$ のベクトル $\boldsymbol{b}_1 = \begin{pmatrix} 1 \\ 0 \\ 1 \end{pmatrix}$, $\boldsymbol{b}_2 = \begin{pmatrix} 1 \\ -1 \\ 1 \end{pmatrix}$, $\boldsymbol{b}_3 = \begin{pmatrix} 0 \\ 1 \\ 1 \end{pmatrix}$ が 1 次独立であることを示し, $\boldsymbol{x} = \begin{pmatrix} a \\ b \\ c \end{pmatrix}$ を $\boldsymbol{b}_1, \boldsymbol{b}_2, \boldsymbol{b}_3$ の 1 次結合で表せ ($\{\boldsymbol{b}_1, \boldsymbol{b}_2, \boldsymbol{b}_3\}$ による成分表示を求めよ).

4.4　次のベクトルは 1 次独立かどうか判定せよ.

(1) $\begin{pmatrix} 1 \\ 2 \\ 3 \end{pmatrix}, \begin{pmatrix} -2 \\ 0 \\ 1 \end{pmatrix}, \begin{pmatrix} 1 \\ -1 \\ 2 \end{pmatrix}$

(2) $\begin{pmatrix} 3 \\ 1 \\ 2 \end{pmatrix}, \begin{pmatrix} 2 \\ -1 \\ 1 \end{pmatrix}, \begin{pmatrix} -1 \\ 1 \\ -1 \end{pmatrix}, \begin{pmatrix} 3 \\ 2 \\ 1 \end{pmatrix}$

(3) $\begin{pmatrix} 1 \\ 2 \\ 3 \\ -1 \end{pmatrix}, \begin{pmatrix} 2 \\ 1 \\ 0 \\ 2 \end{pmatrix}, \begin{pmatrix} 1 \\ 0 \\ -1 \\ 3 \end{pmatrix}$

4.5　$\mathbf{R}^2$ において $\boldsymbol{a}_1 = \begin{pmatrix} 2 \\ 1 \end{pmatrix}$, $\boldsymbol{a}_2 = \begin{pmatrix} -1 \\ 1 \end{pmatrix}$, $\boldsymbol{b}_1 = \begin{pmatrix} 1 \\ 3 \end{pmatrix}$, $\boldsymbol{b}_2 = \begin{pmatrix} 1 \\ -1 \end{pmatrix}$ とおくとき, 次の問いに答えよ.

(1) $\{\boldsymbol{a}_1, \boldsymbol{a}_2\}$, $\{\boldsymbol{b}_1, \boldsymbol{b}_2\}$ は $\mathbf{R}^2$ の基底であることを示せ.
(2) 標準基底 $\{\boldsymbol{e}_1, \boldsymbol{e}_2\}$ から $\{\boldsymbol{a}_1, \boldsymbol{a}_2\}$ への基底の変換行列 A を求めよ.
(3) $\{\boldsymbol{e}_1, \boldsymbol{e}_2\}$ から $\{\boldsymbol{b}_1, \boldsymbol{b}_2\}$ への基底の変換行列 B を求めよ.
(4) $\{\boldsymbol{a}_1, \boldsymbol{a}_2\}$ から $\{\boldsymbol{b}_1, \boldsymbol{b}_2\}$ への基底の変換行列 C を求めよ.

B

4.6　V を線形空間, W_1, W_2 を V の部分空間とするとき $W_1 \cup W_2$ は一般に V の部分空間にならないが, $W_1 \cup W_2$ が V の部分空間であるならば, $W_1 \subset W_2$ または $W_2 \subset W_1$ となることを示せ.

4.7　n 次正方行列全体のつくる n^2 次元線形空間の部分空間で次の行列全体からなるものの基底と次元を求めよ.

(1) 対角行列　(2) 上三角行列　(3) 対称行列　(4) 交代行列

4.8　$\boldsymbol{u}, \boldsymbol{v}$ を 1 次独立なベクトルとする. $\alpha\boldsymbol{u} + \beta\boldsymbol{v}$, $\alpha'\boldsymbol{u} + \beta'\boldsymbol{v}$ が 1 次独立であるための必要十分条件は $\alpha\beta' - \beta\alpha' \neq 0$ であることを示せ.

4.9　$\boldsymbol{u}_1, \boldsymbol{u}_2, \cdots, \boldsymbol{u}_n$ は 1 次独立なベクトルとする.

(1) $\boldsymbol{u}_1 - \boldsymbol{u}_2,\ \boldsymbol{u}_2 - \boldsymbol{u}_3, \cdots, \boldsymbol{u}_{n-1} - \boldsymbol{u}_n$ は 1 次独立であることを示せ.
(2) $\boldsymbol{u}_1 + \boldsymbol{u}_2,\ \boldsymbol{u}_1 + \boldsymbol{u}_3, \cdots, \boldsymbol{u}_1 + \boldsymbol{u}_n$ は 1 次独立であることを示せ.

5 線形写像と行列

この章で学ぶこと

この章では次のことを学ぶ.

(1) 線形写像の定義と例およびその性質.

(2) 線形写像を行列で表現する.

(3) 内積空間の間の線形写像 (線形変換).

5.1 線形写像

集合 X, Y に対して, X の各元に, Y の 1 つの元を対応させる方法を, X から Y への**写像**と呼び,

$$f : X \longrightarrow Y$$

などで表す. このとき, X を写像 f の**定義域**, Y を**値域**という. 写像 f により, X の元 x が対応している Y の元を $f(x)$ と表し, x の f による**像**という.

例 5.1.1 値域が $\mathbf{R}$ または $\mathbf{C}$ となる写像を関数という. たとえば, $f(x) = x^2+1$ のように実数 x に対して x^2+1 を対応させることによって関数が決まる.

置換 σ は n 文字の集合 $\{1, 2, \cdots, n\}$ からそれ自身への写像でもある.

以下では定義域, 値域がともに線形空間である場合を考える. 線形空間にはベクトルの和, スカラー倍という演算が与えられている. 次の意味でこれらの演算を保つ写像を考える. 線形空間 V から線形空間 W への写像 $f : V \longrightarrow W$

が次の条件をみたすとき f を**線形写像**という.

(1) 任意の $\boldsymbol{x}, \boldsymbol{y} \in V$ に対して, $f(\boldsymbol{x}+\boldsymbol{y}) = f(\boldsymbol{x}) + f(\boldsymbol{y})$ が成り立つ.
(2) 任意の $\boldsymbol{x} \in V$ とスカラー r に対して $f(r\boldsymbol{x}) = rf(\boldsymbol{x})$ が成り立つ.

これは任意の $\boldsymbol{x}, \boldsymbol{y} \in V$ とスカラー r, s に対して, $f(r\boldsymbol{x}+s\boldsymbol{y}) = rf(\boldsymbol{x}) + sf(\boldsymbol{y})$ が成り立つことと同値である. 特に, $V = W$ のとき線形写像 $f : V \longrightarrow V$ を V の**線形変換** という.

例 5.1.2 集合 V の各元 $\boldsymbol{x}$ に $\boldsymbol{x}$ 自身を対応させる写像を V 上の**恒等写像**といい $1_V : V \to V$ と表す. すなわち, すべての $\boldsymbol{x} \in V$ に対して $1_V(\boldsymbol{x}) = \boldsymbol{x}$ となる写像である. V が線形空間のとき, これは線形写像である.

V, W, U を集合とする. 2 つの写像 $f : V \to W$, $g : W \to U$ に対して

$$(g \circ f)(\boldsymbol{x}) = g(f(\boldsymbol{x})) \quad (\boldsymbol{x} \in V)$$

と定義することにより写像

$$g \circ f : V \to U$$

が定まる. この写像を f と g の**合成写像**という. V, W, U を線形空間とし f, g を線形写像とするとき合成写像 $g \circ f$ は線形写像である.

例 5.1.3

(1) a, b, c, d を実数とする.

$$f\begin{pmatrix} x \\ y \end{pmatrix} = \begin{pmatrix} a & b \\ c & d \end{pmatrix}\begin{pmatrix} x \\ y \end{pmatrix} = \begin{pmatrix} ax+by \\ cx+dy \end{pmatrix}$$

で定義される写像 $f : \mathbf{R}^2 \longrightarrow \mathbf{R}^2$ は線形写像である.

(2) $f\begin{pmatrix} x \\ y \\ z \end{pmatrix} = \begin{pmatrix} x+y \\ y+z \end{pmatrix}$ で定義される写像 $f : \mathbf{R}^3 \longrightarrow \mathbf{R}^2$ は線形写像である.

(3) A を実 (m, n) 行列とする. 写像 $f_A : \mathbf{R}^n \longrightarrow \mathbf{R}^m$ を

$$f_A(\boldsymbol{x}) = A\boldsymbol{x}$$

で定義すると, f_A は線形写像である.

問 5.1.4 例 5.1.3(3) の写像は線形写像であることを示せ.

問 5.1.5 線形写像 $f: V \longrightarrow W$ について, 次が成り立つことを示せ.

(1) $f(\mathbf{0}) = \mathbf{0}$ (2) $f(-\boldsymbol{x}) = -f(\boldsymbol{x})$

像と核 線形写像 $f: V \longrightarrow W$ について定義される W の部分集合

$$\operatorname{Im} f = \{f(\boldsymbol{x}) \mid \boldsymbol{x} \in V\}$$

を f の**像 (image)** といい, $f(V)$ と表すこともある. また V の部分集合

$$\operatorname{Ker} f = \{\boldsymbol{x} \in V \mid f(\boldsymbol{x}) = \mathbf{0}\}$$

を f の**核 (kernel)** といい, $f^{-1}(\mathbf{0})$ と表すこともある.

命題 5.1 線形写像 $f: V \longrightarrow W$ について次が成り立つ.
(1) 像 $\operatorname{Im} f$ は W の部分空間である.
(2) 核 $\operatorname{Ker} f$ は V の部分空間である.

証明 (1) 任意の $\boldsymbol{x}, \boldsymbol{y} \in f(V)$ に対して, $f(\boldsymbol{u}) = \boldsymbol{x}$, $f(\boldsymbol{v}) = \boldsymbol{y}$ となる $\boldsymbol{u}, \boldsymbol{v} \in V$ が存在する. このとき, $\boldsymbol{x} + \boldsymbol{y} = f(\boldsymbol{u}) + f(\boldsymbol{v}) = f(\boldsymbol{u} + \boldsymbol{v})$ から $\boldsymbol{x} + \boldsymbol{y} \in \operatorname{Im} f$, また $r\boldsymbol{x} = rf(\boldsymbol{u}) = f(r\boldsymbol{u})$ から $r\boldsymbol{x} \in \operatorname{Im} f$ がわかる. したがって, $\operatorname{Im} f$ は W の部分空間である.

(2) $\boldsymbol{u}, \boldsymbol{v} \in \operatorname{Ker} f$ とすると, $f(\boldsymbol{u}) = \mathbf{0}$, $f(\boldsymbol{v}) = \mathbf{0}$ である. f が線形写像であるから, $f(\boldsymbol{u} + \boldsymbol{v}) = f(\boldsymbol{u}) + f(\boldsymbol{v}) = \mathbf{0}$ となる. したがって $\boldsymbol{u} + \boldsymbol{v} \in \operatorname{Ker} f$. 同様に $r\boldsymbol{u} \in \operatorname{Ker} f$ が成り立つ. よって, $\operatorname{Ker} f$ は V の部分空間である. □

写像 $f: V \longrightarrow W$ が W の任意の元 $\boldsymbol{x}$ について $f(\boldsymbol{v}) = \boldsymbol{x}$ となる V の元 $\boldsymbol{v}$ が存在するとき, f は**全射**であるという. f が線形写像のとき全射であることは,

$$\operatorname{Im} f = W$$

であることと同値である.

$$V \ni \boldsymbol{x} \neq \boldsymbol{y} \quad \text{ならば} \quad f(\boldsymbol{x}) \neq f(\boldsymbol{y})$$

となる写像 $f: V \to W$ を**単射**であるという.

命題 5.2 U, V を線形空間とするとき線形写像が単射となることは

$$\mathrm{Ker}\, f = \{\mathbf{0}\}$$

であることと同値である.

証明 単射とするとき, $V \ni \boldsymbol{x} \neq \mathbf{0}$ ならば $f(\boldsymbol{x}) \neq \mathbf{0}$ であるので $\mathrm{Ker}\, f = \{\mathbf{0}\}$ である. 逆に $\boldsymbol{x} \neq \boldsymbol{y}$ ならば $\boldsymbol{x} - \boldsymbol{y} \neq \mathbf{0}$ なので $\mathrm{Ker}\, f = \{\mathbf{0}\}$ より $f(\boldsymbol{x}) - f(\boldsymbol{y}) = f(\boldsymbol{x} - \boldsymbol{y}) \neq \mathbf{0}$ となり $f(\boldsymbol{x}) \neq f(\boldsymbol{y})$ である. □

線形写像 $f: V \to W$ が全射かつ単射となっているとき f は**同型写像**であるという.

線形空間 V, W に対して, V から W への同型写像が存在するとき, V と W は**同型**であるといい, $V \cong W$ で表す.

命題 5.3 V を n 次元線形空間とし, W を m 次元線形空間とする.

(1) 線形写像 $f: V \longrightarrow W$ が全射であるとする. このとき, W の任意の1次独立なベクトル $\boldsymbol{w}_1, \cdots, \boldsymbol{w}_k$ $(k \leqq m)$ に対して $f(\boldsymbol{v}_1) = \boldsymbol{w}_1, \cdots, f(\boldsymbol{v}_k) = \boldsymbol{w}_k$ をみたす V のベクトル $\boldsymbol{v}_1, \cdots, \boldsymbol{v}_k$ がとれる. とり方によらず, これは1次独立である. 特に $n = m$ で $\{\boldsymbol{w}_1, \cdots, \boldsymbol{w}_m\}$ が W の基底ならば $\{\boldsymbol{v}_1, \cdots, \boldsymbol{v}_m\}$ は V の基底である.

(2) 線形写像 $f: V \longrightarrow W$ が単射であるとする. このとき, V の任意の1次独立なベクトル $\boldsymbol{v}_1, \cdots, \boldsymbol{v}_k$ $(k \leqq n)$ に対して $f(\boldsymbol{v}_1), \cdots, f(\boldsymbol{v}_k)$ は W の1次独立なベクトルである. 特に $m = n$ で $\{\boldsymbol{v}_1, \cdots, \boldsymbol{v}_n\}$ が V の基底ならば $\{f(\boldsymbol{v}_1), \cdots, f(\boldsymbol{v}_n)\}$ は W の基底である.

証明 (1) 線形写像 f は全射であるから, W の元 $\boldsymbol{w}_1, \cdots, \boldsymbol{w}_k$ に対して, $f(\boldsymbol{v}_1) = \boldsymbol{w}_1, \cdots, f(\boldsymbol{v}_k) = \boldsymbol{w}_k$ をみたす $\boldsymbol{v}_1, \cdots, \boldsymbol{v}_k$ が存在する. ここで $\boldsymbol{v}_1, \cdots, \boldsymbol{v}_k$ が1次独立であることを示す. $r_1\boldsymbol{v}_1 + r_2\boldsymbol{v}_2 + \cdots + r_k\boldsymbol{v}_k = \mathbf{0}$ と仮定する. このとき

$$f(r_1\boldsymbol{v}_1 + r_2\boldsymbol{v}_2 + \cdots + r_k\boldsymbol{v}_k) = \mathbf{0}$$

$$r_1 f(\boldsymbol{v}_1) + r_2 f(\boldsymbol{v}_2) + \cdots + r_k f(\boldsymbol{v}_k) = \mathbf{0}$$

が成り立つ. $f(\boldsymbol{v}_1), f(\boldsymbol{v}_2), \cdots, f(\boldsymbol{v}_k)$ は1次独立であるから,

$$r_1 = \cdots = r_k = 0$$

である. したがって, $\boldsymbol{v}_1, \cdots, \boldsymbol{v}_k$ は1次独立である.

$n = m$ のとき V の次元は n であるから $\boldsymbol{v}_1, \cdots, \boldsymbol{v}_n$ は V の基底となる.

(2) $\boldsymbol{v}_1, \cdots, \boldsymbol{v}_k$ を V の1次独立なベクトルとする. ここで

$$r_1 f(\boldsymbol{v}_1) + \cdots + r_k f(\boldsymbol{v}_k) = \mathbf{0}$$

と仮定すると, f が線形写像であるから

$$f(r_1 \boldsymbol{v}_1 + \cdots + r_k \boldsymbol{v}_k) = \mathbf{0}$$

が成り立つ. f が単射であるから

$$r_1 \boldsymbol{v}_1 + \cdots + r_k \boldsymbol{v}_k = \mathbf{0}$$

である. $\boldsymbol{v}_1, \cdots, \boldsymbol{v}_k$ は1次独立であるから $r_1 = \cdots = r_k = 0$ となる. したがって, $f(\boldsymbol{v}_1), \cdots, f(\boldsymbol{v}_k)$ は1次独立である.

$m = n$ のとき W の次元が n であるから $\{f(\boldsymbol{v}_1), \cdots, f(\boldsymbol{v}_n)\}$ は W の基底である. □

写像 $f : V \to W$ に対して $g \circ f = 1_V$, $f \circ g = 1_W$ となる写像 $g : W \to V$ がとれるとき g を f の**逆写像**といい, f^{-1} で表す.

定理 5.4　V, W を n 次元線形空間とする. 線形写像 $f : V \longrightarrow W$ について, 次は同値である.

(1) f が同型写像である.

(2) f が全射である.

(3) f が単射である.

(4) f の逆写像がある.

証明　(4) ⇒ (2)　$g : W \longrightarrow V$ を f の逆写像とすれば, 任意の $\boldsymbol{x} \in W$ について $\boldsymbol{v} = g(\boldsymbol{x}) \in V$ をとれば $f(\boldsymbol{v}) = f(g(\boldsymbol{x})) = \boldsymbol{x}$ となるので全射である.

(4) ⇒ (3) $g : W \longrightarrow V$ を f の逆写像とする. ある $\boldsymbol{v} \in V$ について $f(\boldsymbol{v}) = \boldsymbol{0} \in W$ とすれば $\boldsymbol{v} = g(f(\boldsymbol{v})) = g(\boldsymbol{0}) = \boldsymbol{0}$ である.

(2) ⇒ (4) W の基底を $\{\boldsymbol{w}_1, \cdots, \boldsymbol{w}_n\}$ とする. 命題 5.3(1) により, $f(\boldsymbol{v}_1) = \boldsymbol{w}_1, \cdots, f(\boldsymbol{v}_n) = \boldsymbol{w}_n$ をみたす V の基底 $\{\boldsymbol{v}_1, \cdots, \boldsymbol{v}_n\}$ が存在する.

$\boldsymbol{x} \in W$ を $\boldsymbol{x} = s_1\boldsymbol{w}_1 + \cdots + s_n\boldsymbol{w}_n$ と表すとき,

$$g(\boldsymbol{x}) = s_1\boldsymbol{v}_1 + \cdots + s_n\boldsymbol{v}_n$$

とすれば, g は線形写像であり, f の逆写像となることが次の式からわかる.

$$\begin{aligned}
&g(\boldsymbol{x}+\boldsymbol{y}) = g(s_1\boldsymbol{w}_1 + \cdots + s_n\boldsymbol{w}_n + t_1\boldsymbol{w}_1 + \cdots + t_n\boldsymbol{w}_n)\\
&\quad = g((s_1+t_1)\boldsymbol{w}_1 + \cdots + (s_n+t_n)\boldsymbol{w}_n) = (s_1+t_1)\boldsymbol{v}_1 + \cdots + (s_n+t_n)\boldsymbol{v}_n\\
&\quad = g(\boldsymbol{x}) + g(\boldsymbol{y}),\\
&g(r\boldsymbol{x}) = g(rs_1\boldsymbol{w}_1 + \cdots + rs_n\boldsymbol{w}_n) = rs_1\boldsymbol{v}_1 + \cdots + rs_n\boldsymbol{v}_n = rg(\boldsymbol{x}),\\
&f(g(\boldsymbol{x})) = f(s_1\boldsymbol{v}_1 + \cdots + s_n\boldsymbol{v}_n) = s_1f(\boldsymbol{v}_1) + \cdots + s_nf(\boldsymbol{v}_n)\\
&\quad = s_1\boldsymbol{w}_1 + \cdots + s_n\boldsymbol{w}_n = \boldsymbol{x},\\
&g(f(\boldsymbol{v})) = g(f(s_1\boldsymbol{v}_1 + \cdots + s_n\boldsymbol{v}_n)) = g(s_1f(\boldsymbol{v}_1) + \cdots + s_nf(\boldsymbol{v}_n))\\
&\quad = g(s_1\boldsymbol{w}_1 + \cdots + s_n\boldsymbol{w}_n) = s_1\boldsymbol{v}_1 + \cdots + s_n\boldsymbol{v}_n = \boldsymbol{v}
\end{aligned}$$

(3) ⇒ (4) 全射の場合と同様に V の基底 $\{\boldsymbol{v}_1, \cdots, \boldsymbol{v}_n\}$ に対応する W の基底 $\{f(\boldsymbol{v}_1), \cdots, f(\boldsymbol{v}_n)\}$ がとれることから逆写像が定義される.

以上から (2),(3),(4) が同値である. (1) は (2) かつ (3) であることから (1) は (2),(3),(4) いずれとも同値となる. □

系 5.5 V, W を 線形空間とする. 線形写像 $f : V \longrightarrow W$ が単射であるための必要十分条件は $\boldsymbol{v}_1, \cdots, \boldsymbol{v}_n \in V$ が 1 次独立ならば $f(\boldsymbol{v}_1), \cdots, f(\boldsymbol{v}_n)$ が 1 次独立となることである.

例 5.1.6 A を n 次正方行列とするとき A の定義する線形写像 $f_A(\boldsymbol{x}) = A\boldsymbol{x}$ について, A が正則行列であることと $f_A : R^n \longrightarrow R^n$ は同型写像であることとは同値である (例 5.1.3 参照). このとき $f_{A^{-1}}$ が f_A の逆写像となっている.

たとえば, 次の写像 $f:\mathbf{R}^3 \longrightarrow \mathbf{R}^3$ は同型写像である.

$$f\begin{pmatrix} x \\ y \\ z \end{pmatrix} = \begin{pmatrix} 1 & 2 & 1 \\ 0 & 2 & 1 \\ 0 & 0 & 3 \end{pmatrix}\begin{pmatrix} x \\ y \\ z \end{pmatrix}$$

問 5.1.7　n 次元実線形空間 V は $\mathbf{R}^n$ と同型であることを示せ.

有限次元線形空間の間の線形写像 $f:V \longrightarrow W$ の核と像の次元に関して次が成り立つ.

定理 5.6　(次元定理) 線形写像 $f:V \longrightarrow W$ に対して,

$$\dim V = \dim \mathrm{Im}\, f + \dim \mathrm{Ker}\, f$$

が成り立つ.

証明　$\dim \mathrm{Im}\, f = s$ として $\mathrm{Im}\, f$ の基底を $\boldsymbol{w}_1, \cdots, \boldsymbol{w}_s$ とする. 各 $\boldsymbol{w}_i$ $(1 \leqq i \leqq s)$ について, $\boldsymbol{w}_i \in \mathrm{Im}\, f$ であるから $\boldsymbol{w}_i = f(\boldsymbol{u}_i)$ となる $\boldsymbol{u}_i \in V$ が存在する. $\dim \mathrm{Ker}\, f = r$ として, $\boldsymbol{v}_1, \cdots, \boldsymbol{v}_r$ を $\mathrm{Ker}\, f$ の基底とする. このとき $\boldsymbol{v}_1, \cdots, \boldsymbol{v}_r, \boldsymbol{u}_1, \cdots, \boldsymbol{u}_s$ が V の基底になることを示せばよい. まず $\boldsymbol{v}_1, \cdots, \boldsymbol{v}_r, \boldsymbol{u}_1, \cdots, \boldsymbol{u}_s$ が1次独立であることを示す.

$$c_1\boldsymbol{v}_1 + \cdots + c_r\boldsymbol{v}_r + d_1\boldsymbol{u}_1 + \cdots + d_s\boldsymbol{u}_s = \mathbf{0} \tag{5.1}$$

と仮定する. $f(\boldsymbol{v}_i) = \mathbf{0}$ $(1 \leqq i \leqq r)$, $f(\boldsymbol{u}_j) = \boldsymbol{w}_j$ $(1 \leqq j \leqq s)$ であるから,

$$\begin{aligned}\mathbf{0} = f(\mathbf{0}) &= f(c_1\boldsymbol{v}_1 + \cdots + c_r\boldsymbol{v}_r + d_1\boldsymbol{u}_1 + \cdots + d_s\boldsymbol{u}_s) \\ &= d_1\boldsymbol{w}_1 + \cdots + d_s\boldsymbol{w}_s\end{aligned}$$

が成り立つ. ここで $\boldsymbol{w}_1, \cdots, \boldsymbol{w}_s$ は1次独立であるから, $d_1 = \cdots = d_s = 0$ である. したがって, 前式(5.1)は $c_1\boldsymbol{v}_1 + \cdots + c_r\boldsymbol{v}_r = \mathbf{0}$ となる. $\boldsymbol{v}_1, \cdots, \boldsymbol{v}_r$ は1次独立であるから $c_1 = \cdots = c_r = 0$ となる. したがって, $\boldsymbol{v}_1, \cdots, \boldsymbol{v}_r, \boldsymbol{u}_1, \cdots, \boldsymbol{u}_s$ が1次独立であることが示された.

次に V の任意の元 $\boldsymbol{x}$ は $\boldsymbol{v}_1, \cdots, \boldsymbol{v}_r, \boldsymbol{u}_1, \cdots, \boldsymbol{u}_s$ の1次結合で表せること

を示す．$f(\boldsymbol{x}) \in \mathrm{Im}\, f$ であるから，$\mathrm{Im}\, f$ の基底 $\boldsymbol{w}_1, \cdots, \boldsymbol{w}_s$ を用いて，

$$f(\boldsymbol{x}) = a_1\boldsymbol{w}_1 + \cdots + a_s\boldsymbol{w}_s$$

と表せる．$\boldsymbol{w}_i = f(\boldsymbol{u}_i)$ であるから

$$\begin{aligned} f(\boldsymbol{x}) &= a_1 f(\boldsymbol{u}_i) + \cdots + a_s f(\boldsymbol{u}_s) \\ &= f(a_1\boldsymbol{u}_i + \cdots + a_s\boldsymbol{u}_s) \end{aligned}$$

である．したがって $f(\boldsymbol{x} - a_1\boldsymbol{u}_1 - \cdots - a_s\boldsymbol{u}_s) = \mathbf{0}$ であるから

$$\boldsymbol{x} - a_1\boldsymbol{u}_1 - \cdots - a_s\boldsymbol{u}_s \in \mathrm{Ker}\, f$$

となる．$\mathrm{Ker}\, f$ の基底を用いて

$$\boldsymbol{x} - a_1\boldsymbol{u}_1 - \cdots - a_s\boldsymbol{u}_s = b_1\boldsymbol{v}_1 + \cdots + b_r\boldsymbol{v}_r$$

と表すことができる．ゆえに

$$\boldsymbol{x} = b_1\boldsymbol{v}_1 + \cdots + b_r\boldsymbol{v}_r + a_1\boldsymbol{u}_1 + \cdots + a_s\boldsymbol{u}_s$$

であるから求める結果を得る．以上より命題が証明された． □

例題 5.1.8　$f : \mathbf{R}^4 \longrightarrow \mathbf{R}^3$ を

$$f\begin{pmatrix} x \\ y \\ z \\ w \end{pmatrix} = \begin{pmatrix} 1 & 1 & 1 & 1 \\ -1 & 1 & 0 & -1 \\ 0 & 2 & 1 & 0 \end{pmatrix}\begin{pmatrix} x \\ y \\ z \\ w \end{pmatrix}$$

で定義される線形写像とする．f の像 $\mathrm{Im}\, f$ と核 $\mathrm{Ker}\, f$ の基底と次元をそれぞれ求めよ．

解答　$\mathrm{Ker}\, f = \{\boldsymbol{x} \in \mathbf{R}^4 \mid f(\boldsymbol{x}) = \mathbf{0}\}$ であるから，$\mathrm{Ker}\, f$ は連立 1 次方程式

$$\begin{cases} x + y + z + w = 0 \\ -x + y \quad\quad - w = 0 \\ \quad\quad 2y + z \quad\quad = 0 \end{cases}$$

の解集合である．係数行列について，掃き出し法の基本変形により

$$\begin{pmatrix} 1 & 1 & 1 & 1 \\ -1 & 1 & 0 & -1 \\ 0 & 2 & 1 & 0 \end{pmatrix} \to \begin{pmatrix} 1 & 1 & 1 & 1 \\ 0 & 2 & 1 & 0 \\ 0 & 2 & 1 & 0 \end{pmatrix} \to \begin{pmatrix} 1 & 1 & 1 & 1 \\ 0 & 2 & 1 & 0 \\ 0 & 0 & 0 & 0 \end{pmatrix}$$

$$\to \begin{pmatrix} 1 & 0 & \frac{1}{2} & 1 \\ 0 & 1 & \frac{1}{2} & 0 \\ 0 & 0 & 0 & 0 \end{pmatrix}$$

と被約階段行列になる．したがって，$z = s,\ w = t$ とおくと一般解は

$$\begin{pmatrix} x \\ y \\ z \\ w \end{pmatrix} = s \begin{pmatrix} -\frac{1}{2} \\ -\frac{1}{2} \\ 1 \\ 0 \end{pmatrix} + t \begin{pmatrix} -1 \\ 0 \\ 0 \\ 1 \end{pmatrix}$$

と表せる．

$$\operatorname{Ker} f = \left\langle \begin{pmatrix} 1 \\ 1 \\ -2 \\ 0 \end{pmatrix}, \begin{pmatrix} -1 \\ 0 \\ 0 \\ 1 \end{pmatrix} \right\rangle$$

となり，$\dim \operatorname{Ker} f = 2$ である．次に $\operatorname{Im} f$ の基底と次元を求める．

$$\operatorname{Im} f = \left\{ x \begin{pmatrix} 1 \\ -1 \\ 0 \end{pmatrix} + y \begin{pmatrix} 1 \\ 1 \\ 2 \end{pmatrix} + z \begin{pmatrix} 1 \\ 0 \\ 1 \end{pmatrix} + w \begin{pmatrix} 1 \\ -1 \\ 0 \end{pmatrix} \middle|\ x,\ y,\ z,\ w \in \mathbf{R} \right\}$$

$$= \left\langle \begin{pmatrix} 1 \\ -1 \\ 0 \end{pmatrix}, \begin{pmatrix} 1 \\ 1 \\ 2 \end{pmatrix}, \begin{pmatrix} 1 \\ 0 \\ 1 \end{pmatrix}, \begin{pmatrix} 1 \\ -1 \\ 0 \end{pmatrix} \right\rangle$$

である．$\operatorname{Im} f$ を生成する上の 4 つのベクトルから 1 次独立なベクトルとし

て $\begin{pmatrix} 1 \\ -1 \\ 0 \end{pmatrix}$, $\begin{pmatrix} 1 \\ 1 \\ 2 \end{pmatrix}$ をとることができるから, これらが $\mathrm{Im}\, f$ の基底である.

よって,

$$\mathrm{Im}\, f = \left\langle \begin{pmatrix} 1 \\ -1 \\ 0 \end{pmatrix}, \begin{pmatrix} 1 \\ 1 \\ 2 \end{pmatrix} \right\rangle$$

であり, $\dim \mathrm{Im}\, f = 2$ である. □

> **問 5.1.9** $f : \mathbf{R}^3 \longrightarrow \mathbf{R}^2$ を
>
> $$f \begin{pmatrix} x \\ y \\ z \end{pmatrix} = \begin{pmatrix} 1 & 1 & 2 \\ 2 & 2 & 4 \end{pmatrix} \begin{pmatrix} x \\ y \\ z \end{pmatrix}$$
>
> で定義された線形写像とする. この写像 f の像 $\mathrm{Im}\, f$ と核 $\mathrm{Ker}\, f$ の基底と次元をそれぞれ求めよ.

5.2 線形写像の表現行列

V を n 次元線形空間とし, その基底を $\{\boldsymbol{v}_1, \cdots, \boldsymbol{v}_n\}$, W を m 次元線形空間とし, その基底を $\{\boldsymbol{w}_1, \cdots, \boldsymbol{w}_m\}$ とする. $f : V \longrightarrow W$ を線形写像とする. V, W の基底を固定して考えるとき,

$$f : V\{\boldsymbol{v}_1, \cdots, \boldsymbol{v}_n\} \to W\{\boldsymbol{w}_1, \cdots, \boldsymbol{w}_m\}$$

と表すことにする.

$\boldsymbol{x} \in V$ は基底 $\{\boldsymbol{v}_1, \cdots, \boldsymbol{v}_n\}$ に関する成分表示

$$\boldsymbol{x} = x_1\boldsymbol{v}_1 + x_2\boldsymbol{v}_2 + \cdots + x_n\boldsymbol{v}_n = (\boldsymbol{v}_1, \boldsymbol{v}_2, \cdots, \boldsymbol{v}_n) \begin{pmatrix} x_1 \\ x_2 \\ \vdots \\ x_n \end{pmatrix}$$

で表される. 写像 f は線形写像であるから

$$
\begin{aligned}
f(\boldsymbol{x}) &= x_1 f(\boldsymbol{v}_1) + x_2 f(\boldsymbol{v}_2) + \cdots + x_n f(\boldsymbol{v}_n) \\
&= (f(\boldsymbol{v}_1),\, f(\boldsymbol{v}_2),\, \cdots,\, f(\boldsymbol{v}_n)) \begin{pmatrix} x_1 \\ x_2 \\ \vdots \\ x_n \end{pmatrix}
\end{aligned}
$$

である. したがって, $f(\boldsymbol{v}_1), \cdots, f(\boldsymbol{v}_n)$ によって, 線形写像 f が確定する.

V の基底 $\{\boldsymbol{v}_1, \cdots, \boldsymbol{v}_n\}$ に対して, 各 $f(\boldsymbol{v}_j) \in W$ $(1 \leqq j \leqq n)$ であるから, W の基底 $\{\boldsymbol{w}_1, \cdots, \boldsymbol{w}_m\}$ を用いて

$$
f(\boldsymbol{v}_j) = a_{1j}\boldsymbol{w}_1 + \cdots + a_{mj}\boldsymbol{w}_m = (\boldsymbol{w}_1, \cdots, \boldsymbol{w}_m) \begin{pmatrix} a_{1j} \\ \vdots \\ a_{mj} \end{pmatrix}
$$

と一意的に表される. ここで係数 a_{ij} でつくられる (m, n) 行列 を

$$
A = \begin{pmatrix} a_{11} & a_{12} & \cdots & a_{1n} \\ a_{21} & a_{22} & \cdots & a_{2n} \\ \vdots & \vdots & \ddots & \vdots \\ a_{m1} & a_{m2} & \cdots & a_{mn} \end{pmatrix}
$$

とおき, この行列 A を V の基底 $\{\boldsymbol{v}_1, \cdots, \boldsymbol{v}_n\}$ と W の基底 $\{\boldsymbol{w}_1, \cdots, \boldsymbol{w}_m\}$ に関する線形写像 f の **表現行列** という. 線形写像 f をその表現行列を用いて

$$
(f(\boldsymbol{v}_1),\, f(\boldsymbol{v}_2),\, \cdots,\, f(\boldsymbol{v}_n)) = (\boldsymbol{w}_1,\, \boldsymbol{w}_2,\, \cdots,\, \boldsymbol{w}_m)A
$$

と表すことができる.

以上のことから, $\boldsymbol{x}$ の $\{\boldsymbol{v}_1, \cdots, \boldsymbol{v}_n\}$ に関する成分表示を $\boldsymbol{x} = x_1\boldsymbol{v}_1 + x_2\boldsymbol{v}_2 + \cdots + x_n\boldsymbol{v}_n$ とするとき, 線形写像 f の表現行列 A を用いて $f(\boldsymbol{x})$ の

$\{\boldsymbol{w}_1, \cdots, \boldsymbol{w}_m\}$ に関する成分表示は

$$f(\boldsymbol{x}) = (\boldsymbol{w}_1, \boldsymbol{w}_2, \cdots, \boldsymbol{w}_m)A \begin{pmatrix} x_1 \\ x_2 \\ \vdots \\ x_n \end{pmatrix}$$

と表されることとなる.

例 5.2.1　V の基底を $\{\boldsymbol{a}_1, \boldsymbol{a}_2, \boldsymbol{a}_3\}$, W の基底を $\{\boldsymbol{b}_1, \boldsymbol{b}_2, \boldsymbol{b}_3, \boldsymbol{b}_4\}$ とする. 線形写像 $f : V \longrightarrow W$ が

$$\begin{cases} f(\boldsymbol{a}_1) = 3\boldsymbol{b}_1 - 2\boldsymbol{b}_2 + \boldsymbol{b}_3 + \boldsymbol{b}_4 \\ f(\boldsymbol{a}_2) = \boldsymbol{b}_1 + \boldsymbol{b}_2 - \boldsymbol{b}_3 \\ f(\boldsymbol{a}_3) = 3\boldsymbol{b}_1 + 3\boldsymbol{b}_2 + 2\boldsymbol{b}_4 \end{cases}$$

で与えられているとき, 線形写像 $f : V\{\boldsymbol{a}_1, \boldsymbol{a}_2, \boldsymbol{a}_3\} \to W\{\boldsymbol{b}_1, \boldsymbol{b}_2, \boldsymbol{b}_3, \boldsymbol{b}_4\}$ の表現行列 A は

$$A = \begin{pmatrix} 3 & 1 & 3 \\ -2 & 1 & 3 \\ 1 & -1 & 0 \\ 1 & 0 & 2 \end{pmatrix}$$

である.

命題 5.7

(1) $\boldsymbol{v}_1, \cdots, \boldsymbol{v}_n$ を V の基底とする. 恒等写像

$$1_V : V\{\boldsymbol{v}_1, \boldsymbol{v}_2, \cdots, \boldsymbol{v}_n\} \to V\{\boldsymbol{v}_1, \boldsymbol{v}_2, \cdots, \boldsymbol{v}_n\}$$

の表現行列は単位行列 E_n である.

(2) V の 2 つの基底 $\{\boldsymbol{v}_1, \cdots, \boldsymbol{v}_n\}$ と $\{\boldsymbol{v}_1', \cdots, \boldsymbol{v}_n'\}$ に対して, 恒等写像

$$1_V : V\{\boldsymbol{v}_1, \cdots, \boldsymbol{v}_n\} \to V\{\boldsymbol{v}_1', \cdots, \boldsymbol{v}_n'\}$$

の表現行列 A は3章で述べた基底 $\{\boldsymbol{v}_1', \cdots, \boldsymbol{v}_n'\}$ から基底 $\{\boldsymbol{v}_1, \cdots, \boldsymbol{v}_n\}$ への基底の変換行列にほかならない.すなわち

$$(\boldsymbol{v}_1, \cdots, \boldsymbol{v}_n) = (1_V(\boldsymbol{v}_1), \cdots, 1_V(\boldsymbol{v}_n)) = (\boldsymbol{v}_1', \cdots, \boldsymbol{v}_n')A$$

である.

(3) 線形写像 $f : V \to W$ について, V, W の基底のとり方により f の表現行列は異なり, 次の関係がある. $f : V\{\boldsymbol{v}_1, \cdots, \boldsymbol{v}_n\} \to W\{\boldsymbol{w}_1, \cdots, \boldsymbol{w}_m\}$ の表現行列を A, $f : V\{\boldsymbol{v}_1', \cdots, \boldsymbol{v}_n'\} \to W\{\boldsymbol{w}_1', \cdots, \boldsymbol{w}_m'\}$ の表現行列を B とする. $\{\boldsymbol{v}_1', \cdots, \boldsymbol{v}_n'\}$ から $\{\boldsymbol{v}_1, \cdots, \boldsymbol{v}_n\}$ への基底の変換行列を P, $\{\boldsymbol{w}_1', \cdots, \boldsymbol{w}_n'\}$ から $\{\boldsymbol{w}_1, \cdots, \boldsymbol{w}_n\}$ への基底の変換行列を Q とすると, $QA = BP$ が成り立つ. この関係を次のように表すと理解しやすい.

$$\begin{array}{cccc} f: & V\{\boldsymbol{v}_1, \cdots, \boldsymbol{v}_n\} & \xrightarrow{A} & W\{\boldsymbol{w}_1, \cdots, \boldsymbol{w}_m\} \\ & 1_V \downarrow P & & 1_W \downarrow Q \\ f: & V\{\boldsymbol{v}_1', \cdots, \boldsymbol{v}_n'\} & \xrightarrow{B} & W\{\boldsymbol{w}_1', \cdots, \boldsymbol{w}_m'\} \end{array}$$

命題 5.8　A を (m, n) 行列とする. $f_A : \mathbf{R}^n \longrightarrow \mathbf{R}^m$ を $f_A(\boldsymbol{x}) = A\boldsymbol{x}$ で定義するとき, f_A の $\mathbf{R}^n$ および $\mathbf{R}^m$ の標準基底に関する表現行列は A となる.

証明　$A = (a_{ij}) = (\boldsymbol{a}_1, \cdots, \boldsymbol{a}_n)$ と列ベクトル表示をしておく. $\mathbf{R}^n$ の標準基底を $\{\boldsymbol{e}_1, \cdots, \boldsymbol{e}_n\}$, $\mathbf{R}^m$ の標準基底を $\{\boldsymbol{e}_1', \cdots, \boldsymbol{e}_m'\}$ とすると,

$$\begin{cases} f_A(\boldsymbol{e}_1) = A\boldsymbol{e}_1 = \boldsymbol{a}_1 = (\boldsymbol{e}_1', \cdots, \boldsymbol{e}_m') \begin{pmatrix} a_{11} \\ \vdots \\ a_{m1} \end{pmatrix} \\ \quad \cdots \\ f_A(\boldsymbol{e}_n) = A\boldsymbol{e}_n = \boldsymbol{a}_n = (\boldsymbol{e}_1', \cdots, \boldsymbol{e}_m') \begin{pmatrix} a_{1n} \\ \vdots \\ a_{mn} \end{pmatrix} \end{cases}$$

これをまとめて

$$(f(\boldsymbol{e}_1), \cdots, f(\boldsymbol{e}_n)) = (\boldsymbol{e}_1{}', \cdots, \boldsymbol{e}_m{}')\begin{pmatrix} a_{11} & \cdots & a_{1n} \\ \vdots & \ddots & \vdots \\ a_{m1} & \cdots & a_{mn} \end{pmatrix}$$

となることから表現行列は A であることがわかる. □

例題 5.2.2 線形写像 $f : \mathbf{R}^3 \longrightarrow \mathbf{R}^2$ を

$$f\begin{pmatrix} x \\ y \\ z \end{pmatrix} = \begin{pmatrix} x + \ \ y + 3z \\ 2x + 3y - \ \ z \end{pmatrix}$$

によって定義する.

$$\boldsymbol{v}_1 = \begin{pmatrix} 1 \\ 0 \\ 1 \end{pmatrix},\ \boldsymbol{v}_2 = \begin{pmatrix} 1 \\ 1 \\ 1 \end{pmatrix},\ \boldsymbol{v}_3 = \begin{pmatrix} 0 \\ 1 \\ 1 \end{pmatrix},\ \boldsymbol{w}_1 = \begin{pmatrix} 1 \\ 1 \end{pmatrix},\ \boldsymbol{w}_2 = \begin{pmatrix} -1 \\ 1 \end{pmatrix}$$

とおくとき, $\mathbf{R}^3$ の基底 $\{\boldsymbol{v}_1, \boldsymbol{v}_2, \boldsymbol{v}_3\}$ と $\mathbf{R}^2$ の基底 $\{\boldsymbol{w}_1, \boldsymbol{w}_2\}$ に関する f の表現行列を求めよ. これらの表現行列と基底変換の関係を調べよ.

解答 $B = \begin{pmatrix} 1 & 1 & 3 \\ 2 & 3 & -1 \end{pmatrix}$ は標準基底に関する f の表現行列である.

基底 $\{\boldsymbol{v}_1, \boldsymbol{v}_2, \boldsymbol{v}_3\}$ の f による像は

$$f(\boldsymbol{v}_1) = \begin{pmatrix} 4 \\ 1 \end{pmatrix} = \frac{5}{2}\begin{pmatrix} 1 \\ 1 \end{pmatrix} - \frac{3}{2}\begin{pmatrix} -1 \\ 1 \end{pmatrix} = \frac{5}{2}\boldsymbol{w}_1 - \frac{3}{2}\boldsymbol{w}_2$$

$$f(\boldsymbol{v}_2) = \begin{pmatrix} 5 \\ 4 \end{pmatrix} = \frac{9}{2}\begin{pmatrix} 1 \\ 1 \end{pmatrix} - \frac{1}{2}\begin{pmatrix} -1 \\ 1 \end{pmatrix} = \frac{9}{2}\boldsymbol{w}_1 - \frac{1}{2}\boldsymbol{w}_2$$

$$f(\boldsymbol{v}_3) = \begin{pmatrix} 4 \\ 2 \end{pmatrix} = 3\begin{pmatrix} 1 \\ 1 \end{pmatrix} - \begin{pmatrix} -1 \\ 1 \end{pmatrix} = 3\boldsymbol{w}_1 - \boldsymbol{w}_2$$

である．したがって，線形写像 $f : \mathbf{R}^3\{\boldsymbol{v}_1, \boldsymbol{v}_2, \boldsymbol{v}_3\} \to \mathbf{R}^2\{\boldsymbol{w}_1, \boldsymbol{w}_2\}$ の表現行列は

$$A = \begin{pmatrix} \frac{5}{2} & \frac{9}{2} & 3 \\ -\frac{3}{2} & -\frac{1}{2} & -1 \end{pmatrix}$$

である．

$\mathbf{R}^3$ の基底 $\{\boldsymbol{e}_1, \boldsymbol{e}_2, \boldsymbol{e}_3\}$ から $\{\boldsymbol{v}_1, \boldsymbol{v}_2, \boldsymbol{v}_3\}$ への基底の変換行列 P，および基底 $\{\boldsymbol{e}_1, \boldsymbol{e}_2\}$ から $\{\boldsymbol{w}_1, \boldsymbol{w}_2\}$ への基底の変換行列 Q は定理 4.16(3) により，

$$P = \begin{pmatrix} 1 & 1 & 0 \\ 0 & 1 & 1 \\ 1 & 1 & 1 \end{pmatrix}, \quad Q = \begin{pmatrix} 1 & -1 \\ 1 & 1 \end{pmatrix}$$

である．このとき命題 5.7(3) より

$$QA = BP$$

が成り立つ．この関係式から $A = Q^{-1}BP$ を計算することもできる．　□

命題 5.9　$f : U\{\boldsymbol{u}_1, \cdots, \boldsymbol{u}_m\} \longrightarrow V\{\boldsymbol{v}_1, \cdots, \boldsymbol{v}_n\}$

$$g : V\{\boldsymbol{v}_1, \cdots, \boldsymbol{v}_n\} \longrightarrow W\{\boldsymbol{w}_1, \cdots, \boldsymbol{w}_s\}$$

を線形写像とする．f の表現行列を A, g の表現行列を B とすると合成写像

$$g \circ f : U\{\boldsymbol{u}_1, \cdots, \boldsymbol{u}_m\} \longrightarrow W\{\boldsymbol{w}_1, \cdots, \boldsymbol{w}_s\}$$

の表現行列は BA である．

証明　表現行列のつくり方から

$$(f(\boldsymbol{u}_1), \cdots, f(\boldsymbol{u}_m)) = (\boldsymbol{v}_1, \cdots, \boldsymbol{v}_n)A,$$
$$(g(\boldsymbol{v}_1), \cdots, g(\boldsymbol{v}_n)) = (\boldsymbol{w}_1, \cdots, \boldsymbol{w}_s)B$$

である.このとき

$$\begin{aligned}(g \circ f(\boldsymbol{u}_1), \cdots, g \circ f(\boldsymbol{u}_m)) &= (g(\boldsymbol{v}_1), \cdots, g(\boldsymbol{v}_n))A \\ &= (\boldsymbol{w}_1, \cdots, \boldsymbol{w}_s)BA\end{aligned}$$

となり，表現行列を得る．　□

系 5.10

(1) $f : V\{\boldsymbol{v}_1, \cdots, \boldsymbol{v}_m\} \longrightarrow W\{\boldsymbol{w}_1, \cdots, \boldsymbol{w}_m\}$ が同型写像であるための必要十分条件は f の表現行列が正則行列であることである.

(2) $f : V\{\boldsymbol{v}_1, \cdots, \boldsymbol{v}_m\} \longrightarrow W\{\boldsymbol{w}_1, \cdots, \boldsymbol{w}_m\}$ は同型写像とし, その表現行列を A とする. このとき, f の逆写像 $f^{-1} : W\{\boldsymbol{w}_1, \cdots, \boldsymbol{w}_m\} \longrightarrow V\{\boldsymbol{v}_1, \cdots, \boldsymbol{v}_m\}$ の表現行列は A^{-1} である.

定理 5.11　V, W を 有限次元線形空間とする. 線形写像 $f : V \to W$ の表現行列を A とするとき,

$$\operatorname{rank} A = \dim \operatorname{Im} f$$

である.

証明　V, W の基底 $\{\boldsymbol{v}_1, \cdots, \boldsymbol{v}_n\}, \{\boldsymbol{w}_1, \cdots, \boldsymbol{w}_m\}$ によって $(f(\boldsymbol{v}_1), \cdots, f(\boldsymbol{v}_n)) = (\boldsymbol{w}_1, \cdots, \boldsymbol{w}_m)A$ と表されているとする. $r = \operatorname{rank} A$ とすると, ある正則行列 P によって PA を $r+1$ 行目以下の成分がすべて 0 となる被約階段行列に変形することができる. (定理 2.3)

$({\boldsymbol{w}_1}', \cdots, {\boldsymbol{w}_m}') = (\boldsymbol{w}_1, \cdots, \boldsymbol{w}_m)P^{-1}$ とおくとき $\{{\boldsymbol{w}_1}', \cdots, {\boldsymbol{w}_m}'\}$ は W の基底であり $(f(\boldsymbol{v}_1), \cdots, f(\boldsymbol{v}_n)) = (\boldsymbol{w}_1, \cdots, \boldsymbol{w}_m)P^{-1}PA = ({\boldsymbol{w}_1}', \cdots, {\boldsymbol{w}_m}')PA$ となる.

ゆえに, 任意の $f(\boldsymbol{x})$ は ${\boldsymbol{w}_1}', \cdots, {\boldsymbol{w}_r}'$ の 1 次結合であり, ${\boldsymbol{w}_i}' = ({\boldsymbol{w}_1}', \cdots, {\boldsymbol{w}_m}')\boldsymbol{e}_i$ $(1 \leqq i \leqq r)$ は $\operatorname{Im} f$ に含まれる 1 次独立なベクトルなので $\{{\boldsymbol{w}_1}', \cdots, {\boldsymbol{w}_r}'\}$ は $\operatorname{Im} f$ の基底である. ゆえに $\dim \operatorname{Im} f = r$ となる. □

上の定理 5.11 と次元定理 5.6 から次のことがわかる.

定理 5.12　V を n 次元線形空間とし, W を m 次元線形空間とする. 線形写像 $f : V \to W$ の表現行列を A とするとき, 次が成り立つ.

(1) $\operatorname{rank} A = n - \dim \operatorname{Ker} f$

(2) f が全射であるための必要十分条件は $\operatorname{rank} A = m$ である.

(3) f が単射であるための必要十分条件は $\operatorname{rank} A = n$ である.

(4) f が同型写像であるための必要十分条件は $\operatorname{rank} A = n = m$ である.

5.3　内積空間の線形写像

実内積空間 V の正規直交基底を $\{\boldsymbol{v}_1, \cdots, \boldsymbol{v}_n\}$ とし線形変換 $f : V \to V$ の表現行列を A とする．$\boldsymbol{x} \in V$ に対して n 項ベクトルを $\boldsymbol{x}_V = \begin{pmatrix} (\boldsymbol{x}, \boldsymbol{v}_1) \\ \vdots \\ (\boldsymbol{x}, \boldsymbol{v}_n) \end{pmatrix}$ とおけば $\boldsymbol{x} = (\boldsymbol{v}_1, \cdots, \boldsymbol{v}_n)\boldsymbol{x}_V$ と成分表示される．$\boldsymbol{y} \in V$ に対しても同様に $\boldsymbol{y}_V$ を定義するとき

$$\begin{aligned}(f(\boldsymbol{x}),\ f(\boldsymbol{y})) &= ((\boldsymbol{v}_1, \cdots, \boldsymbol{v}_n)A\boldsymbol{x}_V, (\boldsymbol{v}_1, \cdots, \boldsymbol{v}_n)A\boldsymbol{y}_V) = (A\boldsymbol{y}_V, A\boldsymbol{x}_V) \\ &= {}^t\boldsymbol{y}_V {}^tAA\boldsymbol{x}_V\end{aligned}$$

と表される．

直交変換と直交行列　V を実内積空間とし, 線形変換 $f : V \longrightarrow V$ が任意の $\boldsymbol{x}, \boldsymbol{y} \in V$ について

$$(f(\boldsymbol{x}),\ f(\boldsymbol{y})) = (\boldsymbol{x},\ \boldsymbol{y})$$

をみたすとき, 線形変換 f を**直交変換**という．

定理 5.13　線形変換 $f : V \to V$ について次は同値である．
(1) f は直交変換である．
(2) V の任意の元 $\boldsymbol{x}$ に対して, $\|f(\boldsymbol{x})\| = \|\boldsymbol{x}\|$ である．
(3) V の正規直交基底に関する f の表現行列は直交行列である．

証明　(1) ならば (2) を示す．

$\|f(\boldsymbol{x})\|^2 = (f(\boldsymbol{x}), f(\boldsymbol{x})) = (\boldsymbol{x}, \boldsymbol{x}) = \|\boldsymbol{x}\|^2$ より $\|f(\boldsymbol{x})\| = \|\boldsymbol{x}\|$ である．

次に (2) ならば (1) を示す．

$(f(\boldsymbol{x}+\boldsymbol{y}), f(\boldsymbol{x}+\boldsymbol{y})) = ((f(\boldsymbol{x}) + f(\boldsymbol{y}), f(\boldsymbol{x}) + f(\boldsymbol{y})) = (f(\boldsymbol{x}), f(\boldsymbol{x})) + (f(\boldsymbol{y}), f(\boldsymbol{y})) + 2(f(\boldsymbol{x}), f(\boldsymbol{y})) = (\boldsymbol{x}, \boldsymbol{x}) + (\boldsymbol{y}, \boldsymbol{y}) + 2(f(\boldsymbol{x}), f(\boldsymbol{y}))$

また $(f(\boldsymbol{x}+\boldsymbol{y}), f(\boldsymbol{x}+\boldsymbol{y})) = (\boldsymbol{x}+\boldsymbol{y},\ \boldsymbol{x}+\boldsymbol{y}) = (\boldsymbol{x}, \boldsymbol{x}) + (\boldsymbol{y}, \boldsymbol{y}) + 2(\boldsymbol{x},\ \boldsymbol{y})$ より $(f(\boldsymbol{x}), f(\boldsymbol{y})) = (\boldsymbol{x}, \boldsymbol{y})$ である．

(1) と (3) の同値を示す．$(f(\boldsymbol{x}),\ f(\boldsymbol{y})) = (\boldsymbol{x},\ \boldsymbol{y})$ の成分表示に関する表示は ${}^t\boldsymbol{y}_V {}^tAA\boldsymbol{x}_V = {}^t\boldsymbol{y}_V\boldsymbol{x}_V$ となることから ${}^tAA = E$ と同値であることがわかる．□

$f : V \longrightarrow V$ を直交変換とする．$\boldsymbol{a}, \boldsymbol{b} \in V$ に対して

$$\frac{(\boldsymbol{a},\, \boldsymbol{b})}{\|\boldsymbol{a}\| \cdot \|\boldsymbol{b}\|} = \frac{(f(\boldsymbol{a}),\, f(\boldsymbol{b}))}{\|f(\boldsymbol{a})\| \cdot \|f(\boldsymbol{b})\|}$$

である．すなわち，直交変換は2つのベクトルのなす角を変えない変換になっている．

V を実内積空間とし，線形変換 $f : V \longrightarrow V$ が任意の元 $\boldsymbol{x}, \boldsymbol{y}$ に対して

$$(f(\boldsymbol{x}),\, \boldsymbol{y}) = (\boldsymbol{x},\, f(\boldsymbol{y}))$$

をみたすとき f を**対称変換**という．

定理 5.14 線形変換 $f : V \to V$ について次は同値である．
(1) f は対称変換である．
(2) V の正規直交基底に関する写像 f の表現行列 A は対称行列である．

証明 $(f(\boldsymbol{x}),\, \boldsymbol{y}) = (\boldsymbol{x},\, f(\boldsymbol{y}))$ の成分表示に関する表示は ${}^t\boldsymbol{y}_V A \boldsymbol{x}_V = {}^t\boldsymbol{y}_V {}^tA \boldsymbol{x}_V$ となることから $A = {}^tA$ と同値であることがわかる． □

ユニタリ変換とユニタリ行列 † V を複素内積空間とし，$f : V \longrightarrow V$ を線形変換とする．f が任意の $\boldsymbol{x}, \boldsymbol{y} \in V$ について

$$(f(\boldsymbol{x}),\, f(\boldsymbol{y})) = (\boldsymbol{x},\, \boldsymbol{y})$$

をみたすとき，f を**ユニタリ変換**という．また，

$$(f(\boldsymbol{x}),\, \boldsymbol{y}) = (\boldsymbol{x},\, f(\boldsymbol{y}))$$

をみたすとき，f を**エルミート変換**という．これらに関して次が成り立つ．

定理 5.15 線形変換 $f : V \to V$ について次は同値である．
(1) f はユニタリ変換である．
(2) 任意の $\boldsymbol{x} \in V$ に対して $\|f(\boldsymbol{x})\| = \|\boldsymbol{x}\|$.
(3) V の正規直交基底に関する写像 f の表現行列はユニタリ行列である．

定理 5.16　線形変換 $f: V \to V$ について次は同値である．

(1) f はエルミート変換である．

(2) V の正規直交基底に関する写像 f の表現行列はエルミート行列である．

問 5.3.1　上の定理を証明せよ．

第 5 章　章末問題

A

5.1　(1) $f\begin{pmatrix} x \\ y \end{pmatrix} = \begin{pmatrix} x \\ -y \end{pmatrix}$ で定義される線形変換 $f: \mathbf{R}^2 \longrightarrow \mathbf{R}^2$ は x 軸に関する対称移動である．この線形変換の標準基底による表現行列を求めよ．

(2) $f\begin{pmatrix} x \\ y \end{pmatrix} = \begin{pmatrix} -x \\ -y \end{pmatrix}$ で定義される線形変換 $f: \mathbf{R}^2 \longrightarrow \mathbf{R}^2$ は原点 O に関する対称移動である．この線形変換の標準基底による表現行列を求めよ．

5.2　次の写像は線形写像となるかを調べよ．

(1) $f: \mathbf{R}^3 \longrightarrow \mathbf{R}^2,\ \ f\begin{pmatrix} x \\ y \\ z \end{pmatrix} = \begin{pmatrix} x+y \\ y+z \end{pmatrix}$

(2) $f: \mathbf{R}^2 \longrightarrow \mathbf{R}^3,\ \ f\begin{pmatrix} x \\ y \end{pmatrix} = \begin{pmatrix} x \\ y \\ 1 \end{pmatrix}$

(3) $f: \mathbf{R}^3 \longrightarrow \mathbf{R}^2,\ \ f\begin{pmatrix} x \\ y \\ z \end{pmatrix} = \begin{pmatrix} x+3z \\ 0 \end{pmatrix}$

(4) $f: \mathbf{R}^2 \longrightarrow \mathbf{R}^2,\ \ f\begin{pmatrix} x \\ y \end{pmatrix} = \begin{pmatrix} xy \\ x+y \end{pmatrix}$

5.3　線形変換 $f: \mathbf{R}^2 \longrightarrow \mathbf{R}^2$ を

$$f\begin{pmatrix} x \\ y \end{pmatrix} = \begin{pmatrix} x - 3y \\ -2x + 3y \end{pmatrix}$$

で与えるとき

$$\begin{pmatrix} 2 \\ 1 \end{pmatrix},\ \begin{pmatrix} -2 \\ 3 \end{pmatrix},\ \begin{pmatrix} 0 \\ 1 \end{pmatrix}$$

の f による像を求めよ．

5.4　線形変換 $f:\mathbf{R}^2 \longrightarrow \mathbf{R}^2$ が

$$f\begin{pmatrix} 2 \\ 1 \end{pmatrix} = \begin{pmatrix} 3 \\ 1 \end{pmatrix}, \quad f\begin{pmatrix} 1 \\ 1 \end{pmatrix} = \begin{pmatrix} 2 \\ 0 \end{pmatrix}$$

をみたすとき, f の標準基底に関する表現行列を求めよ.

B

5.5　$\mathbf{R}^3$ において原点と $(1, 1, 1)$ を通る直線のまわりに 90° 回転する線形変換 $f:\mathbf{R}^3 \longrightarrow \mathbf{R}^3$ の標準基底に関する表現行列を求めよ.

5.6　n 次の正方行列 A について, $A^m = O$ ならば, $E - A$ は正則行列であり, $(E-A)^{-1} = E + A + A^2 + \cdots + A^{m-1}$ であることを確かめよ.

5.7　線形写像 $f:U \to V$, $g:V \to U$ に対して $g \circ f = 1_U$ が成り立つとする. ただし $1_U:U \to U$ は U の恒等写像とする. このとき $V = \mathrm{Im} f \oplus \mathrm{Ker}\, g$ であることを示せ.

5.8　次の命題が成立することを示せ.

(1) $f : V \to W$ は線形写像で U は V の部分空間とする. $\mathrm{Im}\, f = f(U)$ ならば $V = U + \mathrm{Ker}\, f$ である.

(2) $f : V \to V$ を線形変換 とするとき, 任意の $\boldsymbol{v} \in V$ に対して $f(f(\boldsymbol{v})) = \mathbf{0}$ となることと, $f(V) \subset \mathrm{Ker}\, f$ とは同値である.

6 行列の対角化

この章で学ぶこと

この章では次のことを学ぶ.

(1) 固有値と固有ベクトル.

(2) 行列の対角化.

これらは線形代数学の重要な概念で, 広く応用される. 以下ではスカラーを複素数にとる.

6.1 固有値と固有ベクトル

まず, 実線形空間 $\mathbf{R}^2$ の次の線形変換 f を考えよう. $f : \mathbf{R}^2 \to \mathbf{R}^2$ を

$$f\begin{pmatrix} x \\ y \end{pmatrix} = \begin{pmatrix} 2 & 1 \\ 1 & 2 \end{pmatrix}\begin{pmatrix} x \\ y \end{pmatrix} = \begin{pmatrix} 2x+y \\ x+2y \end{pmatrix}$$

で定義する. $\mathbf{R}^2$ の標準基底 $\{\boldsymbol{e}_1, \boldsymbol{e}_2\}$ に関する f の表現行列は

$$A = \begin{pmatrix} 2 & 1 \\ 1 & 2 \end{pmatrix}$$

である. $\mathbf{R}^2$ の基底 $\{\boldsymbol{u}_1, \boldsymbol{u}_2\}$ を

$$\boldsymbol{u}_1 = \begin{pmatrix} 1 \\ 1 \end{pmatrix}, \quad \boldsymbol{u}_2 = \begin{pmatrix} 1 \\ -1 \end{pmatrix}$$

とおくとき,

$$f(\boldsymbol{u}_1) = 3\boldsymbol{u}_1, \quad f(\boldsymbol{u}_2) = \boldsymbol{u}_2 \quad (A\boldsymbol{u}_1 = 3\boldsymbol{u}_1,\ A\boldsymbol{u}_2 = \boldsymbol{u}_2)$$

が成り立つ. f は図 6.1 のように, (1, 1) 方向に 3 倍に引き伸ばす線形変換となっていることがわかる.

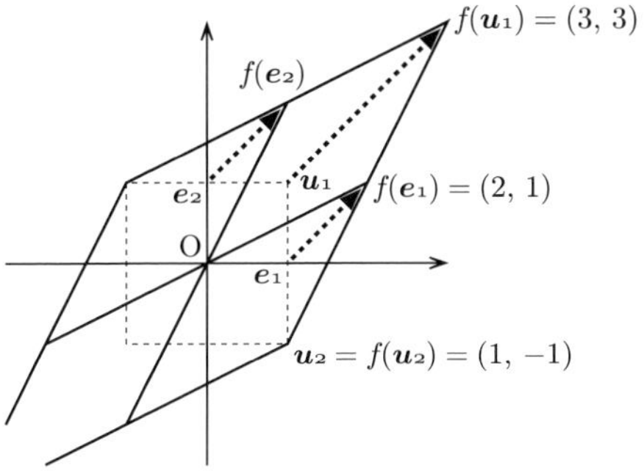

図 6.1　1 次変換の例

この基底に関する f の表現行列は

$$B = \begin{pmatrix} 3 & 0 \\ 0 & 1 \end{pmatrix}$$

である. また, $\{\boldsymbol{e}_1, \boldsymbol{e}_2\}$ から $\{\boldsymbol{u}_1, \boldsymbol{u}_2\}$ への基底の変換行列 P は

$$P = \begin{pmatrix} 1 & 1 \\ 1 & -1 \end{pmatrix}$$

である. このとき, 命題 5.7 から

$$B = P^{-1}AP$$

の関係が成り立つことがわかる.

この例のように, 線形変換 f に対して基底 $\{\boldsymbol{u}_1, \cdots, \boldsymbol{u}_n\}$ を

$$f(\boldsymbol{u}_1) = \lambda_1\boldsymbol{u}_1, \cdots, f(\boldsymbol{u}_n) = \lambda_n\boldsymbol{u}_n$$

となるように選ぶことができれば, この基底に関する f の表現行列は $\lambda_1, \cdots, \lambda_n$ を対角成分とする対角行列となる. これを f の**対角化**という.

固有値と固有ベクトル　線形変換 $f: \mathbf{C}^n \to \mathbf{C}^n$ に対し,

$$f(\boldsymbol{u}) = \lambda \boldsymbol{u}, \quad \boldsymbol{u} \neq \mathbf{0}$$

をみたすスカラー λ を線形変換 f の**固有値**といい, $\boldsymbol{u}$ を固有値 λ に属する**固有ベクトル**という.

n 次正方行列 $A = (a_{ij})$ に対し, 線形変換 $f_A(\boldsymbol{x}) = A\boldsymbol{x}$ とおくとき,

$$A\boldsymbol{x} = \lambda \boldsymbol{x}, \quad \boldsymbol{x} \neq \mathbf{0}$$

をみたすスカラー λ を A の**固有値**, $\boldsymbol{x}$ を固有値 λ に属する**固有ベクトル**という. $A\boldsymbol{x} = \lambda\boldsymbol{x}$ は

$$(\lambda E - A)\boldsymbol{x} = \mathbf{0}$$

とも表せる. これをみたす $\boldsymbol{x} \neq \mathbf{0}$ がとれることは, 系3.20 により, $|\lambda E - A| = 0$ となることである. すなわち

$$|\lambda E - A| = \begin{vmatrix} \lambda - a_{11} & -a_{12} & \cdots & -a_{1n} \\ -a_{21} & \lambda - a_{22} & \cdots & -a_{2n} \\ \vdots & \vdots & \ddots & \vdots \\ -a_{n1} & -a_{n2} & \cdots & \lambda - a_{nn} \end{vmatrix} = 0$$

である. したがって, A の固有値 λ は $|\lambda E - A| = 0$ をみたす.

n 次正方行列 $A = (a_{ij})$ に対して, t を変数とする n 次多項式

$$\phi_A(t) = |tE - A| = \begin{vmatrix} t - a_{11} & \cdots & -a_{1n} \\ \vdots & \ddots & \vdots \\ -a_{n1} & \cdots & t - a_{nn} \end{vmatrix}$$

を A の**固有多項式**といい, $\phi_A(t) = 0$ を A の**固有方程式**という. $\phi_A(t) = 0$ の解が A の固有値である.

固有方程式 $\phi_A(t) = 0$ は n 次方程式である. この実数解は必ずしも存在するとは限らないが, 複素数解は重複度を込めて n 個ある. 固有方程式の解の重複度を**固有値の重複度**という.

命題 6.1

(1) n 次正方行列 A の固有値は, 固有方程式 $\phi_A(t) = 0$ の解であり, 複素数解は重複度を込めて n 個ある.

(2) 固有値 λ に属する固有ベクトルは, 斉次連立 1 次方程式 $(\lambda E - A)\boldsymbol{x} = \boldsymbol{0}$ の自明でない解 $\boldsymbol{x}$ である.

固有値 λ に関して

$$V(\lambda) = \{\boldsymbol{x} \in \mathbf{C}^n \mid (\lambda E - A)\boldsymbol{x} = \boldsymbol{0}\}$$

は固有値 λ に属する固有ベクトルの全体と零ベクトルからなる線形空間である. これを A の固有値 λ に対する**固有空間**という.

この節の最初に述べた例のように, n 次実正方行列 A の固有値 λ が実数のときは λ に属する固有ベクトルとして実数を成分とするベクトルをとることができる. したがって, A によって定義される $\mathbf{R}^n$ の線形変換 $f_A(\boldsymbol{x}) = A\boldsymbol{x}$ の固有空間

$$V(\lambda) = \{\boldsymbol{x} \in \mathbf{R}^n \mid (\lambda E - A)\boldsymbol{x} = \boldsymbol{0}\}$$

を考えることができる.

命題 6.2 A を n 次正方行列, P を n 次正則行列とするとき,

(1) A の固有多項式は $P^{-1}AP$ の固有多項式と等しい. すなわち $\phi_A(t) = \phi_{P^{-1}AP}(t)$ が成り立つ.

(2) A の固有値と $P^{-1}AP$ の固有値は等しい.

(3) λ を A の固有値とするとき, $\dim V(\lambda) = n - \operatorname{rank}(\lambda E - A)$ が成り立つ.

(4) 転置行列 ${}^t\!A$ の固有値は A の固有値と同じである.

証明 (1) $\phi_{P^{-1}AP}(t) = |tE - P^{-1}AP| = |P^{-1}(tE)P - P^{-1}AP|$

$$= |P^{-1}(tE - A)P| = |P^{-1}||tE - A||P| = |tE - A| = \phi_A(t)$$

(2) 固有値は固有方程式の解であるから, (1) から得られる.

(3) 線形変換 $f : \mathbf{C}^n \to \mathbf{C}^n$ を $f(\boldsymbol{x}) = (\lambda E - A)\boldsymbol{x}$ とおく. $\operatorname{Ker} f = V(\lambda)$ であるので, 定理 5.6 により $\dim V(\lambda) = \dim \operatorname{Ker} f = n - \operatorname{rank}(\lambda E - A)$ が得られる.

(4) ${}^t(\lambda E - A) = \lambda E - {}^t\!A$ であることより

$$\phi_{{}^t\!A}(t) = |tE - {}^t\!A| = |{}^t(tE - A)| = |tE - A| = \phi_A(t)$$

である. したがって, A の固有多項式と ${}^t\!A$ の固有多項式は等しいから, 固有値も等しい. □

例 6.1.1　$A = \begin{pmatrix} 0 & 1 \\ 1 & 0 \end{pmatrix}$ とするとき固有多項式は

$$\begin{vmatrix} t-0 & -1 \\ -1 & t-0 \end{vmatrix} = t^2 - 1$$

である．$t^2 - 1 = 0$ の解 1, -1 が A の固有値である．1 に属する固有ベクトルとして $\boldsymbol{u}_1 = \begin{pmatrix} 1 \\ 1 \end{pmatrix}$, -1 に属する固有ベクトルとして $\boldsymbol{u}_2 = \begin{pmatrix} -1 \\ 1 \end{pmatrix}$ をとることができる．また固有空間は $V(1) = \langle \boldsymbol{u}_1 \rangle$, $V(-1) = \langle \boldsymbol{u}_2 \rangle$ である．

n 次正方行列

$$A = \begin{pmatrix} a_{11} & a_{12} & \cdots & a_{1n} \\ a_{21} & a_{22} & \cdots & a_{2n} \\ \vdots & \vdots & \ddots & \vdots \\ a_{n1} & a_{n2} & \cdots & a_{nn} \end{pmatrix}$$

の対角成分の和

$$\mathrm{tr}A = a_{11} + a_{22} + \cdots + a_{nn}$$

を A の**トレース**という．行列の n 個の固有値とトレース, 行列式の間には, 次の関係がある．

命題 6.3　n 次正方行列 A の固有値を $\lambda_1, \cdots, \lambda_n$ とするとき, 次が成り立つ．
(1) $\mathrm{tr}A = \lambda_1 + \lambda_2 + \cdots + \lambda_n$
(2) $|A| = \lambda_1 \lambda_2 \cdots \lambda_n$
(3) 行列 A が正則行列であるための必要十分条件は 0 を固有値にもたないことである．

証明　(1), (2) A の固有値 $\lambda_1, \cdots, \lambda_n$ は固有方程式 $\phi_A(t) = 0$ の解であるから,

$$\begin{aligned} \phi_A(t) &= (t - \lambda_1) \cdots (t - \lambda_n) \\ &= t^n - (\lambda_1 + \cdots + \lambda_n) t^{n-1} + \cdots + (-1)^n \lambda_1 \cdots \lambda_n \end{aligned}$$

である. 一方, $\phi_A(t) = |tE - A|$ を展開すると

$$\phi_A(t) = t^n - (a_{11} + \cdots + a_{nn})t^{n-1} + \cdots + (-1)^n|A|$$

である. 2 つの式の t^{n-1} の係数および定数項を比較して (1), (2) を得る.

(3) (2) から $|A| \neq 0$ は $\lambda_1 \cdots \lambda_n \neq 0$ と同値であることによる. □

問 6.1.2　3 次正方行列 $A = (a_{ij})$ に対して

$$\phi_A(t) = t^3 - (a_{11} + a_{22} + a_{33})t^2 + \left(\begin{vmatrix} a_{22} & a_{23} \\ a_{32} & a_{33} \end{vmatrix} + \begin{vmatrix} a_{11} & a_{13} \\ a_{31} & a_{33} \end{vmatrix} + \begin{vmatrix} a_{11} & a_{12} \\ a_{21} & a_{22} \end{vmatrix} \right) t - |A|$$

であることを示せ.

例題 6.1.3　行列

$$A = \begin{pmatrix} 1 & 2 & -1 \\ 1 & 0 & 1 \\ 0 & 2 & 0 \end{pmatrix}$$

の固有値, 固有ベクトルと固有空間を求めよ.

解答　行列 A の固有多項式は

$$\phi_A(\lambda) = \begin{vmatrix} \lambda - 1 & -2 & 1 \\ -1 & \lambda & -1 \\ 0 & -2 & \lambda \end{vmatrix} = (\lambda - 1)(\lambda - 2)(\lambda + 2)$$

である. したがって, 行列 A の固有値は $\lambda = 1, 2, -2$ である.

固有値 $\lambda = 1$ に属する固有ベクトルは

$$(1E - A)\boldsymbol{x} = \boldsymbol{0}$$

の自明でない解である. 連立 1 次方程式

$$\begin{pmatrix} 0 & -2 & 1 \\ -1 & 1 & -1 \\ 0 & -2 & 1 \end{pmatrix} \begin{pmatrix} x_1 \\ x_2 \\ x_3 \end{pmatrix} = \begin{pmatrix} 0 \\ 0 \\ 0 \end{pmatrix}$$

を解いて, 自明でない解 ($\lambda=1$ に属する固有ベクトル) の1つとして

$$\boldsymbol{p}_1 = \begin{pmatrix} -1 \\ 1 \\ 2 \end{pmatrix}$$

をとる. このとき $\lambda=1$ に属する固有空間は

$$V(1) = \left\{ c\begin{pmatrix} -1 \\ 1 \\ 2 \end{pmatrix} \;\middle|\; c \in \mathbf{C} \right\} = \left\langle \begin{pmatrix} -1 \\ 1 \\ 2 \end{pmatrix} \right\rangle$$

となる.

同様に固有値 $\lambda=2,\ -2$ に属する固有ベクトルは, 連立1次方程式

$$(2E-A)\boldsymbol{x}=\mathbf{0},\quad (-2E-A)\boldsymbol{x}=\mathbf{0}$$

の自明でない解である. それぞれの固有ベクトルとして

$$\boldsymbol{p}_2 = \begin{pmatrix} 1 \\ 1 \\ 1 \end{pmatrix},\quad \boldsymbol{p}_3 = \begin{pmatrix} 1 \\ -1 \\ 1 \end{pmatrix}$$

をとれば, $\lambda=2,\ -2$ に属する固有空間はそれぞれ

$$V(2) = \left\langle \begin{pmatrix} 1 \\ 1 \\ 1 \end{pmatrix} \right\rangle,\quad V(-2) = \left\langle \begin{pmatrix} 1 \\ -1 \\ 1 \end{pmatrix} \right\rangle$$

となる.

問 6.1.4　次の行列の固有値, 固有ベクトルおよび固有空間を求めよ.

(1) $A = \begin{pmatrix} 1 & 2 \\ 2 & 1 \end{pmatrix}$　　(2) $A = \begin{pmatrix} -3 & 0 & 0 \\ 4 & 5 & -4 \\ 2 & 4 & -5 \end{pmatrix}$

(3) $A = \begin{pmatrix} 0 & 2 & 0 \\ -2 & 1 & 3 \\ 0 & 2 & 0 \end{pmatrix}$　　(4) $A = \begin{pmatrix} 0 & 2 & 1 \\ -1 & -3 & -1 \\ 1 & 1 & -1 \end{pmatrix}$

固有値, 固有ベクトルについて次の定理が成り立つ.

定理 6.4

(1) n 次正方行列 A の相異なる固有値に属する固有ベクトルは 1 次独立である.

(2) A の相異なる固有値 λ_i, λ_j に対して, $V(\lambda_i) \cap V(\lambda_j) = \{\mathbf{0}\}$ である.

(3) n 次正方行列 A が相異なる n 個の固有値 $\lambda_1, \cdots, \lambda_n$ をもつとき, $\dim V(\lambda_i) = 1 \ \ (1 \leqq i \leqq n)$ である.

証明　(1) $\lambda_1, \cdots, \lambda_m$ を A の相異なる固有値, $\boldsymbol{x}_1, \cdots, \boldsymbol{x}_m$ をそれぞれ $\lambda_1, \cdots, \lambda_m$ に属する固有ベクトルとする. すなわち, $A\boldsymbol{x}_i = \lambda_i \boldsymbol{x}_i \ \ (1 \leqq i \leqq m)$ が成り立つとする. m に関する帰納法で証明する.

$m = 1$ のとき, $\boldsymbol{x}_1$ は零ベクトルでないから, $\boldsymbol{x}_1$ は 1 次独立である. $\boldsymbol{x}_1, \cdots, \boldsymbol{x}_k$ が 1 次独立と仮定し, $\boldsymbol{x}_1, \cdots, \boldsymbol{x}_k$, $\boldsymbol{x}_{k+1}$ が 1 次独立であることを示す.

$\boldsymbol{x}_1, \cdots, \boldsymbol{x}_k$, $\boldsymbol{x}_{k+1}$ が 1 次従属であると仮定すると, 命題 4.7(3) により, 少なくとも 1 つは 0 でないスカラーの組 $c_1, \cdots, c_k$ によって,

$$\boldsymbol{x}_{k+1} = c_1\boldsymbol{x}_1 + c_2\boldsymbol{x}_2 + \cdots + c_k\boldsymbol{x}_k \tag{6.1}$$

と表すことができる. 両辺に A を掛けると, $A\boldsymbol{x}_i = \lambda_i\boldsymbol{x}_i \ \ (1 \leqq i \leqq k+1)$ であるから

$$\lambda_{k+1}\boldsymbol{x}_{k+1} = c_1\lambda_1\boldsymbol{x}_1 + c_2\lambda_2\boldsymbol{x}_2 + \cdots + c_k\lambda_k\boldsymbol{x}_k$$

である. 式 (6.1) を $\boldsymbol{x}_{k+1}$ に代入すると,

$$\lambda_{k+1}(c_1\boldsymbol{x}_1 + c_2\boldsymbol{x}_2 + \cdots + c_k\boldsymbol{x}_k) = c_1\lambda_1\boldsymbol{x}_1 + c_2\lambda_2\boldsymbol{x}_2 + \cdots + c_k\lambda_k\boldsymbol{x}_k$$

したがって,

$$c_1(\lambda_{k+1} - \lambda_1)\boldsymbol{x}_1 + c_2(\lambda_{k+1} - \lambda_2)\boldsymbol{x}_2 + \cdots + c_k(\lambda_{k+1} - \lambda_k)\boldsymbol{x}_k = \mathbf{0}$$

を得る. $\boldsymbol{x}_1$, $\boldsymbol{x}_2, \cdots, \boldsymbol{x}_k$ は 1 次独立であるから, すべての j に対して

$$c_j(\lambda_{k+1} - \lambda_j) = 0 \ \ (1 \leqq j \leqq k)$$

である. $c_1, c_2, \cdots, c_k$ のうち少なくともどれか 1 つは 0 でないから, $c_i \neq 0$ とする. この i に対して $\lambda_{k+1} = \lambda_i$ である. これはすべて固有値が異なる

ことに反する．したがって，$\boldsymbol{x}_1, \boldsymbol{x}_2, \cdots, \boldsymbol{x}_k, \boldsymbol{x}_{k+1}$ は 1 次独立である．

(2) $\boldsymbol{q} \in V(\lambda_i) \cap V(\lambda_j)$ とする．$\boldsymbol{q} \in V(\lambda_i)$ であるから，$A\boldsymbol{q} = \lambda_i \boldsymbol{q}$ である．また $\boldsymbol{q} \in V(\lambda_j)$ であるから，$A\boldsymbol{q} = \lambda_j \boldsymbol{q}$ である．したがって，

$$\lambda_i \boldsymbol{q} = \lambda_j \boldsymbol{q}$$

が成り立つ．$\lambda_i \neq \lambda_j$ であるから，$\boldsymbol{q} = \boldsymbol{0}$ である．

(3) 各固有値 λ_j の重複度は 1 であるので，次の定理 6.5 から $\dim V(\lambda_j) = 1$ となる．□

定理 6.5　n 次正方行列 A に対して，λ が A の重複度 m の固有値であるならば，その固有空間 $V(\lambda)$ の次元について $\dim V(\lambda) \leqq m$ が成り立つ．

証明　あとで扱う定理 6.11 によって $B = P^{-1}AP$ が上三角行列となるようなユニタリ行列 P をとることができる (定理 6.11 の証明にはこの定理 6.5 の事実は使っていない)．$\dim V(\lambda) = n - \mathrm{rank}\,(\lambda E - A)$ であり $\mathrm{rank}\,(\lambda E - A) = \mathrm{rank}\,(\lambda E - P^{-1}AP)$ である．また $\phi_A(t) = \phi_{P^{-1}AP}(t)$ である．したがって，A の代わりに上三角行列 $B = P^{-1}AP$ について示せば十分である．上三角行列 B の固有値は対角成分と一致する．

λ を B の重複度 m の固有値とするとき，B のすべての固有値を $\lambda_1, \cdots, \lambda_n$ とおく．ただし $\lambda_1 = \cdots = \lambda_m = \lambda$, $j = m+1, \cdots, n$ に対しては $\lambda_j \neq \lambda$ であるとする．このとき

$$\lambda E - B = \begin{pmatrix} 0 & & & & & \\ & \ddots & & & * & \\ & & 0 & & & \\ & & & \lambda - \lambda_{m+1} & & \\ & \text{\Large 0} & & & \ddots & \\ & & & & & \lambda - \lambda_n \end{pmatrix}$$

とすることができ，$\lambda - \lambda_j \neq 0$ $(j = m+1, \cdots, n)$ より，下の $n-m$ 行の行ベクトルの集合は 1 次独立である．よって $\mathrm{rank}\,(\lambda E - B) \geqq n - m$ である．し

たがって

$$\dim V(\lambda) = n - \mathrm{rank}\,(\lambda E - B) \leqq n - (n-m) = m$$

が成り立つ. □

例 6.1.5　$1 \leqq k \leqq n$ とする. $j - i = k$ のとき (i, j) 成分を 1 とし, その他の成分はすべて 0 とする n 次正方行列を A とする. すなわち A は右上に $n-k$ 次単位行列をおき, 他の成分は 0 とした n 次正方行列

$$A = (a_{ij}) = \begin{pmatrix} O & E_{n-k} \\ O & O \end{pmatrix}$$

である. この固有値は 0 (重複度 n) である. $\mathrm{rank}\,(0E - A) = n - k$ であるので固有空間 $V(0)$ の次元は k である.

問 6.1.6　次の行列の固有値の重複度と固有空間の次元を求めよ.

$$A = \begin{pmatrix} 1 & 1 & 1 \\ 0 & 1 & 1 \\ 0 & 0 & 1 \end{pmatrix}, \quad B = \begin{pmatrix} 1 & 0 & 1 \\ 0 & 1 & 0 \\ 0 & 0 & 1 \end{pmatrix}$$

6.2　行列の対角化

n 次正方行列 A に対して, 適当な n 次正則行列 P をとれば

$$P^{-1}AP = \begin{pmatrix} a_1 & & 0 \\ & \ddots & \\ 0 & & a_n \end{pmatrix}$$

と変形できるとき, A は**対角化可能**であるという. または, A は正則行列 P により**対角化される**という.

A を n 次正方行列とし, その固有多項式が

$$\phi_A(t) = (t-\lambda_1)^{n_1}(t-\lambda_2)^{n_2}\cdots(t-\lambda_k)^{n_k}$$

であるとする. ただし $\lambda_i \neq \lambda_j$, $(i \neq j)$, $n_i \geqq 1$, $n_1 + n_2 + \cdots + n_k = n$ とする. このとき, 次の定理が成り立つ.

定理 6.6　次の条件は同値である．

(1) A は対角化可能である．

(2) n 個の1次独立な A の固有ベクトルが存在する．

(3) $\mathbf{C}^n = V(\lambda_1) \oplus \cdots \oplus V(\lambda_k)$

(4) $\dim V(\lambda_i) = n_i, \ (i = 1, \cdots, k)$

(5) $\mathrm{rank}\,(\lambda_i E - A) = n - n_i, \ (i = 1, \cdots, k)$

証明　(1) ⇒ (2) を示す．n 次正方行列 A が正則行列 P により

$$P^{-1}AP = \begin{pmatrix} \lambda_1 & & \text{\huge 0} \\ & \ddots & \\ \text{\huge 0} & & \lambda_n \end{pmatrix}$$

と対角化されたとする．P を列ベクトルを用いて $P = (\boldsymbol{p}_1, \boldsymbol{p}_2, \cdots, \boldsymbol{p}_n)$ と表す．ここで上の式の両辺に行列 P を左から掛けると

$$AP = P \begin{pmatrix} \lambda_1 & & \text{\huge 0} \\ & \ddots & \\ \text{\huge 0} & & \lambda_n \end{pmatrix} = (\lambda_1 \boldsymbol{p}_1, \cdots, \lambda_n \boldsymbol{p}_n)$$

となる．したがって，

$$A\boldsymbol{p}_i = \lambda_i \boldsymbol{p}_i \ \ (i = 1, \cdots, k)$$

が成り立つ．以上より，$\lambda_1, \cdots, \lambda_n$ は A の固有値で，$\boldsymbol{p}_1, \cdots, \boldsymbol{p}_n$ はそれぞれ $\lambda_1, \cdots, \lambda_n$ に属する固有ベクトルである．また，仮定より P は正則行列であるから $\boldsymbol{p}_1, \boldsymbol{p}_2, \cdots, \boldsymbol{p}_n$ は1次独立である．

(2) ⇒ (3) を示す．$\boldsymbol{p}_1, \cdots, \boldsymbol{p}_n$ を1次独立なベクトルとし，各 $\boldsymbol{p}_i$ $(1 \leqq i \leqq n)$ は $\lambda_1, \cdots, \lambda_k$ のどれかに属する固有ベクトルとする．このとき，

$$\mathbf{C}^n \supset V(\lambda_1) + \cdots + V(\lambda_k) \supset \langle \boldsymbol{p}_1, \cdots, \boldsymbol{p}_n \rangle$$

となる．これらの線形空間の次元を考えると

$$n = \dim \mathbf{C}^n \geqq \dim(V(\lambda_1) + \cdots + V(\lambda_k)) \geqq \dim\langle \boldsymbol{p}_1, \cdots, \boldsymbol{p}_n \rangle = n$$

したがって, 系 4.12(2) により

$$\mathbf{C}^n = V(\lambda_1) + \cdots + V(\lambda_k)$$

である. 各 $V(\lambda_i)$ から $\boldsymbol{x}_i$ をとり $\boldsymbol{x}_1 + \cdots + \boldsymbol{x}_k = 0$ とおくとき, 異なる固有ベクトルに関する固有ベクトル は1次独立であったから, $\boldsymbol{x}_1 = \cdots = \boldsymbol{x}_k = \mathbf{0}$ である. 定理 4.3 から直和であることがわかる.

(3) ⇒ (4) を示す. 仮定より,

$$n = \dim V(\lambda_1) + \cdots + \dim V(\lambda_k)$$

である. また定理 6.5 により, 各 i $(1 \leqq i \leqq k)$ について

$$1 \leqq \dim V(\lambda_i) \leqq n_i$$

である. また, $n_1 + \cdots + n_k = n$ であることに注意すると

$$\dim V(\lambda_i) = n_i \quad (i = 1, \cdots, k)$$

である.

(4) ⇒ (1) を示す. $\dim V(\lambda_i) = n_i$ であるから, $V(\lambda_i)$ の基底を $\{\boldsymbol{p}_{i1}, \cdots, \boldsymbol{p}_{in_i}\}$ とする. $\boldsymbol{p}_{ij}$ $(1 \leqq j \leqq n_i)$ は λ_i に属する固有ベクトルであるから

$$A\boldsymbol{p}_{ij} = \lambda_i \boldsymbol{p}_{ij} \quad (i = 1, \cdots, k,\ j = 1, \cdots, n_i)$$

である. $P = (\boldsymbol{p}_{11}, \cdots, \boldsymbol{p}_{1n_1}, \cdots, \boldsymbol{p}_{k1}, \cdots, \boldsymbol{p}_{kn_k})$ とおくと, P は正則行列で

$$P^{-1}AP = \begin{pmatrix} \lambda_1 & & & & & & \\ & \ddots & & & & \text{\huge 0} & \\ & & \lambda_1 & & & & \\ & & & \ddots & & & \\ & & & & \lambda_k & & \\ & \text{\huge 0} & & & & \ddots & \\ & & & & & & \lambda_k \end{pmatrix}$$

が成り立つ. したがって, A は正則行列 P により対角化される.

(4) と (5) の同値は命題 6.2(3) によりわかる. □

定理 6.4 と定理 6.6 により,

系 6.7　n 次正方行列 A が相異なる n 個の固有値をもてば, A は対角化可能である.

注意　定理 6.6 の証明の中の (4) $\Rightarrow$ (1) は, 行列 A が対角化可能なとき, 対角化をするための正則行列のつくり方を示している. 対角化する行列 $P = (\boldsymbol{p}_1, \cdots, \boldsymbol{p}_n)$ は固有ベクトルのとり方により異なるものができる. 対角化されたときの行列の対角線に並ぶ固有値の順番は対応する固有ベクトル $\boldsymbol{p}_1, \cdots, \boldsymbol{p}_n$ と対応している.

例題 6.2.1　平面において, 直線 $ax + by = 0$ に関して対称に折り返す 1 次変換を $f : \mathbf{R}^2 \to \mathbf{R}^2$ とする. 行列の対角化によって基底 $\{\boldsymbol{e}_1, \boldsymbol{e}_2\}$ に関する f の表現行列 B を求めよ. ただし $a \neq 0$ または $b \neq 0$ とする.

解答　f は, $\boldsymbol{u} = \begin{pmatrix} b \\ -a \end{pmatrix}$, $\boldsymbol{v} = \begin{pmatrix} a \\ b \end{pmatrix}$ に対して $f(\boldsymbol{u}) = \boldsymbol{u}$, $f(\boldsymbol{v}) = -\boldsymbol{v}$ をみたす 1 次変換 である.

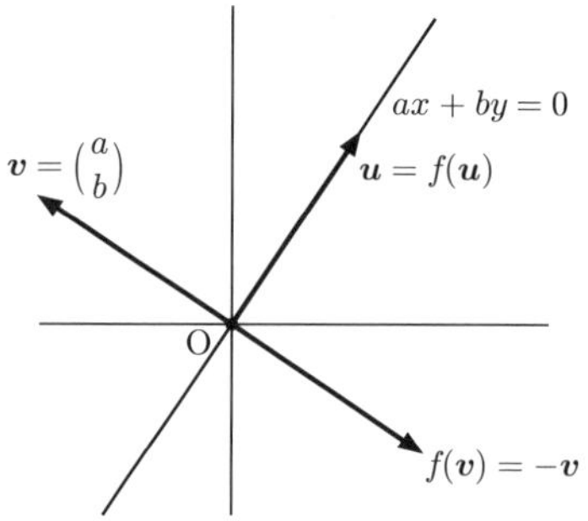

図 6.2　対称移動となる 1 次変換

これは線形変換 f の固有値が 1 と -1 であり, 固有値 1 に属する固有ベクトルは $\boldsymbol{u}$ で, 固有値 -1 に属する固有ベクトルは $\boldsymbol{v}$ であることを示している. また $\{\boldsymbol{u}, \boldsymbol{v}\}$ は $\mathbf{R}^2$ の基底である. したがって, 基底 $\{\boldsymbol{u}, \boldsymbol{v}\}$ に関する f の表現行

列は

$$A = \begin{pmatrix} 1 & 0 \\ 0 & -1 \end{pmatrix}$$

である. $\{\boldsymbol{u},\, \boldsymbol{v}\}$ から $\{\boldsymbol{e}_1,\, \boldsymbol{e}_2\}$ への基底変換の行列とその逆行列は

$$P^{-1} = \begin{pmatrix} b & a \\ -a & b \end{pmatrix}, \quad P = \frac{1}{a^2+b^2}\begin{pmatrix} b & -a \\ a & b \end{pmatrix}$$

である. 求める基底 $\{\boldsymbol{e}_1,\, \boldsymbol{e}_2\}$ に関する f の表現行列は

$$\begin{aligned} B = P^{-1}AP &= \begin{pmatrix} b & a \\ -a & b \end{pmatrix}\begin{pmatrix} 1 & 0 \\ 0 & -1 \end{pmatrix}\frac{1}{a^2+b^2}\begin{pmatrix} b & -a \\ a & b \end{pmatrix}^{-1} \\ &= \frac{1}{a^2+b^2}\begin{pmatrix} b^2-a^2 & -2ab \\ -2ab & a^2-b^2 \end{pmatrix} \end{aligned}$$

である. □

例題 6.2.2 行列

$$A = \begin{pmatrix} 2 & -2 & 0 \\ 1 & -3 & 1 \\ 0 & -2 & 2 \end{pmatrix}$$

が対角化可能かどうか判定し, 対角化可能ならばそのための正則行列を求めて対角化せよ.

解答 A の固有多項式は

$$\phi_A(\lambda) = \begin{vmatrix} \lambda-2 & 2 & 0 \\ -1 & \lambda+3 & -1 \\ 0 & 2 & \lambda-2 \end{vmatrix} = (\lambda-1)(\lambda-2)(\lambda+2)$$

である. したがって, 固有値は 1, 2, -2 である. 固有値が互いに異なるから系 6.7 により, A は対角化可能である. それぞれの固有値 λ に対して, 連立 1 次方程式

$$(\lambda E - A)\boldsymbol{x} = \boldsymbol{0}$$

を解くことにより, 各 λ に属する固有ベクトルが求められる. 固有値 1, 2, -2 に属する固有ベクトルは, それぞれ次の 3 つの連立 1 次方程式の自明でない解である.

$$\begin{pmatrix} -1 & 2 & 0 \\ -1 & 4 & -1 \\ 0 & 2 & -1 \end{pmatrix}\begin{pmatrix} x \\ y \\ z \end{pmatrix} = \begin{pmatrix} 0 \\ 0 \\ 0 \end{pmatrix}$$

$$\begin{pmatrix} 0 & 2 & 0 \\ -1 & 5 & -1 \\ 0 & 2 & 0 \end{pmatrix}\begin{pmatrix} x \\ y \\ z \end{pmatrix} = \begin{pmatrix} 0 \\ 0 \\ 0 \end{pmatrix}$$

$$\begin{pmatrix} -4 & 2 & 0 \\ -1 & 1 & -1 \\ 0 & 2 & -4 \end{pmatrix}\begin{pmatrix} x \\ y \\ z \end{pmatrix} = \begin{pmatrix} 0 \\ 0 \\ 0 \end{pmatrix}$$

これらを解くと, 自明でない解の 1 つとして, それぞれ

$$\boldsymbol{p}_1 = \begin{pmatrix} 2 \\ 1 \\ 2 \end{pmatrix}, \quad \boldsymbol{p}_2 = \begin{pmatrix} 1 \\ 0 \\ -1 \end{pmatrix}, \quad \boldsymbol{p}_3 = \begin{pmatrix} 1 \\ 2 \\ 1 \end{pmatrix}$$

をとる. $\boldsymbol{p}_1, \boldsymbol{p}_2, \boldsymbol{p}_3$ はそれぞれ固有値 1, 2, -2 に属する固有ベクトルである. このとき,

$$P = (\boldsymbol{p}_1, \boldsymbol{p}_2, \boldsymbol{p}_3) = \begin{pmatrix} 2 & 1 & 1 \\ 1 & 0 & 2 \\ 2 & -1 & 1 \end{pmatrix}$$

とおくと

$$P^{-1}AP = \begin{pmatrix} 1 & 0 & 0 \\ 0 & 2 & 0 \\ 0 & 0 & -2 \end{pmatrix}$$

となる. □

問 6.2.3　例題 6.2.2 で与えられた行列 A について A^k を求めよ.

例題 6.2.4 行列

$$A = \begin{pmatrix} 0 & -2 & 2 \\ 1 & -3 & 1 \\ 2 & -2 & 0 \end{pmatrix}$$

が対角化可能かどうか判定し, 対角化可能ならばそのための正則行列を求めて対角化せよ.

解答 A の固有多項式は

$$\phi_A(\lambda) = \begin{vmatrix} \lambda & 2 & -2 \\ -1 & \lambda+3 & -1 \\ -2 & 2 & \lambda \end{vmatrix} = (\lambda-1)(\lambda+2)^2$$

であるから, 固有値は 1, -2, -2 である. ここで, 定理 6.6(5) または (4) の条件を調べる.

固有値 1 について

$$\operatorname{rank}(E-A) = 2 = 3-1$$

であるから, 1 の重複度 $= 1 = \dim V(1)$ である.

固有値 -2 について

$$\operatorname{rank}((-2)E-A) = 1 = 3-2$$

であるから, -2 の重複度 $= 2 = \dim V(-2)$ である. したがって, A は対角化可能である.

固有値 1 について, 連立 1 次方程式

$$(E-A)\boldsymbol{x} = \boldsymbol{0}$$

の自明でない解の 1 つとして,

$$\boldsymbol{p}_1 = \begin{pmatrix} 2 \\ 1 \\ 2 \end{pmatrix}$$

をとれば $\boldsymbol{p}_1$ は 1 に属する固有ベクトルである.

固有値 -2 について, 連立1次方程式

$$((-2)E - A)\boldsymbol{x} = \boldsymbol{0}$$

の1次独立な2つの解として,

$$\boldsymbol{p}_2 = \begin{pmatrix} 0 \\ 1 \\ 1 \end{pmatrix}, \ \boldsymbol{p}_3 = \begin{pmatrix} 1 \\ 2 \\ 1 \end{pmatrix}$$

をとる. ここで,

$$P = (\boldsymbol{p}_1, \boldsymbol{p}_2, \boldsymbol{p}_3) = \begin{pmatrix} 2 & 0 & 1 \\ 1 & 1 & 2 \\ 2 & 1 & 1 \end{pmatrix}$$

とおくと

$$P^{-1}AP = \begin{pmatrix} 1 & 0 & 0 \\ 0 & -2 & 0 \\ 0 & 0 & -2 \end{pmatrix}$$

である. □

問 6.2.5　行列 $A = \begin{pmatrix} 2 & 1 \\ 1 & 2 \end{pmatrix}$ について, 対角化するための正則行列を求め, 対角化せよ.

6.3　対称行列の対角化

実数を成分とする行列 A が ${}^tA = A$ をみたすとき A を**対称行列**という. この節では対称行列は直交行列により対角化可能であることを示す.

命題 6.8　対称行列 A の固有値はすべて実数である. よって, A の固有値に属する固有ベクトルは実ベクトルにとれる.

証明　スカラーを複素数としたとき, A の固有値を λ , $\boldsymbol{x}$ を λ に属する (複素) 固有ベクトルとする. n 次元複素空間 $\mathbf{C}^n$ の標準内積について,

$$(A\boldsymbol{x}, \boldsymbol{x}) = (\boldsymbol{x}, A^*\boldsymbol{x})$$

が成り立つ．ただし，A^* は A の随伴行列である．A は対称行列であるから，$A^* = A$ である．$A\boldsymbol{x} = \lambda\boldsymbol{x}$ より，

$$\lambda(\boldsymbol{x}, \boldsymbol{x}) = (\lambda\boldsymbol{x}, \boldsymbol{x}) = (A\boldsymbol{x}, \boldsymbol{x}) = (\boldsymbol{x}, A^*\boldsymbol{x}) = (\boldsymbol{x}, A\boldsymbol{x}) = (\boldsymbol{x}, \lambda\boldsymbol{x}) = \bar{\lambda}(\boldsymbol{x}, \boldsymbol{x})$$

$\boldsymbol{x} \neq \boldsymbol{0}$ であるから，$(\boldsymbol{x}, \boldsymbol{x}) > 0$ である．よって

$$\lambda = \bar{\lambda}$$

が成り立つ．したがって，λ は実数であり，これに属する固有ベクトルも実ベクトルとしてとれる．□

命題 6.9　n 次対称行列 A の異なる固有値に属する固有ベクトルは互いに直交する．

証明　λ, μ を A の異なる固有値とし，各固有値に属する固有ベクトルを $\boldsymbol{x}$, $\boldsymbol{y}$ とする．このとき命題6.8により，λ, μ は実数で，$\boldsymbol{x}$, $\boldsymbol{y}$ は実ベクトルとしてよい．このとき，$A\boldsymbol{x} = \lambda\boldsymbol{x}$, $A\boldsymbol{y} = \mu\boldsymbol{y}$ である．${}^tA = A$ であるから

$$\lambda(\boldsymbol{x}, \boldsymbol{y}) = (\lambda\boldsymbol{x}, \boldsymbol{y}) = (A\boldsymbol{x}, \boldsymbol{y}) = (\boldsymbol{x}, {}^tA\boldsymbol{y}) = (\boldsymbol{x}, A\boldsymbol{y}) = (\boldsymbol{x}, \mu\boldsymbol{y}) = \mu(\boldsymbol{x}, \boldsymbol{y})$$

である．$\lambda \neq \mu$ であるから，$(\boldsymbol{x}, \boldsymbol{y}) = 0$．したがって，$\boldsymbol{x}$ と $\boldsymbol{y}$ は直交する．□

定理 6.10　A を n 次対称行列とする．このとき，A は適当な直交行列 P により

$$P^{-1}AP = \begin{pmatrix} \lambda_1 & & \text{\huge 0} \\ & \ddots & \\ \text{\huge 0} & & \lambda_n \end{pmatrix}$$

と対角化される．このとき，$\lambda_1, \lambda_2, \cdots, \lambda_n$ は A の固有値である．

証明　n についての数学的帰納法で証明する．$n = 1$ のとき $A = (a)$ は対角行列であるから，P として単位行列 $P = (1)$ をとればよい．

任意の $n - 1$ 次対称行列に対して定理が成り立つと仮定し，n 次対称行列 A について定理が成り立つことを証明する．

λ_1 を A の (実) 固有値とする．λ_1 に属する長さ 1 の固有 (実) ベクトル

を $\boldsymbol{p}_1$ とする．これに適当な $n-1$ 個のベクトル $\boldsymbol{p}_2{}', \cdots, \boldsymbol{p}_n{}'$ を付け加えて $\mathbf{R}^n$ の基底 $\{\boldsymbol{p}_1, \boldsymbol{p}_2{}', \cdots, \boldsymbol{p}_n{}'\}$ となるようにする (定理 4.11)．この基底に対して, グラム・シュミットの直交化法により, $\boldsymbol{p}_1$ を含むように正規直交基底 $\{\boldsymbol{p}_1, \boldsymbol{p}_2, \cdots, \boldsymbol{p}_n\}$ をつくることができる．このとき, 定理 4.25 により行列

$$P_1 = (\boldsymbol{p}_1, \boldsymbol{p}_2, \cdots, \boldsymbol{p}_n)$$

は直交行列である．したがって, ${P_1}^{-1} = {}^tP_1$ である．$A\boldsymbol{p}_1 = \lambda_1\boldsymbol{p}_1$ であるので,

$$\begin{aligned}
{P_1}^{-1}AP_1 = {}^tP_1AP_1 = {}^tP_1(A\boldsymbol{p}_1, A\boldsymbol{p}_2, \cdots, A\boldsymbol{p}_n) \\
= \begin{pmatrix} (\boldsymbol{p}_1, A\boldsymbol{p}_1) & (\boldsymbol{p}_1, A\boldsymbol{p}_2) & \cdots & (\boldsymbol{p}_1, A\boldsymbol{p}_n) \\ (\boldsymbol{p}_2, A\boldsymbol{p}_1) & (\boldsymbol{p}_2, A\boldsymbol{p}_2) & \cdots & (\boldsymbol{p}_2, A\boldsymbol{p}_n) \\ \vdots & \vdots & \ddots & \vdots \\ (\boldsymbol{p}_n, A\boldsymbol{p}_1) & (\boldsymbol{p}_n, A\boldsymbol{p}_2) & \cdots & (\boldsymbol{p}_n, A\boldsymbol{p}_n) \end{pmatrix} \\
= \begin{pmatrix} \lambda_1(\boldsymbol{p}_1, \boldsymbol{p}_1) & (\boldsymbol{p}_1, A\boldsymbol{p}_2) & \cdots & (\boldsymbol{p}_1, A\boldsymbol{p}_n) \\ \lambda_1(\boldsymbol{p}_2, \boldsymbol{p}_1) & (\boldsymbol{p}_2, A\boldsymbol{p}_2) & \cdots & (\boldsymbol{p}_2, A\boldsymbol{p}_n) \\ \vdots & \vdots & \ddots & \vdots \\ \lambda_1(\boldsymbol{p}_n, \boldsymbol{p}_1) & (\boldsymbol{p}_n, A\boldsymbol{p}_2) & \cdots & (\boldsymbol{p}_n, A\boldsymbol{p}_n) \end{pmatrix} \\
= \begin{pmatrix} \lambda_1 & (\boldsymbol{p}_1, A\boldsymbol{p}_2) & \cdots & (\boldsymbol{p}_1, A\boldsymbol{p}_n) \\ 0 & (\boldsymbol{p}_2, A\boldsymbol{p}_2) & \cdots & (\boldsymbol{p}_2, A\boldsymbol{p}_n) \\ \vdots & \vdots & \ddots & \vdots \\ 0 & (\boldsymbol{p}_n, A\boldsymbol{p}_2) & \cdots & (\boldsymbol{p}_n, A\boldsymbol{p}_n) \end{pmatrix}
\end{aligned}$$

となる．一方, ${P_1}^{-1}AP_1 = {}^tP_1AP_1$ は対称行列であるから,

$$(\boldsymbol{p}_1, A\boldsymbol{p}_2) = \cdots = (\boldsymbol{p}_1, A\boldsymbol{p}_n) = 0$$

である．したがって,

$${P_1}^{-1}AP_1 = \begin{pmatrix} \lambda_1 & 0 & \cdots & 0 \\ 0 & (\boldsymbol{p}_2, A\boldsymbol{p}_2) & \cdots & (\boldsymbol{p}_2, A\boldsymbol{p}_n) \\ \vdots & \vdots & \ddots & \vdots \\ 0 & (\boldsymbol{p}_n, A\boldsymbol{p}_2) & \cdots & (\boldsymbol{p}_n, A\boldsymbol{p}_n) \end{pmatrix}$$

が成り立つ．さらに行列

$$A' = \begin{pmatrix} (\boldsymbol{p}_2,\, A\boldsymbol{p}_2) & \cdots & (\boldsymbol{p}_2,\, A\boldsymbol{p}_n) \\ \vdots & \ddots & \vdots \\ (\boldsymbol{p}_n,\, A\boldsymbol{p}_2) & \cdots & (\boldsymbol{p}_n,\, A\boldsymbol{p}_n) \end{pmatrix}$$

は $n-1$ 次対称行列である．帰納法の仮定により，A' は適当な $n-1$ 次直交行列 Q により

$$Q^{-1}A'Q = \begin{pmatrix} \lambda_2 & & \text{\huge 0} \\ & \ddots & \\ \text{\huge 0} & & \lambda_n \end{pmatrix}$$

と対角化できる．ここで

$$P_2 = \left(\begin{array}{c|ccc} 1 & 0 & \cdots & 0 \\ \hline 0 & & & \\ \vdots & & Q & \\ 0 & & & \end{array}\right)$$

とおき，$P = P_1P_2$ とすると P は直交行列で，A は

$$P^{-1}AP = \begin{pmatrix} \lambda_1 & & \text{\huge 0} \\ & \ddots & \\ \text{\huge 0} & & \lambda_n \end{pmatrix}$$

と対角化される．$P^{-1}AP$ の固有値と A の固有値は等しいから，$\lambda_1,\, \lambda_2,\, \cdots, \lambda_n$ は A の固有値である． □

例題 6.3.1 次の対称行列を対角化するための直交行列を求めて対角化せよ．

(1) $A = \begin{pmatrix} 1 & 1 & 2 \\ 1 & 2 & 1 \\ 2 & 1 & 1 \end{pmatrix}$ (2) $B = \begin{pmatrix} 2 & 1 & 1 \\ 1 & 2 & 1 \\ 1 & 1 & 2 \end{pmatrix}$

解答　(1) A の固有値は,

$$\begin{vmatrix} \lambda-1 & -1 & -2 \\ -1 & \lambda-2 & -1 \\ -2 & -1 & \lambda-1 \end{vmatrix} = (\lambda-1)(\lambda-4)(\lambda+1)$$

より, $\lambda = 1,\ 4,\ -1$ である.

$\lambda = 1,\ 4,\ -1$ の各々に属する固有ベクトルを求めるため, 連立1次方程式

$$(\lambda E - A)\boldsymbol{x} = \mathbf{0}$$

を解く. それぞれの固有値に属する固有ベクトルとして

$$\boldsymbol{q}_1 = \begin{pmatrix} 1 \\ -2 \\ 1 \end{pmatrix},\ \boldsymbol{q}_2 = \begin{pmatrix} 1 \\ 1 \\ 1 \end{pmatrix},\ \boldsymbol{q}_3 = \begin{pmatrix} 1 \\ 0 \\ -1 \end{pmatrix}$$

をとる. 命題6.9により, すべての固有値が異なるので, $\boldsymbol{q}_1, \boldsymbol{q}_2, \boldsymbol{q}_3$ は $\mathbf{R}^3$ の直交系である.

$$\boldsymbol{p}_1 = \frac{\boldsymbol{q}_1}{\|\boldsymbol{q}_1\|},\quad \boldsymbol{p}_2 = \frac{\boldsymbol{q}_2}{\|\boldsymbol{q}_2\|},\quad \boldsymbol{p}_3 = \frac{\boldsymbol{q}_3}{\|\boldsymbol{q}_3\|}$$

のように, 長さ1のベクトルに取り替えれば

$$\boldsymbol{p}_1 = \frac{1}{\sqrt{6}}\begin{pmatrix} 1 \\ -2 \\ 1 \end{pmatrix},\quad \boldsymbol{p}_2 = \frac{1}{\sqrt{3}}\begin{pmatrix} 1 \\ 1 \\ 1 \end{pmatrix},\quad \boldsymbol{p}_3 = \frac{1}{\sqrt{2}}\begin{pmatrix} 1 \\ 0 \\ -1 \end{pmatrix}$$

となる. このとき,

$$P = (\boldsymbol{p}_1, \boldsymbol{p}_2, \boldsymbol{p}_3) = \frac{1}{\sqrt{6}}\begin{pmatrix} 1 & \sqrt{2} & \sqrt{3} \\ -2 & \sqrt{2} & 0 \\ 1 & \sqrt{2} & -\sqrt{3} \end{pmatrix}$$

は直交行列であり, P によって

$$P^{-1}AP = \begin{pmatrix} 1 & 0 & 0 \\ 0 & 4 & 0 \\ 0 & 0 & -1 \end{pmatrix}$$

と対角化される.

(2) B の固有値は,

$$\begin{vmatrix} \lambda-2 & -1 & -1 \\ -1 & \lambda-2 & -1 \\ -1 & -1 & \lambda-2 \end{vmatrix} = (\lambda-1)^2(\lambda-4)$$

より, 固有値は 1 と 4 である.

$\lambda = 4$ に属する固有ベクトルを求めるために, $(4E-B)\boldsymbol{x} = \boldsymbol{0}$ を解く. 解の 1 つとして

$$\boldsymbol{q}_1 = \begin{pmatrix} 1 \\ 1 \\ 1 \end{pmatrix}$$

を選ぶ. これを長さ 1 のベクトルに取り替え,

$$\boldsymbol{p}_1 = \frac{\boldsymbol{q}_1}{||\boldsymbol{q}_1||} = \frac{1}{\sqrt{3}}\begin{pmatrix} 1 \\ 1 \\ 1 \end{pmatrix}$$

とする.

また $\lambda = 1$ に属する固有ベクトルを求めるために, $(E-B)\boldsymbol{x} = \boldsymbol{0}$ を解く. 1 次独立な解として

$$\boldsymbol{q}_2 = \begin{pmatrix} 1 \\ -1 \\ 0 \end{pmatrix}, \quad \boldsymbol{q}_3 = \begin{pmatrix} 1 \\ 0 \\ -1 \end{pmatrix}$$

を選び, これらのグラム・シュミットの直交化法によって得られる正規直交系を

$$\boldsymbol{p}_2 = \frac{1}{\sqrt{2}}\begin{pmatrix} 1 \\ -1 \\ 0 \end{pmatrix}, \quad \boldsymbol{p}_3 = \frac{1}{\sqrt{6}}\begin{pmatrix} 1 \\ 1 \\ -2 \end{pmatrix}$$

とおく. これらは固有値 1 に属する固有ベクトルであり, 命題 6.9 により,

$\boldsymbol{p}_1$ と直交する. ここで

$$P = (\boldsymbol{p}_1, \boldsymbol{p}_2, \boldsymbol{p}_3) = \frac{1}{\sqrt{6}} \begin{pmatrix} \sqrt{2} & \sqrt{3} & 1 \\ \sqrt{2} & -\sqrt{3} & 1 \\ \sqrt{2} & 0 & -2 \end{pmatrix}$$

とおけば, P は直交行列であり, B は

$$P^{-1}BP = \begin{pmatrix} 4 & 0 & 0 \\ 0 & 1 & 0 \\ 0 & 0 & 1 \end{pmatrix}$$

と対角化される. □

問 6.3.2　次の対称行列を直交行列で対角化せよ

(1) $\begin{pmatrix} 1 & 1 & 1 \\ 1 & 0 & 0 \\ 1 & 0 & 0 \end{pmatrix}$　(2) $\begin{pmatrix} 2 & 1 & 0 \\ 1 & 2 & 1 \\ 0 & 1 & 2 \end{pmatrix}$　(3) $\begin{pmatrix} 0 & 1 & -1 \\ 1 & 0 & 1 \\ -1 & 1 & 0 \end{pmatrix}$

6.4　複素行列の対角化 †

対称行列は, 直交行列により対角化できることを定理 6.10 で示した. ここではユニタリ行列, エルミート行列を含む正規行列を定義し, その対角化について概略を述べる. そのために必要な次の定理を示す.

定理 6.11　n 次複素正方行列 A は, 適当なユニタリ行列 U により

$$U^{-1}AU = \begin{pmatrix} \lambda_1 & & * \\ & \ddots & \\ 0 & & \lambda_n \end{pmatrix}$$

の形の上三角行列に変形できる. このとき, $\lambda_1, \cdots, \lambda_n$ は A の固有値である.

証明　行列の次数に関する帰納法で示す. $n = 1$ のときは, A 自身を上三角行列とみなし, $U = (\lambda_1)$ である.

任意の $n-1$ 次の複素正方行列について定理が成り立つと仮定する. A を n

次複素正方行列とする．A の (複素) 固有値が存在するのでその 1 つを λ_1 とし，$\boldsymbol{u}_1$ を長さ 1 の λ_1 に属する (複素) 固有ベクトルとする．すなわち，

$$A\boldsymbol{u}_1 = \lambda_1 \boldsymbol{u}_1, \quad \|\boldsymbol{u}_1\| = 1$$

とする．$\boldsymbol{u}_1$ に $n-1$ 個のベクトルを付け加えて $\mathbf{C}^n$ の基底をつくる．この基底にグラム・シュミットの直交化法を適用して，$\boldsymbol{u}_1$ を含む正規直交基底 $\{\boldsymbol{u}_1, \boldsymbol{u}_2, \cdots, \boldsymbol{u}_n\}$ をつくる．このとき行列 $U_1 = (\boldsymbol{u}_1, \boldsymbol{u}_2, \cdots, \boldsymbol{u}_n)$ はユニタリ行列である．このとき，

$$\begin{aligned} AU_1 &= (A\boldsymbol{u}_1, A\boldsymbol{u}_2, \cdots, A\boldsymbol{u}_n) \\ &= (\lambda_1\boldsymbol{u}_1, A\boldsymbol{u}_2, \cdots, A\boldsymbol{u}_n) \\ &= (\boldsymbol{u}_1, \boldsymbol{u}_2, \cdots, \boldsymbol{u}_n) \left(\begin{array}{c|ccc} \lambda_1 & * & \cdots & * \\ \hline 0 & & & \\ \vdots & & A_1 & \\ 0 & & & \end{array}\right) \end{aligned}$$

が成り立つ．したがって，

$$U_1{}^{-1}AU_1 = \left(\begin{array}{c|ccc} \lambda_1 & * & \cdots & * \\ \hline 0 & & & \\ \vdots & & A_1 & \\ 0 & & & \end{array}\right)$$

となる．A の固有多項式について

$$\phi_A(t) = \phi_{U_1^{-1}AU_1}(t) = (t-\lambda_1)\phi_{A_1}(t)$$

が成り立つから，A_1 の固有値は A の固有値である．A_1 は $n-1$ 次複素正方行列である．帰納法の仮定により，A_1 に対して 適当な $n-1$ 次ユニタリ行列 U_2 をとれば

$$U_2{}^{-1}A_1U_2 = \begin{pmatrix} \lambda_2 & & * \\ & \ddots & \\ 0 & & \lambda_n \end{pmatrix}$$

と上三角行列に変形できる．ここで

$$U = U_1 \left(\begin{array}{c|ccc} 1 & 0 & \cdots & 0 \\ \hline 0 & & & \\ \vdots & & U_2 & \\ 0 & & & \end{array}\right)$$

とおくと, U はユニタリ行列で

$$U^{-1}AU = \begin{pmatrix} \lambda_1 & & * \\ & \ddots & \\ \text{\huge 0} & & \lambda_n \end{pmatrix}$$

が成り立ち, 求める結果を得る. □

系 6.12　実正方行列 A の固有値がすべて実数ならば, 適当な直交行列 P をとれば $P^{-1}AP$ を上三角行列にできる. この上三角行列の対角成分は A の固有値である.

正規行列　行列 A が

$$A^*A = AA^*$$

をみたすとき, A を**正規行列**という. A の成分が実数のときは, ${}^t\!AA = A\,{}^t\!A$ を意味する. 特に, ユニタリ行列 $(AA^* = E = A^*A)$, エルミート行列 $(A^* = A)$ は正規行列である.

問 6.4.1　A を正規行列とするとき, 次を示せ.
(1) $\boldsymbol{z} \in \mathbf{C}^n$ に対して, $||A\boldsymbol{z}|| = ||A^*\boldsymbol{z}||$ である.
(2) $A - \lambda E$ は正規行列である

問 6.4.2　A を正規行列, U をユニタリ行列とする. このとき, $U^{-1}AU$ は正規行列であることを示せ.

命題 6.13　上三角行列である正規行列は対角行列である.

証明　A を正規三角行列とする. $A^*A = AA^*$ の両辺の各成分を比較することにより, 結果を得る. □

以上の結果より, 次が得られる.

定理 6.14 正規行列はユニタリ行列により対角化可能である.

系 6.15 ユニタリ行列について次が成り立つ.

(1) ユニタリ行列の固有値の絶対値は 1 である.

(2) ユニタリ行列の相異なる固有値に属する固有ベクトルは, 互いに直交する.

(3) ユニタリ行列は, 適当なユニタリ行列により対角化可能である.

系 6.16

(1) エルミート行列の固有値はすべて実数である.

(2) エルミート行列 A は適当なユニタリ行列により, 対角化可能である.

問 6.4.3 行列 A が, ユニタリ行列により対角化可能ならば, $A^*A = AA^*$ が成り立つことを示せ.

行列多項式 t に関する多項式

$$f(t) = a_m t^m + a_{m-1} t^{m-1} + \cdots + a_1 t + a_0$$

に対して, t に正方行列 A を代入して得られる行列

$$f(A) = a_m A^m + a_{m-1} A^{m-1} + \cdots + a_1 A + a_0 E$$

を $f(t)$ に対する行列 A の**行列多項式**という.

正則行列 P に対して, $(P^{-1}AP)^k = P^{-1}A^kP$ であることより, 行列 $P^{-1}AP$ の $f(t)$ に対する行列多項式について

$$f(P^{-1}AP) = P^{-1}f(A)P$$

が成り立つ. このことから, 行列多項式の固有値について, 次が成り立つ.

定理 6.17 (フロベニウス (**Frobenius**)) n 次正方行列 A の固有値を $\lambda_1, \cdots, \lambda_n$ とするとき, 行列多項式 $f(A)$ の固有値は $f(\lambda_1), \cdots, f(\lambda_n)$ である.

証明　定理6.11により, n 次正方行列 A は適当なユニタリ行列 U により

$$U^{-1}AU = \begin{pmatrix} \lambda_1 & & * \\ & \ddots & \\ 0 & & \lambda_n \end{pmatrix}$$

と上三角行列に変形できる.

$$U^{-1}A^kU = \begin{pmatrix} {\lambda_1}^k & & * \\ & \ddots & \\ 0 & & {\lambda_n}^k \end{pmatrix}$$

であるから,

$$U^{-1}f(A)U = f(U^{-1}AU) = \begin{pmatrix} f(\lambda_1) & & * \\ & \ddots & \\ 0 & & f(\lambda_n) \end{pmatrix}$$

となる. よって, $f(A)$ の固有値は $f(\lambda_1), \cdots, f(\lambda_n)$ である. □

問 6.4.4　ある自然数 m について, $A^m = O$ となる行列 A をべき零行列という. 行列 A がべき零行列となるための必要十分条件は A の固有値がすべて0であることであることを示せ.

問 6.4.5　$f(t)$ を t に関する多項式とする. 行列 A の固有値を $\lambda_1, \cdots, \lambda_n$ とする. A の行列多項式 $f(A)$ が正則行列であるための必要十分条件は $f(\lambda_i) \neq 0$ $(i = 1, \cdots, n)$ であることを示せ.

定理 6.18 (ケーリー・ハミルトン (**Cayley-Hamilton**))　A を n 次正方行列とする. A の固有多項式 $\phi_A(t) = (t-\lambda_1)(t-\lambda_2)\cdots(t-\lambda_n)$ の行列多項式について

$$\phi_A(A) = A^n - (\mathrm{tr}A)A^{n-1} + \cdots + (-1)^n|A|E_n = O$$

が成り立つ.

証明　定理 6.11 により, n 次正方行列 A は適当なユニタリ行列 U により

$$U^{-1}AU = \begin{pmatrix} \lambda_1 & & * \\ & \ddots & \\ 0 & & \lambda_n \end{pmatrix}$$

とできる. $\phi_A(t) = \phi_{U^{-1}AU}(t)$ であるから

$$U^{-1}\phi_A(A)U = \phi_A(U^{-1}AU) = \phi_{U^{-1}AU}(U^{-1}AU)$$

が成り立つ. したがって, $\phi_A(A) = U\phi_{U^{-1}AU}(U^{-1}AU)U^{-1}$ であるから, $\phi_{U^{-1}AU}(U^{-1}AU) = 0$ を示せばよい. $B = U^{-1}AU$ とおけば,

$$\phi_B(B) = (B - \lambda_1 E_n)(B - \lambda_2 E_n) \cdots (B - \lambda_n E_n)$$

$$= \begin{pmatrix} 0 & & & * \\ & (\lambda_2 - \lambda_1) & & \\ & & \ddots & \\ 0 & & & (\lambda_n - \lambda_1) \end{pmatrix} \cdots \begin{pmatrix} (\lambda_1 - \lambda_n) & & & * \\ & \ddots & & \\ & & (\lambda_{n-1} - \lambda_n) & \\ 0 & & & 0 \end{pmatrix}$$

$$= O$$

である. □

> **問 6.4.6**　A は正方行列で, $A^3 + A = O$ をみたすとする. フロベニウスの定理を用いて A の固有値は 0, $\boldsymbol{i}$, $-\boldsymbol{i}$ のうちいずれかであることを示せ.

第 6 章　章末問題

A

6.1　次の行列に対して, 固有多項式と固有値を求めよ.

(1) $\begin{pmatrix} -3 & -2 & -2 \\ 4 & 3 & 2 \\ 8 & 4 & 5 \end{pmatrix}$　(2) $\begin{pmatrix} 0 & 0 & -1 \\ 0 & 1 & 0 \\ 1 & 0 & 0 \end{pmatrix}$　(3) $\begin{pmatrix} 5 & -3 & 6 \\ 2 & 0 & 6 \\ -4 & 4 & -1 \end{pmatrix}$

(4) $\begin{pmatrix} 1 & -1 & 1 \\ 1 & 2 & -1 \\ 1 & 0 & 1 \end{pmatrix}$

6.2　次の行列に対して, 固有値と固有空間を求めよ.

(1) $\begin{pmatrix} 5 & -4 & -2 \\ 6 & -5 & -2 \\ 3 & -3 & 2 \end{pmatrix}$　(2) $\begin{pmatrix} 7 & 12 & 0 \\ -2 & -3 & 0 \\ 2 & 4 & 1 \end{pmatrix}$　(3) $\begin{pmatrix} 4 & -1 & 5 \\ 1 & 2 & 3 \\ -1 & 1 & 0 \end{pmatrix}$

(4) $\begin{pmatrix} -1 & 0 & -2 \\ 3 & 2 & 2 \\ 1 & -1 & 3 \end{pmatrix}$

6.3　次の行列は実正則行列で対角化できるかどうか調べ, 対角化できる場合は対角化せよ.

(1) $\begin{pmatrix} 1 & 2 \\ 1 & 1 \end{pmatrix}$　(2) $\begin{pmatrix} 2 & 1 \\ -1 & -2 \end{pmatrix}$　(3) $\begin{pmatrix} a & b \\ a & b \end{pmatrix}$　(4) $\begin{pmatrix} -a & 1 \\ 1 & a \end{pmatrix}$

6.4　次の行列は対角化できるかどうか調べ, 対角化できる場合は対角化せよ.

(1) $\begin{pmatrix} -3 & -2 & -2 \\ 4 & 3 & 2 \\ 8 & 4 & 5 \end{pmatrix}$　(2) $\begin{pmatrix} 2 & -1 & 2 \\ 1 & 0 & 2 \\ -2 & 2 & -1 \end{pmatrix}$　(3) $\begin{pmatrix} 2 & -2 & 2 \\ 0 & 1 & -1 \\ 0 & 0 & 2 \end{pmatrix}$

(4) $\begin{pmatrix} 2 & -1 & 4 \\ 0 & 1 & 4 \\ -3 & 3 & -1 \end{pmatrix}$

6.5　次の行列が直交行列 $({}^tAA = E)$ となるように a, b, c を求めよ.

$$A = \begin{pmatrix} a & 2a & a \\ -b & 0 & b \\ c & -c & c \end{pmatrix}$$

6.6　次の対称行列を直交行列で対角化せよ.

(1) $\begin{pmatrix} -1 & 1 \\ 1 & -1 \end{pmatrix}$　(2) $\begin{pmatrix} 0 & 0 & 1 \\ 0 & 1 & 0 \\ 1 & 0 & 0 \end{pmatrix}$　(3) $\begin{pmatrix} 0 & 1 & 0 \\ 1 & 1 & 1 \\ 0 & 1 & 0 \end{pmatrix}$　(4) $\begin{pmatrix} 1 & 1 & 1 \\ 1 & 1 & 1 \\ 1 & 1 & 1 \end{pmatrix}$

B

6.7　$A = \begin{pmatrix} 2 & 1 \\ -7 & -3 \end{pmatrix}$ とする. ケーリー・ハミルトンの定理を用いて A^{20} を計算せよ.

6.8　次を示せ.

(1) $A^2 = A$ をみたす正方行列 A は対角化可能である.

(2) $A^2 = E$ をみたす正方行列 A は対角化可能である.

6.9　A を $A^n = O$, $A \neq O$ となる行列とする. このとき A は対角化できないことを示せ.

7

2 次 形 式

この章で学ぶこと

前章では対称行列をはじめとした行列の対角化について述べた. 関連した概念として2次形式がある. この章では対称行列の対角化を用いて2次形式を調べ, その結果を用いて2次曲線の分類を行う.

7.1 2次形式

座標平面において, $x^2 + y^2 = 1$ をみたす点 (x, y) の全体は単位円である. また $5x^2 + 2xy + 5y^2 = 2$ は楕円を表している. これらの式に表れる, $x^2 + y^2$, $5x^2 + 2xy + 5y^2$ のような2次式を **2次形式**という. 以下のように, 対称行列の対角化を応用して, 2次形式の性質を調べることができる.

一般に, n 個の実変数 $x_1, \cdots, x_n$ についての実係数の2次多項式

$$f(x_1, \cdots, x_n) = \sum_{i=1}^{n} a_{ii}{x_i}^2 + 2\sum_{1 \leqq i < j \leqq n} a_{ij}x_ix_j \tag{7.1}$$

を **2次形式**という. $i \neq j$ のときには $a_{ij} = a_{ji}$ とし,

$$A = \begin{pmatrix} a_{11} & a_{12} & \cdots & a_{1n} \\ a_{21} & a_{22} & \cdots & a_{2n} \\ \vdots & \vdots & \ddots & \vdots \\ a_{n1} & a_{n2} & \cdots & a_{nn} \end{pmatrix}, \quad \boldsymbol{x} = \begin{pmatrix} x_1 \\ x_2 \\ \vdots \\ x_n \end{pmatrix}$$

とおけば A は対称行列である．式 (7.1) は行列の積を使って次のように表すことができる．

$$f(\boldsymbol{x}) = {}^t\boldsymbol{x}A\boldsymbol{x}.$$

この A を2次形式 $f(\boldsymbol{x})$ の**係数行列**という．逆に対称行列 A に対して2次形式 $f(\boldsymbol{x}) = {}^t\boldsymbol{x}A\boldsymbol{x}$ を定義することができる．内積を用いれば,

$$f(\boldsymbol{x}) = {}^t\boldsymbol{x}A\boldsymbol{x} = (\boldsymbol{x},\, A\boldsymbol{x}) = (A\boldsymbol{x},\, \boldsymbol{x}) \tag{7.2}$$

とも表される．

例 7.1.1

(1) 3変数 x, y, z に関する2次形式 $x^2 - 2y^2 + 3z^2 + 4xy + 8yz - 6xz$ に対応する対称行列 A を求める．A の係数は2次形式の係数から

$$\begin{cases} a_{11} = x^2 \text{ の係数} = 1\,, & a_{12} = a_{21} = \dfrac{1}{2}(xy \text{ の係数}) = 2\,, \\ a_{22} = y^2 \text{ の係数} = -2\,, & a_{23} = a_{32} = \dfrac{1}{2}(yz \text{ の係数}) = 4\,, \\ a_{33} = z^2 \text{ の係数} = 3\,, & a_{13} = a_{31} = \dfrac{1}{2}(xz \text{ の係数}) = -3 \end{cases}$$

のように計算されるので

$$A = \begin{pmatrix} 1 & 2 & -3 \\ 2 & -2 & 4 \\ -3 & 4 & 3 \end{pmatrix}$$

である．

(2) 対称行列

$$B = \begin{pmatrix} 1 & -1 & 1 \\ -1 & 1 & 1 \\ 1 & 1 & 1 \end{pmatrix}$$

に対応する3変数 x, y, z に関する2次形式は行列の積の計算から,

$$(x,\, y,\, z)\begin{pmatrix} 1 & -1 & 1 \\ -1 & 1 & 1 \\ 1 & 1 & 1 \end{pmatrix}\begin{pmatrix} x \\ y \\ z \end{pmatrix} = x^2 + y^2 + z^2 - 2xy + 2yz + 2xz.$$

となる.

2 次形式 $f(\boldsymbol{x}) = {}^t\boldsymbol{x}A\boldsymbol{x}$ の係数行列 A は対称行列であるので, 定理 6.10 により対称行列 A は直交行列により対角化可能である. すなわち, ある直交行列 P によって

$$P^{-1}AP = \begin{pmatrix} \lambda_1 & & 0 \\ & \ddots & \\ 0 & & \lambda_n \end{pmatrix}$$

と対角化できる. ここで $\lambda_1, \cdots, \lambda_n$ は A の固有値である. 直交行列 P による線形変換を $\boldsymbol{x} = P\boldsymbol{y}$ とすれば, $\boldsymbol{y} = P^{-1}\boldsymbol{x} = {}^tP\boldsymbol{x}$ であり, $\boldsymbol{y} = \begin{pmatrix} y_1 \\ \vdots \\ y_n \end{pmatrix}$ とおけば

$$\begin{aligned} f(\boldsymbol{x}) &= {}^t\boldsymbol{x}A\boldsymbol{x} = {}^t(P\boldsymbol{y})A(P\boldsymbol{y}) = {}^t\boldsymbol{y}({}^tPAP)\boldsymbol{y} \\ &= {}^t\boldsymbol{y}(P^{-1}AP)\boldsymbol{y} = (y_1, \cdots, y_n)\begin{pmatrix} \lambda_1 & & 0 \\ & \ddots & \\ 0 & & \lambda_n \end{pmatrix}\begin{pmatrix} y_1 \\ \vdots \\ y_n \end{pmatrix} \\ &= \lambda_1 {y_1}^2 + \cdots + \lambda_n {y_n}^2 \end{aligned}$$

となる.

以上のことをまとめると,

定理 7.1　2 次形式 $f(\boldsymbol{x}) = {}^t\boldsymbol{x}A\boldsymbol{x}$ に対して適当な直交変換 $\boldsymbol{x} = P\boldsymbol{y}$ により,

$$\begin{aligned} g(\boldsymbol{y}) &= f(P\boldsymbol{y}) \\ &= \lambda_1 {y_1}^2 + \cdots + \lambda_n {y_n}^2 \end{aligned} \tag{7.3}$$

と変形できる. ここで $\lambda_1, \cdots, \lambda_n$ は A の固有値である.

式 (7.3) を 2 次形式 $f(\boldsymbol{x})$ の**標準形** という. A の正の固有値の個数を p, 負の固有値の個数を q とするとき (p, q) を 2 次形式 ${}^t\boldsymbol{x}A\boldsymbol{x}$ の**符号数**という. これを対称行列 A の符号数ともいう.

例題 7.1.2　2 次形式

$$f(\boldsymbol{x}) = 5{x_1}^2 + 2x_1x_2 + 5{x_2}^2$$

を標準形にする直交変換と標準形を求めよ.

解答　この 2 次形式の係数行列

$$A = \begin{pmatrix} 5 & 1 \\ 1 & 5 \end{pmatrix}$$

の固有値は $\lambda = 6, 4$ である. 行列 A を対角化する直交行列として

$$P = \frac{1}{\sqrt{2}}\begin{pmatrix} 1 & 1 \\ 1 & -1 \end{pmatrix}$$

をとる.

$\begin{pmatrix} y_1 \\ y_2 \end{pmatrix} = P^{-1}\begin{pmatrix} x_1 \\ x_2 \end{pmatrix}$ と変数変換すると, ${}^tP = P^{-1}$ であるから

$$y_1 = \frac{1}{\sqrt{2}}(x_1 + x_2),\ y_2 = \frac{1}{\sqrt{2}}(x_1 - x_2)$$

であり,

$$P^{-1}AP = \begin{pmatrix} 6 & 0 \\ 0 & 4 \end{pmatrix}$$

である. したがって, 標準形

$$g(\boldsymbol{y}) = 6{y_1}^2 + 4{y_2}^2$$

が得られる. P が直交変換を与える行列である. □

例題 7.1.3　2 次形式

$$f(\boldsymbol{x}) = {x_1}^2 + 2{x_2}^2 + 2{x_3}^2 + 2x_1x_2 - 2x_1x_3$$

の標準形と符号数を求めよ.

解答　2 次形式の係数行列

$$A = \begin{pmatrix} 1 & 1 & -1 \\ 1 & 2 & 0 \\ -1 & 0 & 2 \end{pmatrix}$$

の固有値は $\lambda = 3, 2, 0$ である.

$$g(\boldsymbol{y}) = f(P\boldsymbol{y}) = 3{y_1}^2 + 2{y_2}^2$$

と標準形を得る.

符号数は $(2, 0)$ である. □

例題 7.1.4　2 次形式 $f(x_1, x_2, x_3) = 2x_1x_2 + 2x_2x_3$ について, (x_1, x_2, x_3) が球面 ${x_1}^2 + {x_2}^2 + {x_3}^2 = 1$ 上を動くとき, $f(x_1, x_2, x_3)$ の最大値, 最小値とそれを与える (x_1, x_2, x_3) を求めよ.

解答　2 次形式 $f(\boldsymbol{x})$ の係数行列 $A = \begin{pmatrix} 0 & 1 & 0 \\ 1 & 0 & 1 \\ 0 & 1 & 0 \end{pmatrix}$ の固有値は $-\sqrt{2}, 0, \sqrt{2}$ である. 対角化する直交行列は

$$P = \frac{1}{2}\begin{pmatrix} -\sqrt{2} & 1 & 1 \\ 0 & -\sqrt{2} & \sqrt{2} \\ \sqrt{2} & 1 & 1 \end{pmatrix}$$

となるので標準形は

$$f(P\boldsymbol{y}) = \sqrt{2}\,(-{y_2}^2 + {y_3}^2)$$

である. ${y_1}^2 \geqq 0, {y_2}^2 \geqq 0, {y_3}^2 \geqq 0$ であるから,

$$-\sqrt{2}\,({y_1}^2 + {y_2}^2 + {y_3}^2) \leqq \sqrt{2}\,(-{y_2}^2 + {y_3}^2) \leqq \sqrt{2}\,({y_1}^2 + {y_2}^2 + {y_3}^2)$$

である. 左右の等号それぞれは $y_1 = y_3 = 0$, $y_1 = y_2 = 0$ のとき成立する. 直交変換は長さを変えないので, 条件 ${x_1}^2 + {x_2}^2 + {x_3}^2 = 1$ は ${y_1}^2 + {y_2}^2 + {y_3}^2 = 1$ と同値である. このときは,

$$-\sqrt{2} \leqq f(P\boldsymbol{y}) \leqq \sqrt{2}$$

となり, 左右の等号はそれぞれ $(y_1, y_2, y_3) = (0, \pm 1, 0), (0, 0, \pm 1)$ のとき成り立つ. すなわち, $f(\boldsymbol{x})$ は

$\boldsymbol{x} = \pm P\boldsymbol{e}_2 = \dfrac{\pm 1}{2}\begin{pmatrix} 1 \\ -\sqrt{2} \\ 1 \end{pmatrix}$ で最小値 $-\sqrt{2}$ をとり, $\boldsymbol{x} = \pm P\boldsymbol{e}_3 = \dfrac{\pm 1}{2}\begin{pmatrix} 1 \\ \sqrt{2} \\ 1 \end{pmatrix}$ で最大値 $\sqrt{2}$ をとる. □

上の例で, $f(\boldsymbol{x}) = {}^t\boldsymbol{x}A\boldsymbol{x}$ が最大値, 最小値をとるのは $\boldsymbol{x}$ が A の最大, 最小の固有値に属する固有ベクトルのときであったことに注意する. 一般に次の定理が成り立つ.

定理 7.2　A を対称行列とし, 重複を許して並べた A の n 個の固有値を $\lambda_1 \geqq \lambda_2 \geqq \cdots \geqq \lambda_n$ とする. 任意の $\boldsymbol{x} \in \mathbf{R}^n$ に対して,

$$\lambda_1(\boldsymbol{x}, \boldsymbol{x}) \geqq {}^t\boldsymbol{x}A\boldsymbol{x} \geqq \lambda_n(\boldsymbol{x}, \boldsymbol{x})$$

が成り立つ. 特に $\|\boldsymbol{x}\| = 1$ のとき,

$$\lambda_1 \geqq {}^t\boldsymbol{x}A\boldsymbol{x} \geqq \lambda_n$$

で $\lambda_1 = {}^t\boldsymbol{x}A\boldsymbol{x}$ と $\lambda_n = {}^t\boldsymbol{x}A\boldsymbol{x}$ をみたす $\boldsymbol{x} \in \mathbf{R}^n$ はそれぞれ λ_1 と λ_n の固有ベクトルである.

証明　対称行列 A に対して, 適当な直交行列 P があって

$${}^tPAP = \begin{pmatrix} \lambda_1 & & \text{\Large 0} \\ & \ddots & \\ \text{\Large 0} & & \lambda_n \end{pmatrix}$$

とできる. このとき $\boldsymbol{x} = P\boldsymbol{y}$ とおくと $\boldsymbol{y} = {}^tP\boldsymbol{x}$ であり

$${}^t\boldsymbol{x}A\boldsymbol{x} = \lambda_1{y_1}^2 + \lambda_2{y_2}^2 + \cdots + \lambda_n{y_n}^2$$

であるから

$$\lambda_1(\boldsymbol{y}, \boldsymbol{y}) = \lambda_1({y_1}^2 + {y_2}^2 + \cdots + {y_n}^2) \geqq {}^t\boldsymbol{x}A\boldsymbol{x} \geqq \lambda_n({y_1}^2 + \cdots + {y_n}^2) = \lambda_n(\boldsymbol{y}, \boldsymbol{y}).$$

一方, P は直交行列であるから ${}^tP$ も直交行列であり

$$(\boldsymbol{y},\, \boldsymbol{y}) = ({}^tP\boldsymbol{x},\, {}^tP\boldsymbol{x}) = (\boldsymbol{x},\, \boldsymbol{x})$$

となって求める結果を得る.

$\|\boldsymbol{x}\| = 1$ をみたすベクトル $\boldsymbol{x}$ に制限したとき, $\lambda_1 = {}^t\boldsymbol{x}A\boldsymbol{x}$ であるためには $\boldsymbol{y} = \pm\boldsymbol{e}_1$ でなければならない. よって P の第 1 列ベクトル $\boldsymbol{p}_1 = P\boldsymbol{e}_1$ は λ_1 に対する単位固有ベクトルであり, ${}^t\boldsymbol{x}A\boldsymbol{x}$ の最大値を与える単位ベクトルでもある. 同様に $\boldsymbol{p}_n = P\boldsymbol{e}_n$ は ${}^t\boldsymbol{x}A\boldsymbol{x}$ の最小値を与える単位ベクトルである. □

7.2　2 次曲線の分類

前節の結果を応用して 2 次曲線の分類を行う. 2 次曲線とは, xy 平面上で実係数の 2 次方程式

$$f(x,\, y) = ax^2 + 2hxy + by^2 + 2fx + 2gy + c = 0 \qquad (7.4)$$

をみたす点 $(x,\, y)$ の全体からできる図形のことである.

例 7.2.1　よく知られた例として以下のものがある.

(1) 円　$x^2 + y^2 = 1$

(2) 楕円　$\dfrac{x^2}{a^2} + \dfrac{y^2}{b^2} = 1$

(3) 放物線　$y = ax^2$

(4) 双曲線　$\dfrac{x^2}{a^2} - \dfrac{y^2}{b^2} = 1$

(5) 2 次式 $f(x,\, y)$ が $x,\, y$ についての 2 つの 1 次式の積に因数分解されるもの

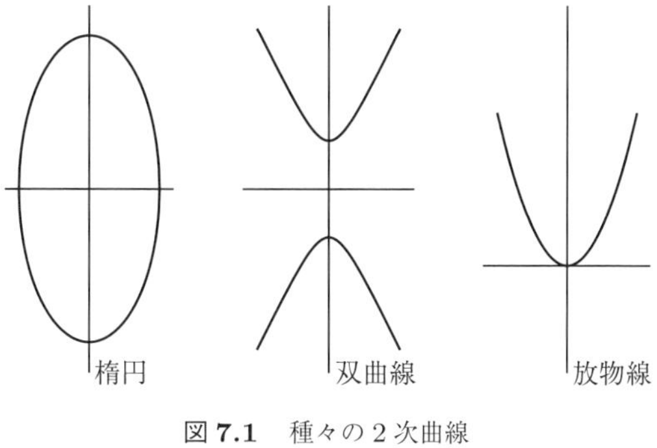

図 7.1　種々の 2 次曲線

$$f(x,\, y) = (a_1x + b_1y + c_1)(a_2x + b_2y + c_2) = 0$$

この 2 次曲線は 2 つの直線を表す.

一般に, 方程式 (7.4) がどのような標準的な曲線 (標準形) と合同になるかを調べていこう. まず大きく分けて次の 2 つの場合がある.

式 (7.4) において

$$A = \begin{pmatrix} a & h \\ h & b \end{pmatrix},\ \boldsymbol{b} = \begin{pmatrix} f \\ g \end{pmatrix},\ \boldsymbol{x} = \begin{pmatrix} x \\ y \end{pmatrix}$$

とおくと, (7.4) は

$$f(x,\, y) = {}^t\boldsymbol{x}A\boldsymbol{x} + 2(\boldsymbol{b},\, \boldsymbol{x}) + c = 0 \tag{7.5}$$

と書ける. ここで A が正則行列であるとき, すなわち $\det A \neq 0$ となるとき 2 次曲線 (7.4) を**有心 2 次曲線** といい, $\boldsymbol{u}_0 = -A^{-1}\boldsymbol{b}$ をその**中心** という. また, A が正則行列でない, すなわち $\det A = 0$ となるとき**無心 2 次曲線** という.

さらに,

$$\widetilde{A} = \begin{pmatrix} a & h & f \\ h & b & g \\ f & g & c \end{pmatrix},\ \tilde{\boldsymbol{x}} = \begin{pmatrix} x \\ y \\ 1 \end{pmatrix}$$

とおくと (7.4) は

$$f(x,\, y) = {}^t\tilde{\boldsymbol{x}}\widetilde{A}\tilde{\boldsymbol{x}} = 0$$

とまとめて表すこともできる.

以下, 有心, 無心の 2 つの場合に分けて, A, $\boldsymbol{b}$, $\widetilde{A}$ に関する条件で 2 次曲線を分類をしていく.

有心 2 次曲線の分類　有心 2 次曲線については中心 $\boldsymbol{u}_0$ をとれば

$$A\boldsymbol{u}_0 + \boldsymbol{b} = \boldsymbol{0} \tag{7.6}$$

となっている. A は対称行列であることに注意し $\boldsymbol{u} = \boldsymbol{x} - \boldsymbol{u}_0$ と平行移動による変数変換を行うと

$$\begin{aligned} f(\boldsymbol{x}) &= {}^t\boldsymbol{x}A\boldsymbol{x} + 2(\boldsymbol{b},\, \boldsymbol{x}) + c \\ &= {}^t(\boldsymbol{u} + \boldsymbol{u}_0)A(\boldsymbol{u} + \boldsymbol{u}_0) + 2(\boldsymbol{b},\, \boldsymbol{u} + \boldsymbol{u}_0) + c \\ &= {}^t\boldsymbol{u}A\boldsymbol{u} + {}^t\boldsymbol{u}_0A\boldsymbol{u} + {}^t\boldsymbol{u}A\boldsymbol{u}_0 + {}^t\boldsymbol{u}_0A\boldsymbol{u}_0 + 2(\boldsymbol{b},\, \boldsymbol{u}) + 2(\boldsymbol{b},\, \boldsymbol{u}_0) + c \\ &= {}^t\boldsymbol{u}A\boldsymbol{u} + 2(A\boldsymbol{u}_0 + \boldsymbol{b},\, \boldsymbol{u}) + {}^t\boldsymbol{u}_0A\boldsymbol{u}_0 + 2(\boldsymbol{b},\, \boldsymbol{u}_0) + c \\ &= {}^t\boldsymbol{u}A\boldsymbol{u} + f(\boldsymbol{u}_0) \end{aligned}$$

であるから, 方程式は

$$g(\boldsymbol{u}) = f(\boldsymbol{u}+\boldsymbol{u}_0) = {}^t\boldsymbol{u}A\boldsymbol{u} + f(\boldsymbol{u}_0) = 0 \tag{7.7}$$

となる.

> **問 7.2.2**　有心2次曲線は中心 $\boldsymbol{u}_0$ に関して点対称であることを示せ. すなわち $f(\boldsymbol{u}_0+\boldsymbol{u}) = f(\boldsymbol{u}_0-\boldsymbol{u})$ が成り立つことを示せ.

補題 7.3　平行移動 $\boldsymbol{x} = \boldsymbol{u}+\boldsymbol{u}_0$ によって得られる方程式 $g(\boldsymbol{u})$ の拡大係数行列 $\widetilde{B}$ の行列式は $\widetilde{A}$ の行列式と同じである.

$$|\widetilde{B}| = |\widetilde{A}|$$

特に方程式 (7.7) においては $|A|\cdot f(\boldsymbol{u}_0) = |\widetilde{A}|$ である.

証明　$\boldsymbol{u}_0 = \begin{pmatrix} x_0 \\ y_0 \end{pmatrix}$, $\widetilde{\boldsymbol{u}} = \begin{pmatrix} u \\ v \\ 1 \end{pmatrix}$ とおくとき, $(\widetilde{\boldsymbol{u}+\boldsymbol{u}_0}) = \begin{pmatrix} u+x_0 \\ v+y_0 \\ 1 \end{pmatrix} = \begin{pmatrix} 1 & 0 & x_0 \\ 0 & 1 & y_0 \\ 0 & 0 & 1 \end{pmatrix}\widetilde{\boldsymbol{u}}$ と表される. この行列 $T = \begin{pmatrix} 1 & 0 & x_0 \\ 0 & 1 & y_0 \\ 0 & 0 & 1 \end{pmatrix}$ は平行移動を表す行列で $|T| = 1$ となっている.

$${}^t\widetilde{\boldsymbol{x}}\widetilde{A}\widetilde{\boldsymbol{x}} = {}^t(\widetilde{\boldsymbol{u}+\boldsymbol{u}_0})\widetilde{A}(\widetilde{\boldsymbol{u}+\boldsymbol{u}_0}) = {}^t\widetilde{\boldsymbol{u}}{}^tT\widetilde{A}T\widetilde{\boldsymbol{u}}$$

となるので $\widetilde{B} = {}^tT\widetilde{A}T$ となり,

$$|\widetilde{B}| = |{}^tT\widetilde{A}T| = |{}^tT||\widetilde{A}||T| = |\widetilde{A}|$$

となる. 方程式 (7.7) について,

$$\widetilde{B} = \begin{pmatrix} A & 0 \\ 0 & f(\boldsymbol{u}_0) \end{pmatrix}$$

となるので

$$|\widetilde{A}| = |\widetilde{B}| = |A|\cdot f(\boldsymbol{u}_0)$$

である. □

A の固有値を λ, μ とするとき, ある直交行列 P をとれば,

$$ {}^tPAP = \begin{pmatrix} \lambda & 0 \\ 0 & \mu \end{pmatrix} $$

と変形できる. すなわち直交変換 $\begin{pmatrix} u \\ v \end{pmatrix} = P \begin{pmatrix} X \\ Y \end{pmatrix}$ により

$$ {}^t\boldsymbol{u}A\boldsymbol{u} = (X,\ Y)\,{}^tPAP \begin{pmatrix} X \\ Y \end{pmatrix} = (X,\ Y) \begin{pmatrix} \lambda & 0 \\ 0 & \mu \end{pmatrix} \begin{pmatrix} X \\ Y \end{pmatrix} = \lambda X^2 + \mu Y^2 $$

という形に変形される. したがって, 方程式 (7.7) は

$$ f(\boldsymbol{u}_0 + P\begin{pmatrix} X \\ Y \end{pmatrix}) = \lambda X^2 + \mu Y^2 + f(\boldsymbol{u}_0) = 0 $$

と変形される.

また XY 座標平面での X 軸, Y 軸は xy 平面における $\boldsymbol{u}_0$ を通り A の固有ベクトル方向の直線でありこれを 2 次曲線の**主軸**という.

さらに $f(x_0,\ y_0) \neq 0$ のときは, 方程式全体を $f(x_0,\ y_0)$ で割っても同じ曲線の方程式を表すので

$$ p = \frac{\lambda}{f(x_0,\ y_0)} = \frac{\lambda|A|}{|\widetilde{A}|}, q = \frac{\mu}{f(x_0,\ y_0)} = \frac{\mu|A|}{|\widetilde{A}|} $$

とおけば

$$ pX^2 + qY^2 + 1 = 0 \tag{7.8} $$

となる.

$p < 0, q < 0$ のときこの曲線は**楕円**となる. また $p > 0, q < 0$ のとき, すなわち $|A| = \lambda\mu < 0$ のときには, この曲線は**双曲線**となる.

$f(x_0,\ y_0) = 0$ の場合, すなわち $|\widetilde{A}| = 0$ のとき, 方程式全体を μ で割っても同じ曲線の方程式を表すので $p = \dfrac{\lambda}{\mu}$ とおけば

$$ pX^2 + Y^2 = 0 \tag{7.9} $$

となる.

$p < 0$ のとき, すなわち $|A| = \lambda\mu < 0$ のとき, 方程式は**交わる 2 直線**を表している.

これら方程式 (7.8), (7.9) を**有心 2 次曲線の標準形** という.

例題 7.2.3　2 次曲線 $5x^2+2xy+5y^2-12x-12y+10=0$ は有心 2 次曲線であることを確かめ, その中心, 主軸の方程式を求めよ.

解答

$$A=\begin{pmatrix}5&1\\1&5\end{pmatrix},\quad \widetilde{A}=\begin{pmatrix}5&1&-6\\1&5&-6\\-6&-6&10\end{pmatrix},\quad \boldsymbol{b}=\begin{pmatrix}-6\\-6\end{pmatrix}$$

このとき $|A|=24$, $|\widetilde{A}|=-48$ である. A の固有値は $\lambda=6$, $\mu=4$ である. $|A|\neq 0$ であるから $A\boldsymbol{x}+\boldsymbol{b}=\boldsymbol{0}$ はただ 1 つの解 $\boldsymbol{u}_0=\begin{pmatrix}1\\1\end{pmatrix}$ をもち, これが 2 次曲線の中心である. $\boldsymbol{u}=\begin{pmatrix}u\\v\end{pmatrix}=\begin{pmatrix}x-1\\y-1\end{pmatrix}$ とおくと ${}^t\boldsymbol{u}A\boldsymbol{u}-2=0$ となる. A の固有値 6, 4 に対する単位固有ベクトルを求め, これを列ベクトルとする直交行列

$$P=\frac{1}{\sqrt{2}}\begin{pmatrix}1&-1\\1&1\end{pmatrix}$$

に対して, $\begin{pmatrix}u\\v\end{pmatrix}=P\begin{pmatrix}X\\Y\end{pmatrix}$ と変換すると $6X^2+4Y^2-2=0$ すなわち,

$$3X^2+2Y^2-1=0$$

と変形でき, これがこの 2 次曲線の標準形である. 主軸の方程式は

$$x-y=0,\ x+y-2=0$$

である.　□

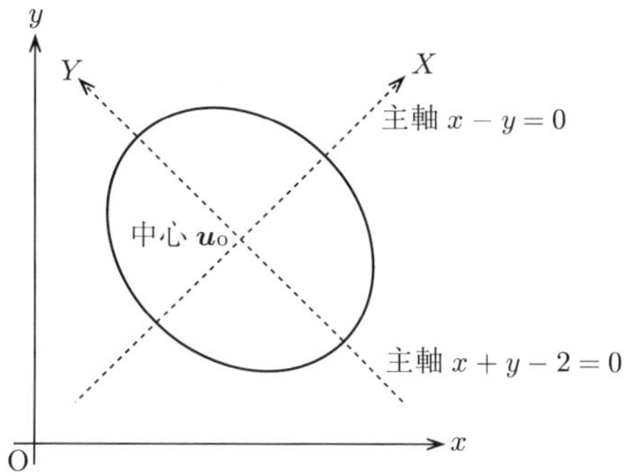

図 **7.2**　$5x^2+2xy+5y^2-12x-12y+10=0$

無心 2 次曲線の分類　もとの方程式が 2 次方程式であるとする. また合同変換による変数変換をしたとき 1 変数関数となるものも除外することとする.

このとき, $A \neq 0$ であり, また無心であることから $|A| = 0$ であるので, A の2つの固有値の1つは $\lambda = a + b \neq 0$ （a, b は方程式 (7.4) の係数) で他方は0となる.

A を対角化する直交行列 P をとる. $\boldsymbol{x} = P\boldsymbol{u}$ とおくと

$$ {}^t\boldsymbol{x}A\boldsymbol{x} = {}^t\boldsymbol{u}{}^tPAP\boldsymbol{u} = \lambda u^2 $$

となる. また

$$ (\boldsymbol{b},\, \boldsymbol{x}) = (\boldsymbol{b},\, P\boldsymbol{u}) = ({}^tP\boldsymbol{b},\, \boldsymbol{u}) $$

であるので, 2次曲線 (7.5) は

$$ {}^t\boldsymbol{u}\begin{pmatrix} \lambda & 0 \\ 0 & 0 \end{pmatrix}\boldsymbol{u} + 2({}^tP\boldsymbol{b},\, \boldsymbol{u}) + c = 0 $$

となる.

$\boldsymbol{u} = \begin{pmatrix} u \\ v \end{pmatrix}$, ${}^tP\boldsymbol{b} = \begin{pmatrix} s \\ t \end{pmatrix}$ とおけば

$$ \lambda u^2 + 2su + 2tv + c = 0 $$

となる.

$t = 0$ のときは1変数関数になるので $t \neq 0$ と仮定する. このとき方程式は

$$ \lambda\left(u + \frac{s}{\lambda}\right)^2 + 2t\left(v + \frac{c\lambda - s^2}{2t\lambda}\right) = 0 $$

と変形できるので

$$ X = u + \frac{s}{\lambda}, \quad Y = v + \frac{c\lambda - s^2}{2t\lambda} $$

とおけば

$$ \lambda X^2 + 2tY = 0 $$

となる. $p = \dfrac{\lambda}{t}$ とおき $p < 0$ のときはさらに原点についての対称移動 $X' = -X$, $Y' = -Y$ で変数変換すれば

$$ pX^2 + 2Y = 0 \quad (p > 0) \tag{7.10} $$

となる. これを**無心2次曲線の標準形**という. この曲線は**放物線**として知られている. 方程式 (7.2) より, $\det \widetilde{A} = -\lambda t^2$, $\lambda = a + b$ となることから, この

$p = \left|\dfrac{\lambda}{t}\right|$ は $p^2 = \dfrac{-(a+b)^3}{\det \widetilde{A}}$ により求めることができる.

例題 7.2.4　$x^2 - 2xy + y^2 - 8x + 20 = 0$ の軸の方程式, 標準形を求めよ.

解答

$$A = \begin{pmatrix} 1 & -1 \\ -1 & 1 \end{pmatrix}, \quad \boldsymbol{b} = \begin{pmatrix} -4 \\ 0 \end{pmatrix}, \quad \widetilde{A} = \begin{pmatrix} 1 & -1 & -4 \\ -1 & 1 & 0 \\ -4 & 0 & 20 \end{pmatrix}$$

とおくとき, $|A| = 0$, $|\widetilde{A}| = -16$ で A の固有値は $\lambda = 2$, $\mu = 0$ である. $\lambda = 2$ に対する (単位) 固有ベクトルとして $\boldsymbol{p}_1 = \dfrac{1}{\sqrt{2}}\begin{pmatrix} 1 \\ -1 \end{pmatrix}$ を $\mu = 0$ に対する (単位) 固有ベクトルとして $\boldsymbol{p}_2 = \dfrac{1}{\sqrt{2}}\begin{pmatrix} 1 \\ 1 \end{pmatrix}$ をとり $P = \dfrac{1}{\sqrt{2}}\begin{pmatrix} 1 & 1 \\ -1 & 1 \end{pmatrix}$ とすると

$${}^tPAP = \begin{pmatrix} 2 & 0 \\ 0 & 0 \end{pmatrix}$$

が得られる. $\begin{pmatrix} x \\ y \end{pmatrix} = P\begin{pmatrix} u \\ v \end{pmatrix}$ と変数変換をすると,

$${}^t\boldsymbol{b}P = (-2\sqrt{2},\ -2\sqrt{2}) = (f_1,\ g_1).$$

$$u^2 - 2\sqrt{2}u - 2\sqrt{2}v + 10 = 0.$$

さらに $X = u - \sqrt{2}$, $Y = v - 2\sqrt{2}$ と平行移動をすると

$$X^2 - 2\sqrt{2}Y = 0$$

が得られる. またこの放物線の頂点の座標は $\begin{pmatrix} \sqrt{2} \\ 2\sqrt{2} \end{pmatrix}$ である. これを $x\,y$ 座標で表せば, $P\begin{pmatrix} \sqrt{2} \\ 2\sqrt{2} \end{pmatrix} = \begin{pmatrix} 3 \\ 1 \end{pmatrix}$ である. $x\,y$ 平面で X 軸, Y 軸の方程式は

(3, 1) を通る固有ベクトル方向の直線であるから

$$\begin{cases} x - y - 2 = 0 \\ x + y - 4 = 0 \end{cases}$$

である．□

■ 2 次曲線についてのまとめ ■　まず方程式に対応する行列 $A, \widetilde{A}$ を求め，$r = \operatorname{rank} A$, $s = \operatorname{rank} \widetilde{A}$ を調べる．$(r, s) = (2, 3), (2, 2)$ の場合は有心，$(r, s) = (1, 3)$ の場合は無心，その他の場合は合同変換によって 1 変数の方程式となる．有心，無心のそれぞれの標準形は A の固有値と $\det \widetilde{A}$ によって決定される．

表 7.1　2 次曲線の分類

$\operatorname{rank} A$	$\operatorname{rank} \widetilde{A}$	標準形	曲線の名称
2	3	$-px^2 - qy^2 + 1 = 0$	楕円
2	3	$px^2 - qy^2 + 1 = 0$	双曲線
2	3	$px^2 + qy^2 + 1 = 0$	空集合
2	2	$px^2 + y^2 = 0$	1 点
2	2	$-px^2 + y^2 = 0$	交わる 2 直線
1	3	$px^2 + 2y = 0$	放物線

($p > 0$, $q > 0$ とする.)

問 7.2.5　次の 2 次曲線の標準形を求めよ．

(1) $3x^2 - 10xy + 3y^2 + 2x + 2y + 3 = 0$

(2) $x^2 + 2\sqrt{3}xy + 3y^2 - 8y = 0$

(3) $2x^2 - 4xy + 5y^2 - 4y - 1 = 0$

7.3　2 次曲面の分類 †

2 次曲線と同様の議論で空間内の 2 次曲面の分類を行うことも可能である．2 次曲面とは

$$ax^2 + by^2 + cz^2 + 2fyz + 2gzx + 2hxy + 2\ell x + 2my + 2nz + d = 0 \quad (7.11)$$

という方程式をみたす点 (x, y, z) からなる空間内の図形のことである．以下その分類について概略を述べる．

$$A = \begin{pmatrix} a & h & g \\ h & b & f \\ g & f & c \end{pmatrix}, \ \boldsymbol{b} = \begin{pmatrix} \ell \\ m \\ n \end{pmatrix}, \ \boldsymbol{x} = \begin{pmatrix} x \\ y \\ z \end{pmatrix}$$

とおくと (7.11) は

$${}^t\boldsymbol{x}A\boldsymbol{x} + 2(\boldsymbol{b}, \boldsymbol{x}) + d = 0$$

となる．また

$$\widetilde{A} = \begin{pmatrix} a & h & g & \ell \\ h & b & f & m \\ g & f & c & n \\ \ell & m & n & d \end{pmatrix}, \ \tilde{\boldsymbol{x}} = \begin{pmatrix} x \\ y \\ z \\ 1 \end{pmatrix}$$

とおくと

$${}^t\tilde{\boldsymbol{x}}\widetilde{A}\tilde{\boldsymbol{x}} = 0$$

とも表される．

対称行列 A を直交行列 P で対角化して

$${}^tPAP = \begin{pmatrix} \lambda & 0 & 0 \\ 0 & \mu & 0 \\ 0 & 0 & \nu \end{pmatrix}$$

とする．このとき $\boldsymbol{u} = \begin{pmatrix} u \\ v \\ w \end{pmatrix} = P^{-1}\boldsymbol{x}$ と変数変換し

$${}^t\boldsymbol{b}P = (\ell_1, m_1, n_1)$$

とおくと，2 次曲面の方程式 (7.11) は

$$\lambda u^2 + \mu v^2 + \nu w^2 + 2\ell_1 u + 2m_1 v + 2n_1 w + d = 0$$

となる．

(1) $\operatorname{rank} A = 3$ の場合

λ, μ, ν はいずれも 0 でないから

$$X = u + \frac{\ell_1}{\lambda}$$

$$Y = v + \frac{m_1}{\mu}$$

$$Z = w + \frac{n_1}{\nu}$$

と平行移動すると 2 次曲面の方程式は

$$\lambda X^2 + \mu Y^2 + \nu Z^2 + d' = 0 \tag{7.12}$$

となる．ここで

$$d' = d - \left(\frac{{\ell_1}^2}{\lambda} + \frac{{m_1}^2}{\mu} + \frac{{n_1}^2}{\nu}\right)$$

は

$$|A|\, d' = \lambda\mu\nu d' = |\widetilde{A}|$$

から求められる．

(2) $\mathrm{rank}\, A = 2$ の場合

$\lambda \neq 0,\ \mu \neq 0,\ \nu = 0$ とする．上と同様な平行移動により 2 次曲面の方程式は

$$\lambda X^2 + \mu Y^2 + 2tZ = 0 \tag{7.13}$$

の形となる．t は $-\lambda\mu t^2 = |\widetilde{A}|$ から求められる．

(3) $\mathrm{rank}\, A = 1$ の場合

$\lambda \neq 0,\ \mu = \nu = 0$ とする．平行移動により 2 次曲面の方程式は

$$\lambda X^2 + 2m_1 Y + 2n_1 Z + d' = 0$$

の形になる．このとき YZ 座標の回転によって, Y, Z は 1 つの変数にまとめられるので 2 変数の方程式になる．これは除外することにする．

方程式 (7.12), (7.13) はそれぞれ $\lambda, \mu, \nu, |A|$ と $|\widetilde{A}|$ の値によって決定される．さらに方程式を定数倍して標準化すれば, 次の分類表を得ることができる．図 7.3 にこれらの概形を示す．

表 7.2　2 次曲面の分類

rank A	rank $\widetilde{A}$	標準形 $(p,\ q,\ r > 0)$	曲面の名称
3	4	$-px^2 - qy^2 - rz^2 + 1 = 0$	楕円面
3	4	$px^2 - qy^2 - rz^2 + 1 = 0$	1 葉双曲面
3	4	$px^2 + qy^2 - rz^2 + 1 = 0$	2 葉双曲面
3	4	$px^2 + qy^2 + rz^2 + 1 = 0$	空集合
3	3	$px^2 + qy^2 - z^2 = 0$	楕円錐面
3	3	$px^2 + qy^2 + z^2 = 0$	1 点
2	4	$px^2 - qy^2 + 2z = 0$	双曲放物面
2	4	$px^2 + qy^2 + 2z = 0$	楕円放物面

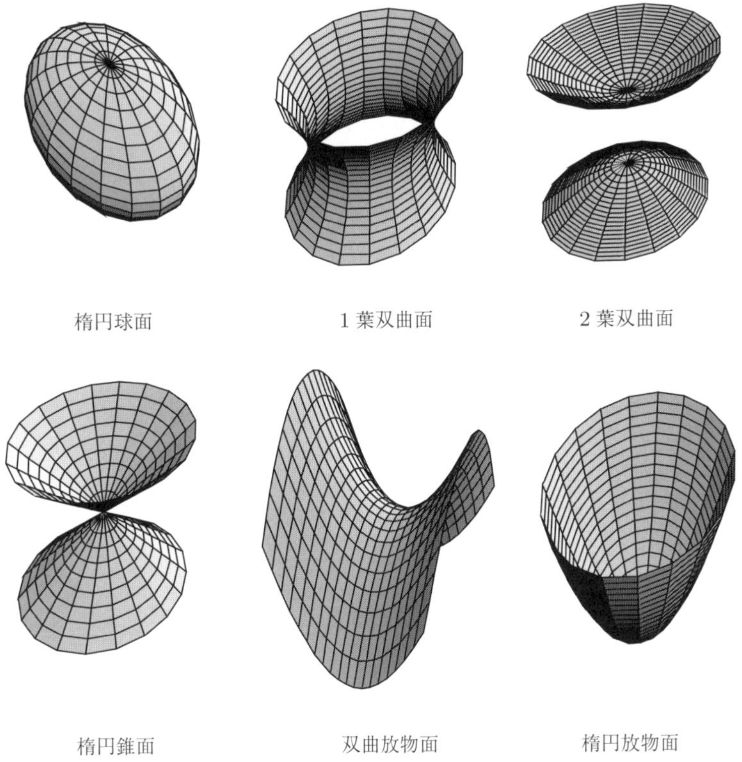

図 7.3　いろいろな 2 次曲面

問題の解答

第 1 章

問 1.2.1 (1)

$$\begin{aligned} 2\times \text{右辺} &= (\boldsymbol{a},\, \boldsymbol{a}) + (\boldsymbol{b},\, \boldsymbol{b}) - (\boldsymbol{a}-\boldsymbol{b},\, \boldsymbol{a}-\boldsymbol{b}) \\ &= (\boldsymbol{a},\, \boldsymbol{a}) + (\boldsymbol{b},\, \boldsymbol{b}) - (\boldsymbol{a},\, \boldsymbol{a}) + (\boldsymbol{b},\, \boldsymbol{a}) + (\boldsymbol{a},\, \boldsymbol{b}) - (\boldsymbol{b},\, \boldsymbol{b}) \\ &= 2(\boldsymbol{a},\, \boldsymbol{b}) = 2\times \text{左辺} \end{aligned}$$

(2) 上の式を右辺に代入すれば,

$$\text{右辺} = \frac{2(\boldsymbol{a},\, \boldsymbol{b})}{2\|\boldsymbol{a}\|\cdot\|\boldsymbol{b}\|} = \frac{\|\boldsymbol{a}\|\cdot\|\boldsymbol{b}\|\cos\theta}{\|\boldsymbol{a}\|\cdot\|\boldsymbol{b}\|} = \cos\theta$$

問 1.3.3 (1) $\begin{pmatrix} 0 & 7 & 1 \\ 1 & 1 & 4 \end{pmatrix}$ (2) $\begin{pmatrix} 3 & 6 & 9 \\ -3 & 0 & 6 \end{pmatrix}$ (3) $\begin{pmatrix} 1 & 9 & 4 \\ 0 & 1 & 6 \end{pmatrix}$

(4) $\begin{pmatrix} 2 & -3 & 5 \\ -3 & -1 & 0 \end{pmatrix}$ (5) $\begin{pmatrix} 3 & -8 & 7 \\ -5 & -2 & -2 \end{pmatrix}$ (6) $\begin{pmatrix} -2 & 3 & -5 \\ 3 & 1 & 0 \end{pmatrix}$

問 1.3.8 (1) AO の (i,j) 成分は $a_{i1}0+\cdots+a_{in}0=0$ である.OA についても同様.

(2) $(AB)C$, $A(BC)$ の (i,j) 成分はともに $\displaystyle\sum_k\sum_\ell a_{ik}b_{k\ell}c_{\ell j}$ となる.

(3)$(A+B)C$ の (i,j) 成分は

$$\begin{aligned} &(a_{i1}+b_{i1})c_{1j}+\cdots+(a_{in}+b_{in})c_{nj} \\ &\quad = (a_{i1}c_{1j}+\cdots+a_{in}c_{nj}) + (b_{i1}c_{1j}+\cdots+b_{in}c_{nj}) \end{aligned}$$

となり $AC+BC$ の (i,j) 成分に等しい.

(4) (3) と同様.

問 1.3.9 $(AB)C$, $A(BC)$ はともに $\begin{pmatrix} 14 \\ 14 \end{pmatrix}$ である.

問 1.3.10 $AB = \begin{pmatrix} 4 & 2 \\ 5 & -1 \end{pmatrix}$, $BA = \begin{pmatrix} 2 & 4 \\ 4 & 1 \end{pmatrix}$

問 1.3.11　(1) $A^2 = \begin{pmatrix} 0 & 0 & 1 \\ 0 & 0 & 0 \\ 0 & 0 & 0 \end{pmatrix}$, $n \geqq 3$ のときは $A^n = O$.

(2) $n = 3k + r$ $(r = 0, 1, 2)$ のように 3 で割った余りで場合分けをする.

$$B^{3k} = E_3, \quad B^{3k+1} = B, \quad B^{3k+2} = B^{-1} = \begin{pmatrix} 0 & 0 & 1 \\ 1 & 0 & 0 \\ 0 & 1 & 0 \end{pmatrix}.$$

問 1.4.2　$A\boldsymbol{e}_i$ は A の第 i 列ベクトル, ${}^t\boldsymbol{e}_iA$ は A の第 i 行ベクトルである.

問 1.4.4　(1) 行列の (i,j) 成分と (j,i) 成分とは $a_{ij} = a_{ji}$, $a_{ij} = -a_{ji}$ をみたすので $a_{ij} = a_{ji} = 0$ がわかる.

(2) $A = \dfrac{1}{2}(A + {}^tA) + \dfrac{1}{2}(A - {}^tA)$ の第 1 項 $\dfrac{1}{2}(A + {}^tA)$ は対称行列, 第 2 項 $\dfrac{1}{2}(A - {}^tA)$ は交代行列となっている.

問 1.4.5　(1) $B = EB = B'AB = B'E = B'$　(2) (1) からわかる.

問 1.4.7

$$AA^{-1} = \frac{1}{ad-bc}\begin{pmatrix} d & -b \\ -c & a \end{pmatrix}\begin{pmatrix} a & b \\ c & d \end{pmatrix} = \frac{1}{ad-bc}\begin{pmatrix} ad-bc & 0 \\ 0 & ad-bc \end{pmatrix} = E.$$

$A^{-1}A = E$ も同様.

問 1.4.8　(1) $\dfrac{1}{5}\begin{pmatrix} -1 & 3 \\ 2 & -1 \end{pmatrix}$　(2) $\dfrac{1}{13}\begin{pmatrix} -1 & -5 \\ -3 & -2 \end{pmatrix}$　(3) $\dfrac{1}{1+a^2}\begin{pmatrix} 1 & -a \\ a & 1 \end{pmatrix}$

問 1.4.10　A^{-1}, A をそれぞれ左, 右から $AB = E$ に掛けると $A^{-1}ABA = BA = E$ となり A は B の逆行列である.

● 章末問題 ●

1.1　$s = \dfrac{7}{4}$, $t = \dfrac{1}{4}$

1.2　$(5, -10)$

1.3　$t = -2, 4$

1.4　(1) $2x - 3y + z = -3$　(2) $2x + 4y + 3z = 19$

1.5　(1) $(\boldsymbol{a}, \boldsymbol{b}) = 1$　(2) $\cos\theta = \dfrac{1}{\sqrt{70}}$

1.6　$\begin{pmatrix} 4 & -4 & -13 \\ 7 & -9 & 13 \end{pmatrix}$

1.7　$A + B\ (= B + A) = \begin{pmatrix} 3 & 1 & 5 \\ 7 & 6 & 5 \end{pmatrix}$, $C + D\ (= D + C) = \begin{pmatrix} 3 & 3 \\ 4 & 3 \\ 8 & 7 \end{pmatrix}$

1.8 $AB = \begin{pmatrix} 3 & -1 \\ 13 & 14 \\ -2 & -1 \end{pmatrix}$, $BC = \begin{pmatrix} 7 & -2 & 0 \\ 11 & -6 & 5 \end{pmatrix}$, $AC = \begin{pmatrix} 1 & 2 & -4 \\ 19 & -6 & 1 \\ -2 & 0 & 1 \end{pmatrix}$,

$CA = \begin{pmatrix} 5 & -2 \\ -6 & -9 \end{pmatrix}$

1.9 (1) 左辺 $= (\boldsymbol{a}, \boldsymbol{b}) - (\boldsymbol{a}, \boldsymbol{c}) + (\boldsymbol{b}, \boldsymbol{c}) - (\boldsymbol{b}, \boldsymbol{a}) + (\boldsymbol{c}, \boldsymbol{a}) - (\boldsymbol{c}, \boldsymbol{b}) = 0$

(2) $4 \times$ 右辺 $= (\boldsymbol{a}+\boldsymbol{b}, \boldsymbol{a}+\boldsymbol{b}) - (\boldsymbol{a}-\boldsymbol{b}, \boldsymbol{a}-\boldsymbol{b}) = 4(\boldsymbol{a}, \boldsymbol{b}) = 4 \times$ 左辺

(3) 左辺 $= (\boldsymbol{a}+\boldsymbol{b}, \boldsymbol{a}+\boldsymbol{b}) + (\boldsymbol{a}-\boldsymbol{b}, \boldsymbol{a}-\boldsymbol{b}) = 2(\boldsymbol{a}, \boldsymbol{a}) + 2(\boldsymbol{b}, \boldsymbol{b}) =$ 右辺

(4) 両辺とも $2((\boldsymbol{a}, \boldsymbol{a}) + (\boldsymbol{b}, \boldsymbol{b}) + (\boldsymbol{c}, \boldsymbol{c}) + (\boldsymbol{a}, \boldsymbol{b}) + (\boldsymbol{b}, \boldsymbol{c}) + (\boldsymbol{c}, \boldsymbol{a}))$ となる.

(5) (3) を使えば, 左辺 $= 2(\|\boldsymbol{a}\|^2 + \|\boldsymbol{b}-\boldsymbol{c}\|^2) + 2(\|\boldsymbol{a}\|^2 + \|\boldsymbol{b}+\boldsymbol{c}\|^2)$
$= 4\|\boldsymbol{a}\|^2 + 2(2(\|\boldsymbol{b}\|^2 + \|\boldsymbol{c}\|^2)) =$ 右辺

1.10 (1) $A(x_1 + y_1\boldsymbol{i}) + A(x_2 + y_2\boldsymbol{i}) = \begin{pmatrix} x_1 & -y_1 \\ y_1 & x_1 \end{pmatrix} + \begin{pmatrix} x_2 & -y_2 \\ y_2 & x_2 \end{pmatrix}$

$= \begin{pmatrix} x_1 + x_2 & -y_1 - y_2 \\ y_1 + y_2 & x_1 + x_2 \end{pmatrix} = A((x_1 + x_2) + (y_1 + y_2)\boldsymbol{i})$

(2) $A(x_1 + y_1\boldsymbol{i})A(x_2 + y_2\boldsymbol{i}) = \begin{pmatrix} x_1 & -y_1 \\ y_1 & x_1 \end{pmatrix} \begin{pmatrix} x_2 & -y_2 \\ y_2 & x_2 \end{pmatrix}$

$= \begin{pmatrix} x_1x_2 - y_1y_2 & -x_1y_2 - x_2y_1 \\ x_1y_2 + x_2y_1 & x_1x_2 - y_1y_2 \end{pmatrix} = A((x_1x_2 - y_1y_2) + (x_1y_2 + x_2y_1)\boldsymbol{i})$

(3) (2) より $A(z^{-1})A(z) = A(z)A(z^{-1}) = A(1) = E$ となり $A(z)^{-1} = A(z^{-1})$

(4) $A(x - y\boldsymbol{i}) = \begin{pmatrix} x & y \\ -y & x \end{pmatrix} = {}^tA(x + y\boldsymbol{i})$

(5) $A(e^{\boldsymbol{i}\theta})^{-1} = \begin{pmatrix} \cos\theta & \sin\theta \\ -\sin\theta & \cos\theta \end{pmatrix}$

(6) n に関する帰納法による. 三角関数の加法定理を用いよ.

(7) (2) で $\theta = \dfrac{\pi}{2}$ とおけば n を 4 で割った余りが 0, 1, 2, 3 の場合の順に

$\begin{pmatrix} 1 & 0 \\ 0 & 1 \end{pmatrix}$, $\begin{pmatrix} 0 & -1 \\ 1 & 0 \end{pmatrix}$, $\begin{pmatrix} -1 & 0 \\ 0 & -1 \end{pmatrix}$, $\begin{pmatrix} 0 & 1 \\ -1 & 0 \end{pmatrix}$ となる.

1.11 $\begin{pmatrix} a & b \\ c & d \end{pmatrix} \begin{pmatrix} x & y \\ z & w \end{pmatrix} = \begin{pmatrix} x & y \\ z & w \end{pmatrix} \begin{pmatrix} a & b \\ c & d \end{pmatrix}$ から得られる x, y, z, w に関する恒等式 $ax+bz = ax+cy$, $ay+bw = bx+dy$ の係数を比較すれば $b = c = 0$, $a = d$ を得る. 逆に $X = aE$ は $AX = XA$ をみたす.

1.12 $A = (a_{ij})$, $B = (b_{ij})$ を上三角行列とすれば $i > j$ のとき, $a_{ij} = 0$, $b_{ij} = 0$ である. $i > j$ と仮定すれば, $i > k$ または $k > j$ となるので $a_{ik}b_{kj} = 0$ であり AB の (i, j) 成分 $\displaystyle\sum_k a_{ik}b_{kj}$ は 0 である (下三角行列の場合も同様).

1.13 $AB = BA$ と仮定すると ${}^t(AB) = {}^tB\,{}^tA = BA = AB$.
逆に ${}^t(AB) = AB$ と仮定すれば $AB = {}^t(AB) = {}^tB\,{}^tA = BA$ となる.

1.14 (1) $\begin{pmatrix} 3 & 0 & -1 \\ 6 & 1 & -3 \\ -2 & 0 & 1 \end{pmatrix}$ (2) $\dfrac{1}{2}\begin{pmatrix} 1 & 1 & -1 \\ 1 & -1 & -1 \\ -1 & 1 & 3 \end{pmatrix}$

第 2 章

問 2.2.1 (3) 左辺の (k,ℓ) 成分は $k = \ell$ ならば 1, (i, j) 成分は $\lambda - \lambda = 0$, その他の成分も 0 となる. (1), (2) についても同様.

問 2.2.4 被約階段行列, 階数, 変換行列の例の順.

(1) $\begin{pmatrix} 1 & 0 & 0 & \dfrac{4}{3} \\ 0 & 1 & 0 & -\dfrac{2}{3} \\ 0 & 0 & 1 & 0 \end{pmatrix}$, 3, $\dfrac{1}{3}\begin{pmatrix} 1 & 2 & 0 \\ 4 & 5 & -3 \\ -3 & -6 & 3 \end{pmatrix}$

(2) $\begin{pmatrix} 1 & 0 & 0 & 14 & \dfrac{13}{3} \\ 0 & 1 & 0 & 3 & \dfrac{4}{3} \\ 0 & 0 & 1 & 13 & \dfrac{8}{3} \end{pmatrix}$, 3, $\dfrac{1}{3}\begin{pmatrix} 4 & 1 & 3 \\ 1 & 1 & 0 \\ 5 & -1 & 3 \end{pmatrix}$

(3) $\begin{pmatrix} 1 & 0 & 0 & -\dfrac{7}{3} & \dfrac{5}{3} \\ 0 & 1 & 0 & 0 & 0 \\ 0 & 0 & 1 & \dfrac{4}{3} & -\dfrac{2}{3} \\ 0 & 0 & 0 & 0 & 0 \end{pmatrix}$, 3, $\dfrac{1}{6}\begin{pmatrix} -1 & -7 & 5 & 0 \\ -3 & -3 & 3 & 0 \\ 1 & 4 & -2 & 0 \\ 0 & 6 & -6 & 6 \end{pmatrix}$

問 2.2.6

(1) $\dfrac{1}{5}\begin{pmatrix} 1 & 1 \\ 3 & -2 \end{pmatrix}$ (2) $\dfrac{1}{6}\begin{pmatrix} 2 & 0 & -2 \\ -1 & 3 & 4 \\ -1 & 3 & -2 \end{pmatrix}$ (3) $\begin{pmatrix} 1 & 1 & -1 \\ 0 & 1 & 0 \\ 0 & -1 & 1 \end{pmatrix}$

(4) $\begin{pmatrix} 1 & -a & -b+ac \\ 0 & 1 & -c \\ 0 & 0 & 1 \end{pmatrix}$ (5) $\begin{pmatrix} 1 & 2 & 1 & 6 \\ 0 & 1 & 0 & 3 \\ 0 & 0 & 1 & -2 \\ 0 & 0 & 0 & 1 \end{pmatrix}$

問 2.3.3 (t は任意定数とする)

(1) $\begin{pmatrix} x \\ y \\ z \end{pmatrix} = \begin{pmatrix} -\dfrac{12}{5} \\ -\dfrac{21}{5} \\ 5 \end{pmatrix}$　(2) $\begin{pmatrix} x \\ y \\ z \\ w \end{pmatrix} = \begin{pmatrix} 1 \\ -1 \\ 2 \\ -2 \end{pmatrix}$　(3) $\begin{pmatrix} x \\ y \\ z \\ w \end{pmatrix} = \begin{pmatrix} 6 \\ 7 \\ 7 \\ 0 \end{pmatrix} + t \begin{pmatrix} -3 \\ -4 \\ -4 \\ 1 \end{pmatrix}$

問 2.3.5　(t は任意定数とする)

(1) $\begin{pmatrix} x \\ y \\ z \\ w \end{pmatrix} = t \begin{pmatrix} \dfrac{4}{3} \\ -\dfrac{2}{3} \\ 0 \\ -1 \end{pmatrix}$　(2) $\begin{pmatrix} x \\ y \\ z \end{pmatrix} = t \begin{pmatrix} 2 \\ -3 \\ 1 \end{pmatrix}$

● 章末問題 ●

2.1　(1) 2　(2) 2　(3) 3

2.2　(1) $\begin{pmatrix} x \\ y \\ z \end{pmatrix} = \begin{pmatrix} \dfrac{17}{15} \\ \dfrac{6}{5} \\ \dfrac{2}{3} \end{pmatrix}$　(2) $\begin{pmatrix} x \\ y \\ z \end{pmatrix} = \begin{pmatrix} \dfrac{5}{2} \\ \dfrac{7}{4} \\ \dfrac{23}{4} \end{pmatrix}$　(3) $\begin{pmatrix} x \\ y \\ z \end{pmatrix} = \begin{pmatrix} -1 \\ 2 \\ -1 \end{pmatrix}$

2.3　(s, t は任意定数とする)

(1) $\begin{pmatrix} x \\ y \\ z \end{pmatrix} = \begin{pmatrix} 1 \\ 2 \\ 0 \end{pmatrix} + t \begin{pmatrix} 0 \\ -1 \\ 1 \end{pmatrix}$　(2) $\begin{pmatrix} x \\ y \\ z \end{pmatrix} = \begin{pmatrix} 0 \\ -5 \\ -4 \end{pmatrix}$

(3) $\begin{pmatrix} x \\ y \\ z \\ w \end{pmatrix} = s \begin{pmatrix} -\dfrac{1}{3} \\ -\dfrac{4}{3} \\ 1 \\ 0 \end{pmatrix} + t \begin{pmatrix} -\dfrac{4}{3} \\ \dfrac{2}{3} \\ 0 \\ 1 \end{pmatrix}$　(4) $\begin{pmatrix} x \\ y \\ z \\ w \end{pmatrix} = \begin{pmatrix} 1 \\ -1 \\ 0 \\ -1 \end{pmatrix} + t \begin{pmatrix} -\dfrac{2}{3} \\ -\dfrac{1}{3} \\ 1 \\ 0 \end{pmatrix}$

2.4　(1) $\dfrac{1}{7} \begin{pmatrix} 4 & 1 & 1 \\ 1 & 2 & -5 \\ -3 & 1 & 1 \end{pmatrix}$　(2) $\begin{pmatrix} 0 & 1 & 0 \\ 2 & 1 & -1 \\ -1 & -1 & 1 \end{pmatrix}$　(3) $\begin{pmatrix} 1 & -1 & -1 \\ 0 & 1 & 0 \\ -1 & 2 & 2 \end{pmatrix}$

2.5　$(\boldsymbol{x})_j$ は第 j 列が $\boldsymbol{x}$ となることを表す.

$AE(i;\lambda) = (\boldsymbol{a}_1, \cdots, (\lambda \boldsymbol{a}_i)_i, \cdots, \boldsymbol{a}_n)$
$AE(i,j) = (\boldsymbol{a}_1, \cdots, (\boldsymbol{a}_j)_i \cdots (\boldsymbol{a}_i)_j, \cdots, \boldsymbol{a}_n)$
$AE(i,j;\lambda) = (\boldsymbol{a}_1, \cdots, (\lambda \boldsymbol{a}_i + \boldsymbol{a}_j)_j, \cdots, \boldsymbol{a}_n)$

2.6　まず被約階段行列 (定理 2.3) の第 $n_1, \cdots, n_k$ 列にある $\boldsymbol{e}_1, \cdots, \boldsymbol{e}_k$ を第 1 列から第 k 列に移動する (列ベクトルの入れ替え).

第 k 列以降の k 行までの成分は, 第 k 列までに表れる基本ベクトルを何倍かして引けばすべて 0 にできる. これによって $(\boldsymbol{e}_1, \cdots, \boldsymbol{e}_k, 0, \cdots, 0)$ に変形される.

2.7 (1) $k = -2 \pm \sqrt{2}$ のとき 階数は 2, それ以外のとき 階数は 3.
(2) $k = 1$ のとき 階数は 1, $k = 0$ のとき 階数は 2, それ以外のとき 階数は 3.
(3) $k = 1$ のとき 階数は 1, $k = -2$ のとき 階数は 2, それ以外のとき 階数は 3.

第 3 章

問 3.1.1 $\theta = \angle \mathrm{AOB}$ とおけば面積 S は $S = \mathrm{OA} \cdot \mathrm{OB} \sin\theta$ である.

$$S^2 = \|\boldsymbol{a}\|^2\|\boldsymbol{b}\|^2(1-\cos^2\theta) = \|\boldsymbol{a}\|^2\|\boldsymbol{b}\|^2 - (\boldsymbol{a}, \boldsymbol{b})^2$$
$$= ({a_1}^2 + {a_2}^2)({b_1}^2 + {b_2}^2) - (a_1b_1 + a_2b_2)^2 = (a_1b_2 - a_2b_1)^2$$

となるので, $S = |a_1b_2 - a_2b_1|$ である.

問 3.2.3 (1) $\sigma\tau = \begin{pmatrix} 1 & 2 & 3 & 4 & 5 \\ 1 & 2 & 4 & 3 & 5 \end{pmatrix}$, $\tau\sigma = \begin{pmatrix} 1 & 2 & 3 & 4 & 5 \\ 1 & 5 & 3 & 4 & 2 \end{pmatrix}$

(2) $\sigma^{-1} = \begin{pmatrix} 1 & 2 & 3 & 4 & 5 \\ 3 & 1 & 5 & 2 & 4 \end{pmatrix}$ (3) $\sigma = \tau_{35}\tau_{34}\tau_{13}\tau_{12}$

問 3.2.4 (1) $+1$ (2) $+1$ (3) $(-1)^{n-1}$

問 3.3.2 (1) 1 (2) 0 (3) -14 (4) 0 (5) 0

問 3.4.4 第 k 列, 第 j 列を λ_1, λ_2 倍して第 i 列から引けば, 行列式を変えないで, 第 i 列ベクトルが零ベクトルとなる行列に変形できる.零ベクトルを含む行列の行列式は 0 である.

問 3.4.5 (1) -96 (2) -9 (3) 77

問 3.4.6 (1) $(x-y)(y-z)(z-x)$ (2) $-(x+y+z)(x^2+y^2+z^2-xy-yz-zx)$
(3) $-(a-b)(a+b-x)(a+x)(b+x)$ (4) 0 (5) $a(b-x)(c-y)(d-z)$
(6) $(a+b-c-d)(a-b+c-d)(a-b-c+d)(a+b+c+d)$

問 3.4.7 $|A| = 25$, $|B| = -3$, $|AB| = |BA| = -75$

問 3.4.8 $|AB| = 0$, $|BA| = 13$

問 3.5.4 (1) $\begin{pmatrix} 0 & 0 & 1 \\ 1 & 1 & -1 \\ -1 & 0 & 1 \end{pmatrix}$ (2) $\dfrac{1}{10}\begin{pmatrix} 7 & -1 & 3 \\ -1 & 3 & 1 \\ -4 & 2 & -6 \end{pmatrix}$ (3) 正則でない.

(4) $\dfrac{1}{25}\begin{pmatrix} 15 & -10 & 9 & 16 \\ 5 & 5 & -2 & 2 \\ 0 & 0 & 5 & -5 \\ 0 & 0 & 10 & 15 \end{pmatrix}$

問 3.6.2　(1) $\begin{pmatrix} x \\ y \\ z \end{pmatrix} = \dfrac{1}{5}\begin{pmatrix} 14 \\ -7 \\ -18 \end{pmatrix}$　(2) $\begin{pmatrix} x \\ y \\ z \\ w \end{pmatrix} = \begin{pmatrix} -6 \\ 4 \\ -9 \\ 3 \end{pmatrix}$

問 3.7.1　$(\boldsymbol{a},\ \boldsymbol{b}\times\boldsymbol{c}) = \det(\boldsymbol{a},\boldsymbol{b},\boldsymbol{c})$ により, 次の行列式の性質に置き換えられる.
$\det(\boldsymbol{a},\boldsymbol{b},\boldsymbol{c}) = \det(\boldsymbol{c},\boldsymbol{a},\boldsymbol{b})$, $\det(\boldsymbol{a},\boldsymbol{b},\boldsymbol{c}) = -\det(\boldsymbol{a},\boldsymbol{c},\boldsymbol{b})$

問 3.7.4　$\dfrac{\boldsymbol{a}\times\boldsymbol{c}}{\|\boldsymbol{a}\times\boldsymbol{c}\|}$ は AB, CD に垂直な単位ベクトルなので, $\overrightarrow{\mathrm{AC}}$ との内積 $\dfrac{(\boldsymbol{a}\times\boldsymbol{c},\ \overrightarrow{\mathrm{AC}})}{\|\boldsymbol{a}\times\boldsymbol{c}\|}$ の絶対値が求めるものである.

問 3.8.2　直線の方程式が $ax+by+c=0$ と表されることを使えば, 空間における平面の方程式の場合と同様である.

問 3.8.3　円の方程式が $(x^2+y^2)+ax+by+c=0$ と表されることを使えば, 空間における平面の方程式の場合と同様である.

● **章末問題** ●

3.1　$\sigma = \tau_{67}\tau_{46}\tau_{15}\tau_{23}\tau_{12}$, $\operatorname{sgn}\sigma = -1$

3.2　$\sigma = \tau_{67}\tau_{46}\tau_{25}\tau_{13}\tau_{12}$,　$\sigma^{-1} = \tau_{12}\tau_{13}\tau_{25}\tau_{46}\tau_{67}$

3.3　(1) 4　(2) 29　(3) -3　(4) -5　(5) 0　(6) -2

3.4　(1) $(x-1)^3(x+3)$　(2) 0　(3) 0　(4) $(ad-bc)(eh-fg)$

3.5　(1) $6(a+b+c)(ab+bc+ca)$　(2) $(a-b)(b-c)(c-a)(ab+bc+ca)$
(3) $(a-b)(a-c)(a-d)(b-c)(b-d)(c-d)(a+b+c+d)$

3.6　以下 $A^{-1} = \dfrac{1}{|A|}\widetilde{A}$ の形に記す.

(1) $\dfrac{1}{13}\begin{pmatrix} 4 & 1 \\ -1 & 3 \end{pmatrix}$　(2) $\dfrac{1}{-3}\begin{pmatrix} 1 & -1 \\ -1 & -2 \end{pmatrix}$　(3) $\dfrac{1}{5}\begin{pmatrix} 2 & 23 & -11 \\ 1 & 19 & -8 \\ 0 & -10 & 5 \end{pmatrix}$

(4) $\dfrac{1}{-6}\begin{pmatrix} -2 & 0 & 2 \\ 1 & -3 & -4 \\ 1 & -3 & 2 \end{pmatrix}$　(5) $\dfrac{1}{18}\begin{pmatrix} 9 & 4 & -1 \\ -9 & -2 & 5 \\ -9 & -10 & 7 \end{pmatrix}$

(6) $\dfrac{1}{18}\begin{pmatrix} 24 & 0 & 0 & -6 \\ 0 & 9 & 0 & 0 \\ 0 & 0 & 6 & 0 \\ -6 & 0 & 0 & 6 \end{pmatrix}$

3.7 (1) $\begin{pmatrix} x \\ y \\ z \end{pmatrix} = \begin{pmatrix} -\dfrac{1}{3} \\ \dfrac{2}{3} \\ -\dfrac{1}{3} \end{pmatrix}$ (2) $\begin{pmatrix} x \\ y \\ z \end{pmatrix} = \begin{pmatrix} \dfrac{5}{12} \\ -\dfrac{1}{12} \\ \dfrac{1}{12} \end{pmatrix}$

(3) $\begin{pmatrix} x \\ y \\ z \end{pmatrix} = \begin{pmatrix} 4 \\ -3 \\ 2 \end{pmatrix}$ (4) $\begin{pmatrix} x \\ y \\ z \\ w \end{pmatrix} = \begin{pmatrix} \dfrac{1}{8} \\ \dfrac{11}{16} \\ 0 \\ -\dfrac{3}{16} \end{pmatrix}$

3.8 左辺 $= \displaystyle\sum_{\sigma \in S_{m+n}} \mathrm{sgn}\,(\sigma) x_{1\sigma(1)} \cdots x_{(m+n)\sigma(m+n)}$

（で, $k > m$ かつ $\sigma(k) < m$ となる成分を含む項は 0 となるので, ）

$$= \sum_{\sigma \in S_m} \sum_{\tau \in S_n} \mathrm{sgn}\,(\sigma\tau) x_{1\sigma(1)} \cdots x_{m\sigma(m)} x_{(m+1)\tau(m+1)} \cdots x_{(m+n)\tau(m+n)}$$

$$= \left(\sum_{\sigma \in S_m} \mathrm{sgn}\,(\sigma) x_{1\sigma(1)} \cdots x_{m\sigma(m)} \right) \left(\sum_{\tau \in S_n} \mathrm{sgn}\,(\tau) x_{(m+1)\tau(m+1)} \cdots \right.$$

$$\left. \cdots x_{(m+n)\tau(m+n)} \right) = |A||B|$$

3.9 交点を (x_0, y_0) とするとき, 零ベクトルでないベクトル $\begin{pmatrix} x_0 \\ y_0 \\ 1 \end{pmatrix}$ について

$\begin{pmatrix} a_1 & b_1 & c_1 \\ a_2 & b_2 & c_2 \\ a_3 & b_3 & c_3 \end{pmatrix} \begin{pmatrix} x_0 \\ y_0 \\ 1 \end{pmatrix} = \begin{pmatrix} 0 \\ 0 \\ 0 \end{pmatrix}$ となっていることからわかる.

3.10 $a = 3, \ -21$

3.11 平面の方程式 $ax + by + cz = d$ の代わりに $ax^2 + bx + c - y = 0$ について考えれば平面の方程式の場合とまったく同様にして導かれる.

3.12 求める式を $ax + by + cz = 0$ とするとき,

$$\begin{pmatrix} 1 & 3 & 1 \\ 3 & 1 & -5 \\ a & b & c \end{pmatrix} \begin{pmatrix} x \\ y \\ z \end{pmatrix} = \begin{pmatrix} 1 \\ -3 \\ 0 \end{pmatrix}$$

の解の自由度が 1 なので

$$\mathrm{rank} \begin{pmatrix} 1 & 3 & 1 & -1 \\ 3 & 1 & -5 & 3 \\ a & b & c & 0 \end{pmatrix} = 2$$

から, $3x-4y-z=0$ が求まる.

3.13　$x_n=\det A_n$ とおくと $x_n=2x_{n-1}-x_{x-2}$, $x_1=2$, $x_2=3$ となる. これをみたす数列は $x_n=\det A_n=n+1$ となる.

第 4 章

問 4.1.2　$P(x)=a_0x^n+\cdots+a_n$ と書けることからわかる.

問 4.1.3　(1) 零ベクトルとなるものを $\mathbf{0}$, $\mathbf{0}'$ とすると $\mathbf{0}=\mathbf{0}+\mathbf{0}'=\mathbf{0}'$ である.

(2) $\boldsymbol{x}+\boldsymbol{y}=\mathbf{0}$, $\boldsymbol{x}+\boldsymbol{y}'=\mathbf{0}$ とすると $\boldsymbol{y}=\boldsymbol{y}+\boldsymbol{x}+\boldsymbol{y}'=\boldsymbol{y}'$ である.

(3) $\boldsymbol{x}=\boldsymbol{y}+\boldsymbol{z}$ とすると $\boldsymbol{z}=\boldsymbol{z}+\boldsymbol{y}+(-\boldsymbol{y})=\boldsymbol{x}+(-\boldsymbol{y})$ となり, $\boldsymbol{z}$ は $\boldsymbol{x}$, $\boldsymbol{y}$ から決まる.

(4) $0\boldsymbol{x}+0\boldsymbol{x}=0\boldsymbol{x}$ から $0\boldsymbol{x}=\mathbf{0}$ である. $r\mathbf{0}+r\mathbf{0}=r\mathbf{0}$ から $r\mathbf{0}=\mathbf{0}$ である. $(-1)\boldsymbol{x}+\boldsymbol{x}=0\boldsymbol{x}=\mathbf{0}$ から $(-1)\boldsymbol{x}=-\boldsymbol{x}$ である.

問 4.1.4　W は空集合ではないので $\boldsymbol{w}\in W$ がとれる. $0\boldsymbol{w}\in W$ は V, W 共通の零ベクトルである.

問 4.1.6　$A\boldsymbol{x}=\mathbf{0}$, $A\boldsymbol{y}=\mathbf{0}$, r をスカラーとすると $A(\boldsymbol{x}+\boldsymbol{y})=A\boldsymbol{x}+A\boldsymbol{y}=\mathbf{0}$, $A(r\boldsymbol{x})=r(A\boldsymbol{x})=r\mathbf{0}=\mathbf{0}$ である.

問 4.1.7　$\mathbf{0}\notin W$ であるので部分空間はつねに $\mathbf{0}$ を含むことと矛盾する.

問 4.1.8　$\mathbf{R}^2$ の部分空間を $W_1=\left\{\begin{pmatrix}x\\y\end{pmatrix}\middle|\ y=0\right\}$, $W_2=\left\{\begin{pmatrix}x\\y\end{pmatrix}\middle|\ x=0\right\}$ とおく.

$W=W_1\cup W_2\ni\begin{pmatrix}1\\0\end{pmatrix}$, $\begin{pmatrix}0\\1\end{pmatrix}$ をとれば, $\begin{pmatrix}1\\0\end{pmatrix}+\begin{pmatrix}0\\1\end{pmatrix}=\begin{pmatrix}1\\1\end{pmatrix}\notin W$ となり W は部分空間とならない.

問 4.2.3　(1) 1 次独立　(2) 1 次従属, $\boldsymbol{c}=2\boldsymbol{a}-\boldsymbol{b}$

問 4.2.6　$W'=\left\langle\begin{pmatrix}0\\0\\1\\0\end{pmatrix},\begin{pmatrix}0\\0\\0\\1\end{pmatrix}\right\rangle$

(W と W' の基底を合わせた 4 つのベクトルが 1 次独立であればよい)

問 4.2.7　$\dim W_1=3$, $\dim W_2=2$, $\dim W_1\cap W_2=2$, $\dim(W_1+W_2)=3$

問 4.2.8　$W_1\neq W_2$ から $\boldsymbol{v}\in W_2$ かつ $\boldsymbol{v}\notin W_1$ となる $\boldsymbol{v}$ があるとする.
$V\supset W_1+W_2\supset W_1+\langle\boldsymbol{v}\rangle$ また $\dim(W_1+\langle\boldsymbol{v}\rangle)=(n-1)+1=n$ であることから上の 3 つの部分空間は一致する. ゆえに $\dim(W_1+W_2)=n$ となり, $\dim(W_1\cap W_2)=(n-1)+(n-1)-n=n-2$ となる.

問 4.3.1 $\begin{pmatrix} 1 & 1 & 1 & 1 \\ 0 & 1 & 1 & 1 \\ 0 & 0 & 1 & 1 \\ 0 & 0 & 0 & 1 \end{pmatrix}$

問 4.3.2 A, B の第 j 列ベクトルを $\boldsymbol{a}_j$, $\boldsymbol{b}_j$ とする．仮定から

$$(\boldsymbol{u}_1, \cdots, \boldsymbol{u}_n)\boldsymbol{a}_j = (\boldsymbol{u}_1, \cdots, \boldsymbol{u}_n)\boldsymbol{b}_j$$
$$(\boldsymbol{u}_1, \cdots, \boldsymbol{u}_n)(\boldsymbol{a}_j - \boldsymbol{b}_j) = \boldsymbol{0}$$

となる．$\boldsymbol{u}_1, \cdots, \boldsymbol{u}_n$ は 1 次独立であるので $\boldsymbol{a}_j = \boldsymbol{b}_j$ がわかる．

問 4.3.3 $(\boldsymbol{u}_1, \cdots, \boldsymbol{u}_n)\boldsymbol{x} = \boldsymbol{0}$ と仮定すると $(\boldsymbol{v}_1, \cdots, \boldsymbol{v}_m)A\boldsymbol{x} = \boldsymbol{0}$ となる．$\boldsymbol{v}_1, \cdots, \boldsymbol{v}_m$ が 1 次独立であるので $A\boldsymbol{x} = \boldsymbol{0}$ となるが A は正則行列なので $\boldsymbol{x} = \boldsymbol{0}$ である．

問 4.3.4 $(\boldsymbol{u}_1, \cdots, \boldsymbol{u}_n)\boldsymbol{x} = \boldsymbol{0}$ と仮定すると $(\boldsymbol{v}_1, \cdots, \boldsymbol{v}_n)A\boldsymbol{x} = \boldsymbol{0}$ となる．$\boldsymbol{v}_1, \cdots, \boldsymbol{v}_n$ が 1 次独立であるので $A\boldsymbol{x} = \boldsymbol{0}$ となるが
(1) $\operatorname{rank} A = n$ ならばこの解は $\boldsymbol{x} = \boldsymbol{0}$ に限る．ゆえに $\boldsymbol{u}_1, \cdots, \boldsymbol{u}_n$ は 1 次独立である．
(2) $\operatorname{rank} A < n$ ならば自明でない解 $\boldsymbol{x} \neq \boldsymbol{0}$ をもつ．ゆえに $\boldsymbol{u}_1, \cdots, \boldsymbol{u}_n$ は 1 次従属である．

問 4.3.8 $\begin{vmatrix} 1 & 0 & 1 \\ 1 & 2 & 0 \\ 1 & 1 & 1 \end{vmatrix} = 1,\quad \begin{vmatrix} 0 & -1 & 2 \\ 1 & 1 & 1 \\ 1 & 0 & 1 \end{vmatrix} = -2$ からそれぞれのベクトルの組は 1 次独立であり，次元の数 3 個だけあるので基底である．基底変換行列はそれぞれ

$\begin{pmatrix} -1 & -1 & 3 \\ 1 & 1 & -1 \\ 1 & 0 & -1 \end{pmatrix}$, $\dfrac{1}{2}\begin{pmatrix} 1 & 1 & 2 \\ 0 & 2 & -2 \\ 1 & 1 & 0 \end{pmatrix}$ である．

問 4.4.2 (1) $(A\boldsymbol{x},\ \boldsymbol{y}) = {}^t(A\boldsymbol{x})\boldsymbol{y} = {}^t\boldsymbol{x}\,{}^tA\boldsymbol{y} = (\boldsymbol{x},\ {}^tA\boldsymbol{y})$
(2) 任意の j $(1 \leqq j \leqq n)$ について $\boldsymbol{z} = \boldsymbol{e}_j$ とおけば $(\boldsymbol{x},\ \boldsymbol{e}_j) = (\boldsymbol{y},\ \boldsymbol{e}_j)$ は $\boldsymbol{x}, \boldsymbol{y}$ の第 j 成分が一致することを示している．

問 4.4.3 (1) 左辺 $= (\boldsymbol{x}+\boldsymbol{y},\ \boldsymbol{x}+\boldsymbol{y}) + (\boldsymbol{x}-\boldsymbol{y},\ \boldsymbol{x}-\boldsymbol{y}) = 2(\boldsymbol{x},\ \boldsymbol{x}) + 2(\boldsymbol{y},\ \boldsymbol{y}) =$ 右辺
(2) 左辺 $= (\boldsymbol{x}+\boldsymbol{y},\ \boldsymbol{x}+\boldsymbol{y}) - (\boldsymbol{x}-\boldsymbol{y},\ \boldsymbol{x}-\boldsymbol{y}) = 4(\boldsymbol{x},\ \boldsymbol{y}) =$ 右辺

問 4.4.4 $(\boldsymbol{x}-\boldsymbol{y}, \boldsymbol{y}) = (\boldsymbol{x}, \boldsymbol{y}) - (\boldsymbol{y}, \boldsymbol{y}) = (\boldsymbol{x}, \boldsymbol{u})^2 - (\boldsymbol{x}, \boldsymbol{u})^2(\boldsymbol{u}, \boldsymbol{u}) = 0$

問 4.4.7 $\dfrac{1}{2}\begin{pmatrix} 1 \\ -1 \\ 1 \\ -1 \end{pmatrix}$, $\dfrac{1}{2\sqrt{19}}\begin{pmatrix} -1 \\ 5 \\ 7 \\ 1 \end{pmatrix}$, $\dfrac{1}{\sqrt{1634}}\begin{pmatrix} 27 \\ -2 \\ 1 \\ 30 \end{pmatrix}$

問 4.4.9 $W^{\perp} = \left\langle \begin{pmatrix} 1 \\ -1 \\ 0 \end{pmatrix}, \begin{pmatrix} 1 \\ 0 \\ -1 \end{pmatrix} \right\rangle$, $\left\{ \dfrac{1}{\sqrt{2}}\begin{pmatrix} 1 \\ -1 \\ 0 \end{pmatrix}, \dfrac{1}{\sqrt{6}}\begin{pmatrix} 1 \\ 1 \\ -2 \end{pmatrix} \right\}$

問 4.4.10 $\dfrac{1}{\sqrt{10}}\begin{pmatrix} 1 & -3 \\ 3 & 1 \end{pmatrix}$, $\dfrac{1}{\sqrt{10}}\begin{pmatrix} 1 & 3 \\ -3 & 1 \end{pmatrix}$

問 4.4.11 $(A\boldsymbol{u}_i,\ A\boldsymbol{u}_j) = (\boldsymbol{u}_i,\ {}^tAA\boldsymbol{u}_j) = (\boldsymbol{u}_i,\ \boldsymbol{u}_j) = \delta_{ij}$

問 4.4.13 (1) $(A^*)^* = {}^t\overline{({}^t\overline{A})} = {}^t({}^tA) = A$

(2) $(A+B)^* = {}^t\overline{(A+B)} = {}^t\overline{A} + {}^t\overline{B} = A^* + B^*$

(3) $(aA)^* = \overline{a}\ {}^t\overline{A} = \overline{a}A^*$

(4) $(AB)^* = {}^t\overline{(AB)} = {}^t\overline{B}\ {}^t\overline{A} = B^*A^*$

(5) $(A^{-1})^* = {}^t\overline{(A^{-1})} = {}^t((\overline{A})^{-1}) = ({}^t\overline{A})^{-1} = (A^*)^{-1}$

問 4.4.14 $A^*A = E$ より $\det(\overline{A})\det(A) = \overline{\det(A)}\det(A) = 1$ となり, $|\det A| = 1$ となる.

問 4.4.15 (1) 定義から $\overline{a_{ii}} = a_{ii}$ となるので $a_{ii} \in \mathbf{R}$ である.

(2) $A^* = A$ より $|A| = |A^*| = \overline{|{}^tA|} = \overline{|A|}$ となるので $|A| \in \mathbf{R}$ である.

● 章末問題 ●

4.1 (1) 一般解は実数 s, t について次のように表される. $x = -s-t,\ \ y = s,\ \ z = t.$

(2) W のベクトルは $\begin{pmatrix} -s-t \\ s \\ t \end{pmatrix} = (-2s-t)\begin{pmatrix} 1 \\ 0 \\ -1 \end{pmatrix} + s\begin{pmatrix} 1 \\ 1 \\ -2 \end{pmatrix}$ のように $\boldsymbol{a}$ と $\boldsymbol{b}$ の 1 次結合で表される.

4.2 $V_1 \cap V_2 = \{\mathbf{0}\}$ である. また $\begin{pmatrix} x \\ y \end{pmatrix}$ は $\begin{pmatrix} 4x+6y \\ -2x-3y \end{pmatrix} \in V_1$, $\begin{pmatrix} -3x-6y \\ 2x+4y \end{pmatrix} \in V_2$ の和で表されることから $V_1 \oplus V_2 = \mathbf{R}^2$ であることがわかる.

4.3 (1) $\det\begin{pmatrix} 0 & 1 & 1 \\ 1 & 0 & 1 \\ 0 & -1 & 0 \end{pmatrix} = -1$ から 1 次独立であることがわかる.

$\boldsymbol{x} = (-a+b-c)\boldsymbol{a}_1 + (-c)\boldsymbol{a}_2 + (a+c)\boldsymbol{a}_3.$

(2) $\det\begin{pmatrix} 1 & 1 & 0 \\ 0 & -1 & 1 \\ 1 & 1 & 1 \end{pmatrix} = -1$ から 1 次独立であることがわかる.

$\boldsymbol{x} = (2a+b-c)\boldsymbol{b}_1 + (-a-b+c)\boldsymbol{b}_2 + (-a+c)\boldsymbol{b}_3.$

4.4 (1), (3) 1 次独立　(2) 1 次従属

4.5 (1) $\det(\boldsymbol{a}_1,\ \boldsymbol{a}_2) = 3,\ \ \det(\boldsymbol{b}_1,\ \boldsymbol{b}_2) = -4$ から 1 次独立であり基底となることがわかる.　(2) $\begin{pmatrix} 2 & -1 \\ 1 & 1 \end{pmatrix}$　(3) $\begin{pmatrix} 1 & 1 \\ 3 & -1 \end{pmatrix}$　(4) $\dfrac{1}{3}\begin{pmatrix} 4 & 0 \\ 5 & -3 \end{pmatrix}$

4.6 背理法を用いる. $\boldsymbol{v}_1 \in W_1, \boldsymbol{v}_1 \notin W_2,\ \ \boldsymbol{v}_2 \in W_2, \boldsymbol{v}_2 \notin W_1$ となる $\boldsymbol{v}_1,\ \boldsymbol{v}_2$ がとれたとする. $\boldsymbol{v}_1 + \boldsymbol{v}_2 \in W_1 \cup W_2$ のなるので $\boldsymbol{v}_1 + \boldsymbol{v}_2 \in W_1$ の場合は

$(\boldsymbol{v}_1+\boldsymbol{v}_2)-\boldsymbol{v}_1=\boldsymbol{v}_2\in W_1$ となり仮定に矛盾する．$\boldsymbol{v}_1+\boldsymbol{v}_2\in W_2$ の場合も同様である．

4.7 $\boldsymbol{e}_{ij}$ を行列単位とする (例 4.2.1).

(1) $\{\boldsymbol{e}_{ii}\mid 1\leqq i\leqq n\}$ (n 次元) (2) $\{\boldsymbol{e}_{ij}\mid 1\leqq i\leqq j\leqq n\}$ $\left(\dfrac{n(n+1)}{2}\text{次元}\right)$

(3) $\{\boldsymbol{e}_{ij}+\boldsymbol{e}_{ji}\mid 1\leqq i\leqq j\leqq n\}$ $\left(\dfrac{n(n+1)}{2}\text{次元}\right)$

(4) $\{\boldsymbol{e}_{ij}-\boldsymbol{e}_{ji}\mid 1\leqq i< j\leqq n\}$ $\left(\dfrac{n(n-1)}{2}\text{次元}\right)$

4.8 $c_1(\alpha\boldsymbol{u}+\beta\boldsymbol{v})+c_2(\alpha'\boldsymbol{u}+\beta'\boldsymbol{v})=\boldsymbol{0}$ とおくと $(c_1\alpha+c_2\alpha')\boldsymbol{u}+(c_1\beta+c_2\beta')\boldsymbol{v}=\boldsymbol{0}$ となり

$$\begin{cases}\alpha c_1+\alpha' c_2=0\\ \beta c_1+\beta' c_2=0\end{cases}$$

となる.これが自明な解のみをもつ条件は係数行列が正則である．すなわち $\alpha\beta'-\beta\alpha'\neq 0$ となる．

4.9 (1) $c_1(\boldsymbol{u}_1-\boldsymbol{u}_2)+c_2(\boldsymbol{u}_2-\boldsymbol{u}_3)+\cdots+c_{n-1}(\boldsymbol{u}_{n-1}-\boldsymbol{u}_n)=\boldsymbol{0}$ とおけば, $c_1\boldsymbol{u}_1+(c_2-c_1)\boldsymbol{u}_2+\cdots+(-c_{n-1})\boldsymbol{u}_n=\boldsymbol{0}$ となり,1 次独立の仮定から $c_1=0$, $c_2-c_1=0,\cdots,-c_{n-1}=0$ であり, $c_1=c_2=\cdots=c_{n-1}=0$ となる．

(2) $c_1(\boldsymbol{u}_1+\boldsymbol{u}_2)+c_2(\boldsymbol{u}_1+\boldsymbol{u}_3)+\cdots+c_{n-1}(\boldsymbol{u}_1+\boldsymbol{u}_n)=\boldsymbol{0}$ とおけば, $(c_1+\cdots+c_{n-1})\boldsymbol{u}_1+c_1\boldsymbol{u}_2+\cdots+c_{n-1}\boldsymbol{u}_n=\boldsymbol{0}$ となり, 1 次独立の仮定から $c_1+\cdots+c_{n-1}=c_1=c_2=\cdots=c_{n-1}=0$ であり, $c_1=c_2=\cdots=c_{n-1}=0$ となる．

第 5 章

問 5.1.4 $f_A(\boldsymbol{x}+\boldsymbol{y})=A(\boldsymbol{x}+\boldsymbol{y})=A\boldsymbol{x}+A\boldsymbol{y}=f_A(\boldsymbol{x})+f_A(\boldsymbol{y})$,
$f_A(r\boldsymbol{x})=A(r\boldsymbol{x})=rA\boldsymbol{x}=rf_A(\boldsymbol{x})$

問 5.1.5 (1) $f(\boldsymbol{0})=f(0\cdot\boldsymbol{0})=0\cdot f(\boldsymbol{0})=\boldsymbol{0}$
(2) $f(-\boldsymbol{x})=f((-1)\boldsymbol{x})=(-1)f(\boldsymbol{x})=-f(\boldsymbol{x})$

問 5.1.7 V の基底 $\{\boldsymbol{v}_1,\cdots,\boldsymbol{v}_n\}$ に対して, R^n の標準基底 $\{\boldsymbol{e}_1,\cdots,\boldsymbol{e}_n\}$ への対応 $f(\boldsymbol{v}_1)=\boldsymbol{e}_1,\cdots,f(\boldsymbol{v}_n)=\boldsymbol{e}_n$ を与えれば, f は同型写像. $f:V\longrightarrow R^n$ に拡張される．

問 5.1.9 $\dim\operatorname{Im} f=1$, $\dim\operatorname{Ker} f=2$, $\operatorname{Im} f$ の基底の例は $\left\{\begin{pmatrix}1\\2\end{pmatrix}\right\}$,

$\operatorname{Ker} f$ の基底の例は $\left\{\begin{pmatrix}1\\-1\\0\end{pmatrix},\begin{pmatrix}2\\0\\-1\end{pmatrix}\right\}$.

問 5.3.1　f を表す行列を A とすると f がエルミートであることは $(A\boldsymbol{x},\ \boldsymbol{y}) = (\boldsymbol{x},\ A\boldsymbol{y})$ となることであり，これは $A = A^*$ となることと同値である．

● 章末問題 ●

5.1　(1) $\begin{pmatrix} 1 & 0 \\ 0 & -1 \end{pmatrix}$　(2) $\begin{pmatrix} -1 & 0 \\ 0 & -1 \end{pmatrix}$

5.2　(1), (3) だけが線形写像である．

5.3　$\begin{pmatrix} -1 \\ -1 \end{pmatrix}$, $\begin{pmatrix} -11 \\ 13 \end{pmatrix}$, $\begin{pmatrix} -3 \\ 3 \end{pmatrix}$

5.4　$\begin{pmatrix} 1 & 1 \\ 1 & -1 \end{pmatrix}$

5.5　直線上のベクトルを含む正規直交基底を成分とする行列をとり，

$$A\begin{pmatrix} \dfrac{1}{\sqrt{3}} & \dfrac{1}{\sqrt{2}} & \dfrac{1}{\sqrt{6}} \\ \dfrac{1}{\sqrt{3}} & -\dfrac{1}{\sqrt{2}} & \dfrac{1}{\sqrt{6}} \\ \dfrac{1}{\sqrt{3}} & 0 & -\dfrac{2}{\sqrt{6}} \end{pmatrix} = \begin{pmatrix} \dfrac{1}{\sqrt{3}} & \dfrac{1}{\sqrt{6}} & -\dfrac{1}{\sqrt{2}} \\ \dfrac{1}{\sqrt{3}} & \dfrac{1}{\sqrt{6}} & \dfrac{1}{\sqrt{2}} \\ \dfrac{1}{\sqrt{3}} & -\dfrac{2}{\sqrt{6}} & 0 \end{pmatrix}$$ を解けば，

$$A = \frac{1}{3}\begin{pmatrix} 1 & 1-\sqrt{3} & 1+\sqrt{3} \\ 1+\sqrt{3} & 1 & 1-\sqrt{3} \\ 1-\sqrt{3} & 1+\sqrt{3} & 1 \end{pmatrix}$$ が求めるものである．

${}^tA = A^{-1}$ は逆方向の回転である．

5.6　$(E-A)(E+A+\cdots+A^{m-1}) = E - A^m = E$ からわかる．

5.7　$\mathrm{Im}\, f \cap \mathrm{Ker}\, g \ni f(\boldsymbol{u})$ とすると $\boldsymbol{u} = g \circ f(\boldsymbol{u}) = \mathbf{0}$ となり $\mathrm{Im}\, f \cap \mathrm{Ker}\, g = \{\mathbf{0}\}$ がわかる．$\boldsymbol{v} \in V$ に対して $f \circ g(\boldsymbol{v}) \in \mathrm{Im}\, f$, $g(\boldsymbol{v} - f \circ g(\boldsymbol{v})) = \mathbf{0}$ から $\boldsymbol{v} - f \circ g(\boldsymbol{v}) \in \mathrm{Ker}\, g$ となるので $V = \mathrm{Im}\, f \oplus \mathrm{Ker}\, g$ である．

5.8　(1) $\boldsymbol{v} \in V$ について $\mathrm{Im}\, f \ni f(\boldsymbol{v}) = f(\boldsymbol{u})$ となる $\boldsymbol{u} \in U$ がある．
$f(\boldsymbol{v} - \boldsymbol{u}) = f(\boldsymbol{v}) - f(\boldsymbol{u}) = \mathbf{0}$ となるので $\boldsymbol{v} - \boldsymbol{u} \in \mathrm{Ker}\, f$ となる．
(2) $\boldsymbol{v} \in V$ について $f(\boldsymbol{v}) \in \mathrm{Ker}\, f$ と $f \circ f(\boldsymbol{v}) = \mathbf{0}$ は同値であることによる．

第 6 章

問 6.1.2　$\begin{vmatrix} t-a_{11} & -a_{12} & -a_{13} \\ -a_{21} & t-a_{22} & -a_{23} \\ -a_{31} & -a_{32} & t-a_{33} \end{vmatrix}$ を展開すればよい．

問 6.1.4 固有値 λ に関する固有空間を $V(\lambda) = \langle \boldsymbol{p}_1, \cdots, \boldsymbol{p}_m \rangle$ の形に記す．ここで $\boldsymbol{p}_1, \cdots, \boldsymbol{p}_m$ は λ に関する 1 次独立な固有ベクトルである．

(1) $V(-1) = \left\langle \begin{pmatrix} -1 \\ 1 \end{pmatrix} \right\rangle$, $V(3) = \left\langle \begin{pmatrix} 1 \\ 1 \end{pmatrix} \right\rangle$

(2) $V(-3) = \left\langle \begin{pmatrix} 1 \\ 0 \\ 1 \end{pmatrix}, \begin{pmatrix} -2 \\ 1 \\ 0 \end{pmatrix} \right\rangle$, $V(3) = \left\langle \begin{pmatrix} 0 \\ 2 \\ 1 \end{pmatrix} \right\rangle$

(3) $V(-1) = \left\langle \begin{pmatrix} 2 \\ -1 \\ 2 \end{pmatrix} \right\rangle$, $V(0) = \left\langle \begin{pmatrix} 3 \\ 0 \\ 2 \end{pmatrix} \right\rangle$, $V(2) = \left\langle \begin{pmatrix} 1 \\ 1 \\ 1 \end{pmatrix} \right\rangle$

(4) $V(-2) = \left\langle \begin{pmatrix} -1 \\ 1 \\ 0 \end{pmatrix} \right\rangle$, $V(-1) = \left\langle \begin{pmatrix} 1 \\ -1 \\ 1 \end{pmatrix} \right\rangle$

問 6.1.6 固有値はともに 1 であり，重複度は 3 である．固有空間の次元は A が 1, B は 2 である．

問 6.2.3 $A^k = P \begin{pmatrix} 1 & 0 & 0 \\ 0 & 2^k & 0 \\ 0 & 0 & (-2)^k \end{pmatrix} P^{-1}$

$$= \frac{1}{6} \begin{pmatrix} (4-(-2)^k+3\cdot 2^k) & 4(-1+(-2)^k) & (4-(-2)^k-3\cdot 2^k) \\ 2(1-(-2)^k) & 2(-1+4(-2)^k) & 2(1-(-2)^k) \\ (4-(-2)^k-3\cdot 2^k) & 4(-1+(-2)^k) & (4-(-2)^k+3\cdot 2^k) \end{pmatrix}$$

問 6.2.5 $P = \begin{pmatrix} 1 & 1 \\ -1 & 1 \end{pmatrix}$ によって $P^{-1}AP = \begin{pmatrix} 1 & 0 \\ 0 & 3 \end{pmatrix}$ となる．

問 6.3.2 問の行列を A とする．

(1) $P = \dfrac{1}{\sqrt{6}} \begin{pmatrix} \sqrt{2} & 0 & 2 \\ -\sqrt{2} & -\sqrt{3} & 1 \\ -\sqrt{2} & \sqrt{3} & 1 \end{pmatrix}$, $\quad P^{-1}AP = \begin{pmatrix} -1 & 0 & 0 \\ 0 & 0 & 0 \\ 0 & 0 & 2 \end{pmatrix}$

(2) $P = \dfrac{1}{2} \begin{pmatrix} \sqrt{2} & 1 & 1 \\ 0 & -\sqrt{2} & \sqrt{2} \\ -\sqrt{2} & 1 & 1 \end{pmatrix}, P^{-1}AP = \begin{pmatrix} 2 & 0 & 0 \\ 0 & 2-\sqrt{2} & 0 \\ 0 & 0 & 2+\sqrt{2} \end{pmatrix}$

(3) $P = \dfrac{1}{\sqrt{6}} \begin{pmatrix} \sqrt{2} & \sqrt{3} & 1 \\ -\sqrt{2} & \sqrt{3} & -1 \\ \sqrt{2} & 0 & -2 \end{pmatrix}$, $\quad P^{-1}AP = \begin{pmatrix} -2 & 0 & 0 \\ 0 & 1 & 0 \\ 0 & 0 & 1 \end{pmatrix}$

問 6.4.1 (1) $(A\boldsymbol{z}, A\boldsymbol{z}) = \boldsymbol{z}^* A^* A \boldsymbol{z} = \boldsymbol{z}^* A A^* \boldsymbol{z} = (A^* \boldsymbol{z}, A^* \boldsymbol{z})$

(2) $(A - \lambda E)^*(A - \lambda E) = A^*A + \lambda A^* + \overline{\lambda} A + \overline{\lambda}\lambda E$
$= AA^* + \lambda A^* + \overline{\lambda} A + \overline{\lambda}\lambda E = (A - \lambda E)(A - \lambda E)^*$

問 6.4.2　$U^{-1} = U^*$, $(U^*AU)(U^*AU)^* = U^*AUU^*A^*U$
$= U^*AA^*U = U^*A^*AU = (U^*AU)^*(U^*AU)$ によって正規行列である.

問 6.4.3　対角行列は正規行列である. ユニタリ行列で $U^*AU = D$ と対角化できるとすれば, 問題 6.4.2 の結果から $A = (U^*)^*D(U^*)$ も正規行列である.

問 6.4.4　A が 0 でない固有値 λ と固有ベクトル $\boldsymbol{x}$ をもてば任意の n について $A^n\boldsymbol{x} = \lambda^n\boldsymbol{x}$ となり $A^n \neq O$ となる. 逆に固有値がすべて 0 となる行列は, 適当なユニタリ行列で対角成分がすべて 0 の上三角行列 T に変形できる. 対角成分がすべて 0 の上三角行列 T は $T^m = O$ であるので $A^m = O$ となる. ここで m は行列 A の次数とする.

問 6.4.5　$f(A)$ が正則であるとは 0 を固有値にもたないことなので, フロベニウスの定理から A の各固有値 λ について $f(\lambda) \neq 0$ となる.

問 6.4.6　A の固有値を λ とおくと $\lambda^3 + \lambda = 0$ となる. これを解けば $\lambda = -\boldsymbol{i},\ 0,\ \boldsymbol{i}$ のいずれかとなる.

● 章末問題 ●

6.1　固有多項式, 固有値の順に記す.

(1) $(t-3)(t-1)^2$,　　$\lambda = 3,\ 1$
(2) $(t-1)(t^2+1)$,　　$\lambda = 1,\ \pm\boldsymbol{i}$
(3) $(t-3)(t-2)(t+1)$,　　$\lambda = 3,\ 2,\ -1$
(4) $(t-2)(t-1)^2$,　　$\lambda = 2,\ 1$

6.2　固有値 λ に関する固有空間を $V(\lambda) = \langle \boldsymbol{p}_1, \cdots, \boldsymbol{p}_m \rangle$ の形に記す.
ここで $\boldsymbol{p}_1, \cdots, \boldsymbol{p}_m$ は λ に関する 1 次独立な固有ベクトルである.

(1) $V(-1) = \left\langle \begin{pmatrix} 3 \\ 4 \\ 1 \end{pmatrix} \right\rangle$, $V(1) = \left\langle \begin{pmatrix} 1 \\ 1 \\ 0 \end{pmatrix} \right\rangle$, $V(2) = \left\langle \begin{pmatrix} 2 \\ 2 \\ -1 \end{pmatrix} \right\rangle$

(2) $V(1) = \left\langle \begin{pmatrix} 0 \\ 0 \\ 1 \end{pmatrix}, \begin{pmatrix} 2 \\ -1 \\ 0 \end{pmatrix} \right\rangle$, $V(3) = \left\langle \begin{pmatrix} 3 \\ -1 \\ 1 \end{pmatrix} \right\rangle$

(3) $V(1) = \left\langle \begin{pmatrix} 2 \\ 1 \\ -1 \end{pmatrix} \right\rangle$, $V(2) = \left\langle \begin{pmatrix} 3 \\ 1 \\ -1 \end{pmatrix} \right\rangle$, $V(3) = \left\langle \begin{pmatrix} 1 \\ 1 \\ 0 \end{pmatrix} \right\rangle$

(4) $V(1) = \left\langle \begin{pmatrix} 1 \\ -1 \\ -1 \end{pmatrix} \right\rangle$, $V(2) = \left\langle \begin{pmatrix} 2 \\ -1 \\ -3 \end{pmatrix} \right\rangle$

6.3　問題の行列を A とする.

(1) $P=\begin{pmatrix} \sqrt{2} & \sqrt{2} \\ -1 & 1 \end{pmatrix}$, $P^{-1}AP=\begin{pmatrix} 1-\sqrt{2} & 0 \\ 0 & 1+\sqrt{2} \end{pmatrix}$

(2) $P=\begin{pmatrix} 1 & 1 \\ -2-\sqrt{3} & -2+\sqrt{3} \end{pmatrix}$, $P^{-1}AP=\begin{pmatrix} -\sqrt{3} & 0 \\ 0 & \sqrt{3} \end{pmatrix}$

(3) $P=\begin{pmatrix} b & 1 \\ -a & 1 \end{pmatrix}$, $P^{-1}AP=\begin{pmatrix} 0 & 0 \\ 0 & a+b \end{pmatrix}$

ただし, $a+b=0$, $a \neq 0$ のときは対角化できない. $a=b=0$ のときはすでに対角行列である.

(4) $P=\begin{pmatrix} 1 & 1 \\ a-\sqrt{1+a^2} & a+\sqrt{1+a^2} \end{pmatrix}$, $P^{-1}AP=\begin{pmatrix} -\sqrt{1+a^2} & 0 \\ 0 & \sqrt{1+a^2} \end{pmatrix}$

6.4 問題の行列を A とする.

(1) $P=\begin{pmatrix} 1 & 1 & 1 \\ 0 & -2 & -1 \\ -2 & 0 & -2 \end{pmatrix}$, $P^{-1}AP=\begin{pmatrix} 1 & 0 & 0 \\ 0 & 1 & 0 \\ 0 & 0 & 3 \end{pmatrix}$

(2)(3) 対角化できない.

(4) $P=\begin{pmatrix} 2 & 1 & 3 \\ 2 & 1 & 4 \\ -1 & 0 & 1 \end{pmatrix}$, $P^{-1}AP=\begin{pmatrix} -1 & 0 & 0 \\ 0 & 1 & 0 \\ 0 & 0 & 2 \end{pmatrix}$

6.5 $a=\pm\dfrac{1}{\sqrt{6}}$, $b=\pm\dfrac{1}{\sqrt{2}}$, $c=\pm\dfrac{1}{\sqrt{3}}$

6.6 問題の行列を A とする.

(1) $P=\dfrac{1}{\sqrt{2}}\begin{pmatrix} 1 & 1 \\ -1 & 1 \end{pmatrix}$, $P^{-1}AP=\begin{pmatrix} -2 & 0 \\ 0 & 0 \end{pmatrix}$

(2) $P=\dfrac{1}{\sqrt{2}}\begin{pmatrix} 1 & 1 & 0 \\ 0 & 0 & \sqrt{2} \\ -1 & 1 & 0 \end{pmatrix}$, $P^{-1}AP=\begin{pmatrix} -1 & 0 & 0 \\ 0 & 1 & 0 \\ 0 & 0 & 1 \end{pmatrix}$

(3) $P=\dfrac{1}{\sqrt{6}}\begin{pmatrix} \sqrt{2} & \sqrt{3} & 1 \\ -\sqrt{2} & 0 & 2 \\ \sqrt{2} & -\sqrt{3} & 1 \end{pmatrix}$, $P^{-1}AP=\begin{pmatrix} -1 & 0 & 0 \\ 0 & 0 & 0 \\ 0 & 0 & 2 \end{pmatrix}$

(4) $P=\dfrac{1}{\sqrt{6}}\begin{pmatrix} \sqrt{2} & \sqrt{3} & 1 \\ \sqrt{2} & 0 & -2 \\ \sqrt{2} & -\sqrt{3} & 1 \end{pmatrix}$, $P^{-1}AP=\begin{pmatrix} 3 & 0 & 0 \\ 0 & 0 & 0 \\ 0 & 0 & 0 \end{pmatrix}$

6.7 この行列の固有多項式は $\lambda^2+\lambda+1=0$ であるから $A^2+A+E=0$ となり $A^3=E$ となる. $A^{20}=(A^3)^6A^2=A^2=-A-E=\begin{pmatrix} -3 & -1 \\ 7 & 2 \end{pmatrix}$.

6.8 (1)$A^2=A$ より A の固有値は 0 または 1 である. A は 0, 1 をそれぞれの対角

成分にもつ $n-r$, r 次上三角行列 T_0, T_1 を含む上三角行列

$$P^{-1}AP = T = \begin{pmatrix} T_0 & C \\ O & T_1 \end{pmatrix}$$

に変形できる．ここで $T^2 = T$ となることから，${T_0}^2 = T_0$, ${T_1}^2 = T_1$ であるので $T_0 = O$, $T_1 = E$ となる (これは T_0 の成分を辞書式にたどってはじめて 0 でない成分 t_{ij} に出会ったとすれば ${T_0}^2$ の (i,j) 成分は 0 であることからわかる．T_1 についても同様)．また，

$$\begin{pmatrix} O & C \\ O & E \end{pmatrix}\begin{pmatrix} E & C \\ O & E \end{pmatrix} = \begin{pmatrix} E & C \\ O & E \end{pmatrix}\begin{pmatrix} O & O \\ O & E \end{pmatrix}$$

となることから $\begin{pmatrix} O & O \\ O & E \end{pmatrix}$ に対角化できることがわかる．

(2) $B = \dfrac{1}{2}(E-A)$ とおくと $B^2 = B$ となるので (1) より正則行列 P によって $P^{-1}BP = \begin{pmatrix} O & O \\ O & E \end{pmatrix}$ となる．これによって，

$$\begin{aligned} P^{-1}AP &= P^{-1}(E-2B)P = E - 2P^{-1}BP \\ &= E - 2\begin{pmatrix} O & O \\ O & E_r \end{pmatrix} = \begin{pmatrix} E_{n-r} & O \\ O & -E_r \end{pmatrix} \end{aligned}$$

と対角化される．

6.9　$A^n = O$ より A の固有値 λ は $\lambda^n = 0$ となるので $\lambda = 0$ である．P で零行列に対角化できたと仮定すると $A = POP^{-1} = O$ でなくてはならない．

第 7 章

問 7.2.2　$f(\boldsymbol{u}_0 + \boldsymbol{u}) = {}^t\boldsymbol{u}A\boldsymbol{u} + f(\boldsymbol{u}_0) = {}^t(-\boldsymbol{u})A(-\boldsymbol{u}) + f(\boldsymbol{u}_0) = f(\boldsymbol{u}_0 - \boldsymbol{u})$

問 7.2.5　(1) 固有値は -2, 8, $\det A = -16$, $\det \widetilde{A} = -64$ より標準形は双曲線 $-\dfrac{1}{2}x^2 + 2y^2 + 1 = 0$ となる．

(2) 固有値は 0, 4, $\det \widetilde{A} = -16$ より標準形は放物線 $2x^2 + 2y = 0$ となる．

(3) 固有値は 1, 6, $\det A = 6$, $\det \widetilde{A} = -14$ より標準形は楕円 $-\dfrac{3}{7}x^2 - \dfrac{18}{7}y^2 + 1 = 0$ となる．

索　引

基礎理学

線形代数学

2006 年 9 月 30 日	第 1 版	第 1 刷	発行
2007 年 10 月 10 日	第 1 版	第 3 刷	発行
2008 年 3 月 20 日	第 2 版	第 1 刷	発行
2009 年 3 月 20 日	第 2 版	第 3 刷	発行
2009 年 10 月 20 日	第 3 版	第 1 刷	発行
2024 年 2 月 20 日	第 3 版	第 15 刷	発行

編　者　数学教科書編集委員会
発行者　発田和子
発行所　株式会社　学術図書出版社

〒113−0033　東京都文京区本郷 5 丁目 4 の 6
TEL 03−3811−0889　振替　00110−4−28454
印刷　三美印刷（株）

定価はカバーに表示してあります．

ISBN978−4−7806−0164−0　C3041